Elementos de máquinas.

Volumen I: 271 problemas resueltos.

Loriente Lardiés, Óscar

Luján Sancho, Amparo

Los autores son profesores de Secundaria en la especialidad de Organización y Proyectos de Fabricación Mecánica, con docencia en ciclos formativos de las familias de Fabricación Mecánica y Mantenimiento y Servicios a la Producción.

Elementos de máquinas.

Volumen I: 271 problemas resueltos.
Segunda edición, 2023
Autores: Loriente Lardiés, Óscar; Luján Sancho, Amparo.

9 781326 289911

Todos los derechos reservados. Queda prohibida toda reproducción total o parcial de la obra por cualquier medio o procedimiento sin autorización previa. Contactar con los autores para solicitar dicha autorización.

PRÓLOGO

Este libro ha sido desarrollado con el fin de poder realizar un apoyo práctico a la adquisición de conocimientos sobre el cálculo y caracterización de elementos de máquinas. Siguiendo la filosofía utilizada por los autores en el desarrollo de sus clases impartiendo estos conocimientos durante varios cursos, estamos convencidos que el uso de casos prácticos permite una mejor fijación de los contenidos expuestos de forma teórica.

Por supuesto, existen problemas que pueden ser resueltos en distinto grado de profundidad, y por tanto de precisión en la solución, en función del modelo matemático aplicado. Se debe tener en cuenta que el público objetivo son estudiantes de un ciclo superior, mayoritariamente del ciclo de Mecatrónica Industrial o de Diseño de Productos de Fabricación Mecánica. Por tanto, se debe llegar a un compromiso entre la complejidad del método aplicado y la calidad de los resultados obtenidos. Es por ello que los problemas aquí utilizados han sido contrastados con nuestros alumnos, utilizándolos en nuestras clases y exámenes, tratando de alcanzar el compromiso enunciado.

Aunque los problemas van dirigidos a un público objetivamente de formación profesional del grado superior como se ha comentado, igualmente pueden ser utilizados en otros ámbitos, tanto a nivel profesional como universitario, pues el enfoque de los problemas es eminentemente práctico, dejando a juicio del lector el nivel que desee establecer para evaluar sus conocimientos.

Como ayuda, sin ánimo de sustituir las explicaciones teóricas del profesor, se ha incluido una breve introducción teórica en algunos de los capítulos, para ayudar al estudiante en los contenidos básicos y ecuaciones que se utilizan en el capítulo.

Este primer volumen, se centra en abordar aspectos relativos a fundamentos físicos, materiales y resistencia de materiales. Se recomienda seguir el orden expuesto de capítulos, puesto que muchos conceptos se trabajan de forma gradual a lo largo de varios capítulos, hasta alcanzar en el último la máxima complejidad.

Existe un segundo volumen de esta obra, que se centra en aspectos más concretos, por lo que no es necesario abordarlos en el orden expuesto. No obstante, muchos de ellos requieren de conocimientos previos de resistencia de materiales, que se corresponden con los conceptos abordados en este primer volumen.

Se recomienda, dentro cada capítulo, seguir el orden de los apartados expuestos, ya que se ha tratado que los problemas expuestos sigan un orden de dificultad creciente.

Por otra parte, en ocasiones se utilizan magnitudes en sistema anglosajón, para familiarizar al estudiante con su uso que, aunque menos frecuente en Europa y países de habla hispana, puede ser necesario.

Esperamos que este libro sea de su agrado, y, por supuesto, en caso de cualquier sugerencia, envíenos un mail a librosdefp@gmail.com con el asunto: Elementos de Máquinas.

Los autores.

Los autores hemos revisado el contenido de este libro, pero a pesar de nuestro esfuerzo es posible que aparezca algún error. En afán de mejorar y de depurar el contenido, si considera que ha encontrado alguna respuesta errónea, mal planteada, errata o incluso quiere proponer alguna mejora, estamos abiertos a ello, y agradeceríamos su colaboración. No lo dude y envíenos un mail a librosdefp@gmail.com con el asunto: Elementos de Máquinas, y cuéntenos sus impresiones.

Gracias de antemano.

ÍNDICE

Volumen I: 271 problemas resueltos.		1
ÍNDICE		5
1	Fundamentos físicos.	9
2	Materiales.	33
3	Equilibrio estático. Diagramas de esfuerzo.	63
4	Elementos sometidos a esfuerzos directos.	95
5	Análisis de esfuerzos y deformaciones por flexión.	135
6	Análisis de esfuerzos y deformaciones por torsión.	167
7	Elementos sometidos a esfuerzos combinados.	199
Anexos. Tablas y gráficos		229

Capítulo 1
Fundamentos físicos

Contenido	Pág.
1.1 Cambios de unidades	12
1.2 Cálculo de masas	13
1.3 Esfuerzos normales	17
1.4 Esfuerzos cortantes	23
1.5 Formulario y tablas	30

En este primer capítulo se abordan elementos fundamentales y básicos para el seguimiento del resto de capítulos, puesto que los conceptos y problemas que se abordan posteriormente se asientan en muchas ocasiones sobre un conocimiento consolidado de estos conceptos básicos por parte del estudiante.

En concreto, los conceptos básicos que se trabaja son:

- Cambios de unidades de diversas magnitudes, necesarias para el seguimiento de la materia.
- Obtención de masas de cuerpos geométricos, necesario en ocasiones para cálculo de pesos de elementos.
- Tipología fundamental de fuerzas, de forma normal o tangencial, con los correspondientes esfuerzos de tracción, compresión o cizalladura.

1 Fundamentos físicos.

En este capítulo se abordan diversos conceptos que, aunque sean un tanto inconexos entre sí, forman en su conjunto una base para poder abordar capítulos y conocimientos que se desarrollan en el resto del texto.

Calculo de masas

Un dato necesario con bastante frecuencia es conocer la masa de un elemento, para determinar su peso. La ecuación fundamental a aplicar es la relación entre densidad, masa y volumen. Dado que el objetivo habitual es el cálculo de la masa de una figura o pieza realizada en un material dado, esta relación se usa en la versión que permite obtener directamente la masa sin necesidad de despejar matemáticamente:

$$M = V \cdot \rho$$

Siendo:
  M = masa en kilogramos.
  V = volumen en m^3.
  ρ = densidad en kg/m^3.
Unidades usadas habitualmente de forma alternativa son kg, dm^3 y kg/dm^3 respectivamente.

Esfuerzos normales

El esfuerzo es la relación entre una fuerza y la superficie sobre la cual se ejerce. Si la fuerza se aplica de forma perpendicular, entonces se considera un esfuerzo normal, y puede ser de tracción (si se "tira" de la superficie), o de compresión (cuando se "aplasta" la superficie).

En cualquier caso, la relación física se establece como:

$$\sigma = \frac{F}{A}$$

siendo:

  σ = esfuerzo, en Pascales (Pa). En ocasiones se utiliza también el término "tensión". Si es de tracción se considera positivo, y si es de compresión negativo, si bien en ocasiones no se incluye en signo y se indica mediante un subíndice, para indicar si es de tracción (σ_t) o de compresión (σ_c).
  F= Fuerza, en Newton (N), perpendicular a la superficie.
  A = Área o superficie, en m^2.

Habitualmente, dado que el Pascal es una unidad muy pequeña para los valores obtenidos en mecánica, se utilizan Mega pascales ($1\ MPa = 10^6 Pa$).

Fundamentos físicos

En elementos de máquinas se utiliza como referencia el MPa, puesto que la mayoría de datos de resistencia de materiales se obtienen expresados en dicha magnitud. La ecuación de cálculo del esfuerzo es la misma, pero utilizando N y mm² como unidades. Por lo tanto, la ecuación es:

$$\sigma[MPa] = \frac{F[N]}{A[mm^2]}$$

En el caso de uso de sistema imperial (anglosajón), la unidad del esfuerzo es el psi, utilizando las fuerzas en libras y el área en pulgadas cuadradas.

$$\sigma[psi] = \frac{F[lb]}{A[inch^2]}$$

Esfuerzos cortantes

Cuando la fuerza se ejerce de forma tangente a la sección que la soporta, se provoca un efecto cortante en la sección. En este caso, el esfuerzo es de tipo cortante, y se define como:

$$\tau = \frac{F}{A}$$

siendo:

τ = esfuerzo, en Pascales (Pa). En ocasiones se utiliza también el término "tensión". Si es de tracción se considera positivo, y si es de compresión negativo, si bien en ocasiones no se incluye en signo y se indica mediante un subíndice, para indicar si es de tracción (σ_t) o de compresión (σ_c).

F= Fuerza, en Newton (N), perpendicular a la superficie.

A = Área o superficie total sometida al esfuerzo cortante, en m². En este caso, se debe identificar muy bien si el área sometida a tensión es simple (cortante simple), o es múltiple (normalmente cortante doble). La forma más sencilla es identificar por qué secciones se rompería la pieza y determinar la superficie total.

Figura 1 Ejemplo de cortante doble en bulón. La fuerza del tirante en diagonal se traduce en un esfuerzo de cortante doble en el bulón, ya que hay dos secciones de este comprometidas.

Nuevamente, si se utiliza el sistema imperial, las unidades de referencia son el psi, las libras y las pulgadas cuadradas.

Se debe considerar que, en muchas ocasiones, el área de cálculo no se corresponde simplemente con el área del perfil sobre el que se aplica la fuerza (caso de cortante simple), sino que el cortante se produce sobre dos secciones (cortante doble) o incluso sobre múltiples secciones (casos de cortante cuádruple). En todos los casos, el valor del área a utilizar en la expresión matemática será el total de áreas sometidas al cortante. Un esquema de estas situaciones se observa en la figura 1 y 2.

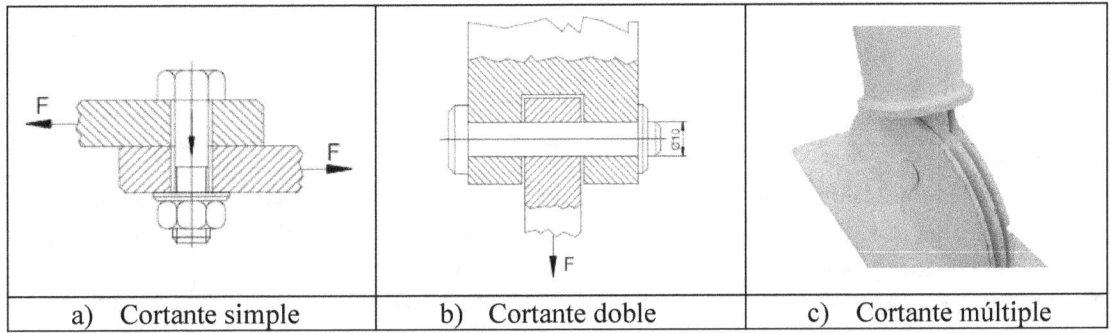

Figura 2: Esquemas de distintas configuraciones. Se observa como en el cortante simple, la fuerza ejercida sobre las chapas se traduce en un esfuerzo de cortante sobre la sección transversal del núcleo del tornillo. En el caso del cortante doble, la fuerza provoca cortante sobre dos secciones transversales del pasador. En el caso del cortante múltiple, la fuerza se traduce en varios cortantes sobre el pasador.

Como caso particular, cuando se trata de perforar un elemento, normalmente chapas, se debe tener en cuenta que el cortante se produce por todo el perímetro del elemento (punzón), que ejerce la fuerza. En este caso, el área viene dada por el perímetro de corte y el espesor.
Por tanto

$$\tau = \frac{F}{P \cdot e}$$

siendo:
   P = perímetro completo de las zonas a cortar, en mm.
   e = espesor, en mm.

En las fórmulas presentadas se pueden cambiar las unidades, siempre que se mantenga la homogeneidad dimensional. Por ejemplo, si se utilizan unidades en sistema imperial (anglosajón), las longitudes se utilizan en pulgadas, las fuerzas en libras, y los esfuerzos se obtienen en psi.

Fundamentos físicos

1.1 Cambios de unidades.

1. Cambio de áreas.

Obtener cuántos milímetros cuadrados es un área de 14.1 in².

Solución. 9097 mm².
Aplicando un factor de conversión de 1 in² = 645.16 mm², se obtiene un área equivalente de 9097 mm². Para obtener el factor de conversión, si no se conoce o no se dispone de él por tablas, se puede utilizar la conversión de mm a pulgadas, siendo 1 pulgada = 25.4 mm.
Al tratarse de un área, se debe elevar al cuadrado. Así, 25.4^2= 645.16, por lo que 1 in²=645.16 mm².

2. Cambio de presiones.

Un manómetro en un depósito marca 1200 psi. Expresar la presión en pascales.

Solución. $8.27 \cdot 10^6$ Pa.
Aplicando un factor de conversión de 1 Psi = 6894.757 Pa, se obtiene una presión equivalente de:
P= 1200 · 6894.757 = $8.27 \cdot 10^6$ Pa.

3. Cambio de velocidad angular.

Un motor eléctrico gira a 1750 rpm. Determinar la velocidad de rotación en rad/seg.

Solución. 183.26 rad/seg.
Se plantea paso a paso con unidades hacer la transformación:

$$1750 \, rpm = 1750 \frac{rev}{min} \cdot 2\pi \frac{rad}{rev} \cdot \frac{1}{60} \cdot \frac{min}{seg} = 183.26 \frac{rad}{seg}$$

4. Cambio de potencia.

Un árbol transmite 50 CV de potencia. Expresar el valor en vatios.

Solución. 36 775 w
Se aplica la conversión de 1 CV = 735.5 vatios:

$$50 \, CV = 50 \cdot 735.5 \, \frac{w}{CV} = 36 \, 775 \, w$$

5. Cambio de longitud.

Una varilla tiene una longitud de 42 pulgadas. Obtener su equivalencia en mm.

Solución. 1066.8 mm
Se aplica la conversión de 1 inch = 25.4 mm:

$$42 \, inch = 42 \cdot 25.4 \, \frac{mm}{inch} = 1066.8 \, mm$$

6. Cambio de áreas.

Una varilla de acero tiene un diámetro de 0.505 pulgadas. Calcular su área transversal, en pulgadas cuadradas y posteriormente convertir en mm^2.

Solución. $0.20003\ in^2$; $129.23\ mm^2$.

Se aplica la expresión habitual para obtener el área de un círculo:
$$A = \frac{\pi \cdot D^2}{4} = \frac{\pi \cdot 0.505^2}{4} = 0.2003\ in^2$$

Para la conversión a milímetro cuadrados, se debe aplicar dos veces la conversión de pulgadas a mm (1 in = 25.4 mm). Por tanto:
$$A = 0.2003\ in^2 = 0.2003 \cdot 25.4^2 = 129.22\ mm^2$$

7. Cambio de presión.

Una varilla soporta un esfuerzo de 24 MPa. Expresar en kp/mm^2.

Solución. $2.45\ kp/mm^2$.

La conversión es:
$$24\ MPa = 24\ MPa \cdot \frac{10^6\ Pa}{1\ MPa} \cdot 1 \frac{N/m^2}{Pa} \cdot \frac{1\ kp}{9.81\ N} \cdot \frac{1\ m^2}{10^6 mm^2} \cong 2.45\ \frac{kp}{mm^2}$$

En muchas ocasiones se hace una conversión usando el factor de la gravedad como g=10, con lo que el valor resultante sería 2.4 kp/mm^2.

1.2 Cálculo de masas de cuerpos.

8. Camión.

Un camión lleva 1800 kg de grava. Obtener el peso en N.

Solución. $17\ 658\ N$.

Para pasar a Newton se multiplica por 9.81 m/s^2. Peso = 1800 kg · 9.81 m/s^2 = 17 658 N.

9. Barra de acero.

Calcular la masa m (en kg), de una barra calibrada de acero de diámetro 10mm, siendo su longitud de 2 m y su densidad es de 7.9 kg/dm^3.

Solución. $1.241\ kg$

Se obtiene el volumen, utilizando decímetros como unidad de medida.
$$V = A \cdot h = \frac{\pi}{4} \cdot D^2 \cdot h = \frac{\pi}{4} \cdot 0.1^2 \cdot 20 = 0.1571\ dm^3$$

Obtenido el volumen, se calcula la masa:
$$Masa = V \cdot \rho = 0.1571 \cdot 7.9 = 1.241\ kg$$

Fundamentos físicos

10. Pletina de acero.

Una pletina rectangular de 40 x 100 mm tiene un agujero de 20 mm de diámetro. El espesor es de 15mm. Si el material es acero, determinar el peso en gramos de la pletina. Densidad del acero 7.9 kg/dm³.

Solución.   436.8 g.

Se obtiene el volumen en mm³, dado que todas las dimensiones se tienen en esa unidad. Para ello, se obtiene volumen de toda la chapa, y se le resta el volumen del agujero.

$$V = 40 \cdot 100 \cdot 15 - \frac{\pi}{4} \cdot 20^2 \cdot 15 = 55\,287.6\ mm^3$$

Se realiza un cambio de unidades para la densidad, obteniéndola en g/mm³:

$$\rho = 7.9\ \frac{kg}{dm^3} = 7.9\ \frac{kg}{dm^3} \cdot \frac{1000\ g}{1\ kg} \cdot \frac{1\ dm^3}{100^3 \cdot mm^3} = 7.9 \cdot 10^{-3}\ g/\ mm^3$$

Finalmente se aplica la densidad al volumen para obtener la masa:

$$Masa = 55\,287.6\ mm^3 \cdot 7.9 \cdot 10^{-3}\ \frac{g}{mm^3} \cong 436.8\ g$$

11. Pletina de aluminio.

Obtener la masa de una pletina de aluminio con la geometría representada. Considerar un espesor de 20 mm, y densidad Al = 2.7 kg/dm³. Medidas en mm.

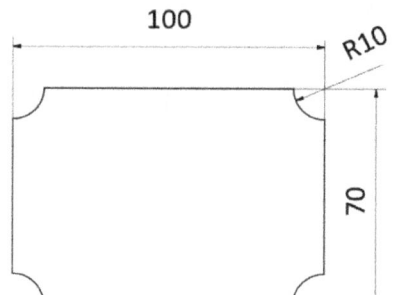

Solución.   361.044 g

Se realiza primero un cambio de unidades para trabajar con la densidad en g/cm³.

$$\rho = 2.7\ \frac{kg}{dm^3} \cdot \frac{1000\ g}{1\ kg} \cdot \frac{1\ dm^3}{1000\ cm^3} = 2.7\ \frac{g}{cm^3}$$

Seguidamente se calcula el volumen de la figura, como un taco rectangular, al que se le quita un cilindro de diámetro 10 mm (la unión de cuatro cuartos de cilindro de radio 10).

$$V = 100 \cdot 70 \cdot 20 - 20 \cdot 10^2 \cdot \pi = 140\,000 - 6\,283.18 = 133\,716.82\ mm^3 \cong 133.72\ cm^3$$

Finalmente, se obtiene la masa del sólido:

$$m = \rho \cdot V = 2.7 \cdot 133.72 = 361.044\ g$$

12. Pletina de cobre.

Determinar el peso de una placa de cobre de 10 mm de espesor, con la geometría de la figura. Densidad Cu = 8.9 kg/dm³. Medidas en mm.

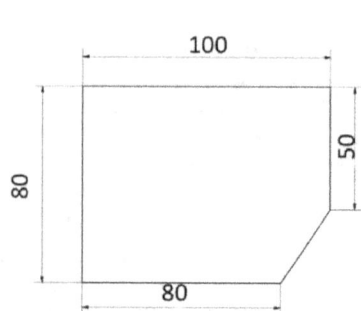

Solución.   685.3 g

Se calcula en primer lugar la superficie de la chapa. Se obtiene como un rectángulo, al cual hay que quitarle el triángulo inferior derecho.

$$A = 100 \cdot 80 - \frac{1}{2} \cdot 30 \cdot 20 = 7700 \; mm^2$$

El volumen de la pieza se obtiene multiplicando por su altura:

$$V = A \cdot h = 7700 \cdot 10 = 77\,000 \; mm^3 = 77 \; cm^3$$

La masa de la pieza se obtiene multiplicando su volumen por la densidad del material. Se aplica la equivalencia de 8.9 kg/dm³= 8.9 g/cm³

$$M = 8.9 \cdot 77 = 685.3 \; g$$

13. Pieza de cobre.

Determinar la masa del sólido representado en gramos, si se realiza en cobre. Densidad Cu= 8.9 kg/dm³. Medidas en mm.

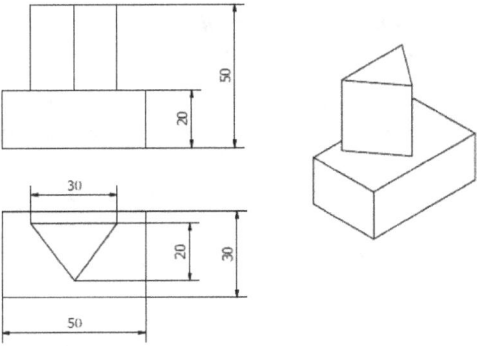

Solución. 347.1 g.

Se realiza primero un cambio de unidades para trabajar con la densidad en gr/cm³.

$$\rho = 8.9 \; \frac{kg}{dm^3} \cdot \frac{1000 \; g}{1 \; kg} \cdot \frac{1 \; dm^3}{1000 \; cm^3} = 8.9 \; \frac{g}{cm^3}$$

Seguidamente se calcula el volumen de la figura, como una base rectangular, al que se le suma un prisma recto triangular.

$$V = 50 \cdot 30 \cdot 20 + \frac{30 \cdot 20}{2} \cdot 30 = 30\,000 + 9\,000 = 39\,000 \; mm^3 = 39 \; cm^3$$

Finalmente, se obtiene la masa del sólido:

$$m = \rho \cdot V = 8.9 \cdot 39 = 347.1 \; g$$

14. Pletina de acero.

Calcular la masa de la pletina representada, que incorpora un taladro pasante de 20 mm, si tiene un espesor de 10 mm. Considerar acero con densidad 7.85 kg/dm³.

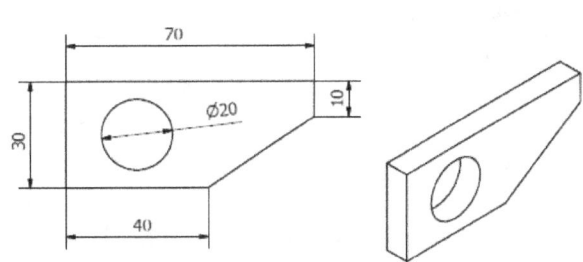

Solución. 116.65 g

Se obtiene primero el área de la pletina, como una superposición de figuras. En este caso, se calcula como un rectángulo al que se le quita un triángulo y un círculo:

$$A = 30 \cdot 70 - \frac{1}{2} \cdot 30 \cdot 20 - \frac{\pi}{4} \cdot 20^2 = 1485.84 \; mm^2$$

El volumen se obtiene multiplicando por el espesor:

$$V = A \cdot e = 1485.84 \cdot 10 = 14\,858.4 \; mm^3 \cong 14.86 \; cm^3$$

Se hace un cambio de unidades para la densidad:

Fundamentos físicos

$$\rho = 7.85 \, \frac{kg}{dm^3} \cdot \frac{1000 \, g}{1 \, kg} \cdot \frac{1 \, dm^3}{1000 \, cm^3} = 7.85 \, \frac{g}{cm^3}$$

Finalmente, se obtiene la masa del sólido:

$$m = \rho \cdot V = 7.85 \cdot 14.86 = 116.65 \, g$$

15. Pletina de acero.

Se dispone de una pletina de acero de 40 x 40 mm, con un espesor de 15 mm. Se le realiza un agujero pasante en el centro de 20 mm de diámetro. Determinar el peso de la pieza resultante. Tomar densidad acero = 7.85 kg/dm³.

Solución. 151.41 g.

Se realiza primero un cambio de unidades para trabajar con la densidad en g/cm³.

$$\rho = 7.85 \, \frac{kg}{dm^3} \cdot \frac{1000 \, g}{1 \, kg} \cdot \frac{1 \, dm^3}{1000 \, cm^3} = 7.85 \, \frac{g}{cm^3}$$

Seguidamente se calcula el volumen, como un taco cuadrado, al que se le resta el agujero pasante.

$$V = 40 \cdot 40 \cdot 15 - \frac{\pi \cdot 20}{4} \cdot 15 \cong 19\,288 \, mm^3 = 19.288 \, cm^3$$

Finalmente, se obtiene la masa del sólido:

$$m = \rho \cdot V = 7.85 \cdot 19.288 \cong 151.41 \, g$$

16. Altura de depósito.

Un depósito, de peso despreciable, tiene una base rectangular de 2000 x 1000mm. El líquido que debe contener es un aceite de densidad 0.8 kg/dm³ y la masa total serán 1000 kg. Determinar la altura necesaria para que no se desborde.

Solución. 62.5 mm

El volumen que tiene el depósito, suponiendo una altura "h", se obtiene como:

$$V = h \cdot 20 \cdot 10 \, dm^3$$

Conocida la densidad del líquido, y la cantidad de masa que se desea, se puede obtener el volumen necesario:

$$Masa = V \cdot \rho \rightarrow 1000 \, [kg] = V[dm^3] \cdot 0.8 \, [kg/dm^3] \rightarrow V = 1250 \, dm^3$$

Igualando ambas ecuaciones:

$$h \cdot 20 \cdot 10 = 1250 \rightarrow h = 0625 \, dm = 62.5 \, mm$$

17. Fuerza sobre ruedas en carretilla elevadora.

Una carretilla elevadora con carga tiene un peso total de 4000 kg. Dado que el contrapeso lo lleva desplazado hacia las ruedas traseras, se estima que éstas reciben el 60% del peso total. Determinar la fuerza en N, ejercida sobre cada rueda.

Solución. 11 772 N detrás y 7848 N delante.

Se aplica el reparto de peso incluido en cada rueda. En las ruedas traseras, hay por tanto $0.6 \cdot 4000 = 2400$ kg en total. Suponiendo que el peso se reparte de forma equitativa en ambos lados, cada rueda soportara 1200 kg de peso.

La fuerza equivalente es: $F_{eq\ detrás} = 1200 \cdot 9.8 = 11\,772\,N$

Para las ruedas delanteras se aplica el mismo proceso de cálculo, por lo que cada rueda delantera soporta:

$$F_{eq\ delante} = 0.4 \cdot 4000 \cdot 0.5 \cdot 9.8 = 7848\,N$$

1.3 Esfuerzos normales.

18. Almacenaje de chatarra.

En un contenedor de fondo 5 x 3.5 metros se almacenan 6800 kg de chatarra, incluido el peso propio del contenedor. Calcular la carga sobre el suelo en Newton por metro cuadrado o en Pascales.

Solución. 3812 Pa

Se obtiene l fuerza correspondiente al peso: $6800 \cdot 9.81 = 66\,708$ N.

Se calcula el área: Área $= 5 \cdot 3.5 = 17.5\ m^2$

Se calcula es esfuerzo resultante:

$$\sigma = \frac{F}{A} = \frac{66\,708}{17.5} = 3812\ Pa$$

19. Barra maciza a tracción.

Una barra maciza de sección circular con diámetro 10 mm, soporta una tensión a tracción de 3200 N. Determinar el esfuerzo existente.

Solución. 40.74 MPa.

Se calcula directamente el esfuerzo, aplicando la ecuación:

$$\sigma = \frac{F}{A} = \frac{3200}{\frac{\pi}{4} \cdot 10^2} = 40.74\ \frac{N}{mm^2} = 40.74\ \text{MPa}$$

20. Luminaria colgada de varilla.

Una varilla calibrada de diámetro 3/8 de pulgada soporta una estructura de luminarias para incrementar la luz en una máquina. La estructura completa pesa 1850 lb. Determina el esfuerzo existente en la varilla.

Solución. 16 750 psi

La varilla trabajará a tracción, con el peso normal a la sección. Por lo tanto, se aplica la expresión para calcular el esfuerzo:

$$\sigma = \frac{F}{A} = \frac{1850}{\frac{\pi}{4} \cdot \left(\frac{3}{8}\right)^2} = 16\,750\ \text{psi}$$

21. Columna de hormigón.

Una columna de hormigón de 8 pulgadas de diámetro soporta una carga estimada en 70 000 lb. Determinar la compresión existente en el hormigón.

Solución. 1392.6 psi.

La columna trabajará a compresión, con el peso normal a la sección. Por lo tanto, se aplica la expresión para calcular el esfuerzo:

$$\sigma = \frac{F}{A} = \frac{70\,000}{\frac{\pi}{4} \cdot (8)^2} = 1392.6 \text{ psi}$$

22. Pata de mesa de montaje.

Las patas de una mesa de montaje en una industria están formadas por un perfil cuadrado de 8 mm de lado. Se estima que cada pata puede llegar a tener que soportar hasta 3500 N. Determinar el esfuerzo existente en MPa.

Solución. 54.69 MPa

Se trata de una fuerza de compresión, por lo que el esfuerzo se calcula como:

$$\sigma = \frac{F}{A} = \frac{3500}{8 \cdot 8} = 54.69 \frac{N}{mm^2} = 54.69 \text{ } MPa$$

Nota. Se puede verificar la igualdad de 1 N/mm² = 1 MPa, que resulta muy interesante, puesto que es muy habitual trabajar con las fuerzas en N, los tamaños en mm, y los datos de esfuerzo de los materiales en tablas suelen estar expresados en MPa.

23. Pletina cuadrada a tracción.

Una pletina de acero, de sección rectangular de 40x10 mm, recibe 50 kN de fuerza a tracción. Determinar la tensión de trabajo del material.

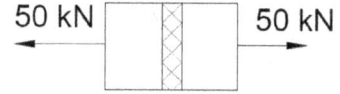

Solución. 125 MPa

Se aplica la expresión del esfuerzo, teniendo en cuenta que el área de la pletina es 40·10 = 400 mm².

$$\sigma = \frac{50\,000}{400} \frac{N}{mm^2} = 125 \text{ } MPa$$

24. Barra con varias secciones.

Una barra circular soporta una serie de cargas según se muestra en el esquema. Calcular el esfuerzo en cada tramo de la barra entre las secciones marcadas ABCD. Valor de X=10mm. Tomar F1 = 60kN, F2 = 25 kN, F3=12kN.

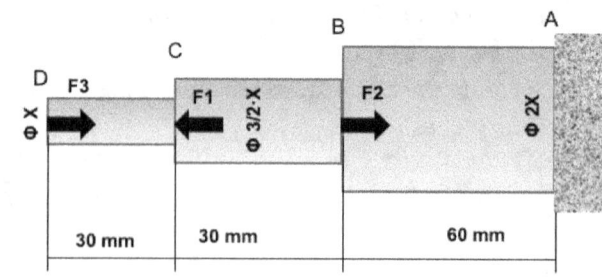

Solución. -152.79, 271.62 y 73.21 MPa.

Se comienza desde el extremo libre y se va calculando por tramos. Es necesario hacer los tres tramos, puesto que, al tener secciones variables, no necesariamente la que reciba mayor fuerza neta soportará más esfuerzo.

El primer tramo:
$$\sigma_{CD} = \frac{F}{A} = \frac{-12\,000}{\frac{\pi}{4} \cdot (10)^2} \cong -152.79 \; MPa \; (compresión)$$

El tramo central:
$$\sigma_{BC} = \frac{F}{A} = \frac{-12\,000 + 60\,000}{\frac{\pi}{4} \cdot (\frac{3}{2} \cdot 10)^2} \cong 271.62 \; MPa \; (tracción)$$

El tramo inicial desde el empotramiento:
$$\sigma_{AB} = \frac{F}{A} = \frac{-12000 + 60\,000 - 25\,000}{\frac{\pi}{4} \cdot (20)^2} \cong 73.21 \; MPa \; (tracción)$$

En función del material, la peor seccion será la CD o la BC, según el esfuerzo máximo que permita a compresión y tracción respectivamente. No todos los materiales tienen los mismo límites de esfuerzo a traccion que a compresión.

25. Elemento corto a compresión.

Un punzón con la forma de la figura se usa para perforar chapas. Calcular el esfuerzo en él si se aplica una fuerza de compresión repartida de 60 000 libras. Medidas en pulgadas.

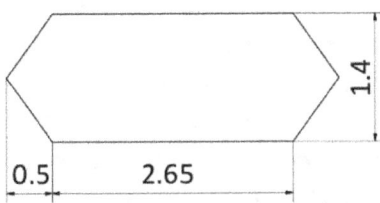

Solución. 13.6 ksi

El elemento recibe un esfuerzo total de 60 000 lb, que se reparten por toda la sección.
Para determinar el área, se considera una figura rectangular interior, a la que se le suman los 2 laterales, que se componen de 2 triángulos, de 1.4 pulgadas de base y 0.5 pulgadas de altura.

$$\text{Área} = 2.65 \cdot 1.40 + 2 \cdot \frac{1.40 \cdot 0.5}{2} = 4.41 \; in^2$$

$$\sigma = \frac{F}{A} = \frac{60\,000}{4.41} = 13\,605.4 \; psi = 13.6 \; ksi$$

26. Elemento a compresión.

Un elemento sujeto a compresión tiene la sección transversal que se muestra en la figura. Calcular el esfuerzo en el miembro si se aplica una fuerza de compresión de 640 kN. Medidas en mm.

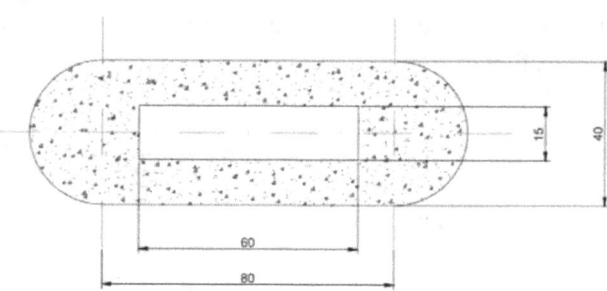

Solución. 180 MPa

El área neta se puede obtener por superposición de 4 figuras: un rectángulo de 80x40 mm, otro de 60x15mm, y dos semicírculos de radio 20 mm.

Por lo tanto, el área neta es:

$$A = 80 \cdot 40 - 60 \cdot 15 + \pi \cdot 20^2 = 3556.63 \ mm^2$$

El esfuerzo a compresión será:

$$\sigma = \frac{F}{A} = \frac{640\ 000}{3556.63} = 179.95 \ MPa \cong 180 \ Mpa$$

27. Calzo de máquina.

Al colocar una mesa de taller se observa que esta coja, y se calza mediante un calzo de madera como el de la figura. Se estima que la pata recibe 535 N de fuerza (una cuarta parte del peso total). Determinar el esfuerzo que recibe el calzo en condiciones habituales de carga. Medidas en mm.

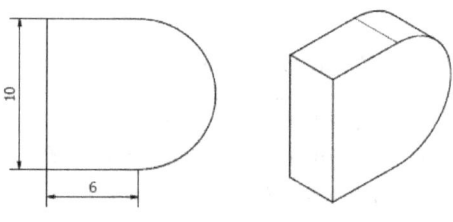

Solución. 5.39 MPa

El área resultante se puede obtener como superposición de un rectángulo y un semicírculo, por lo que se puede aplicar directamente la expresión del esfuerzo.

$$\sigma = \frac{F}{A} = \frac{535}{10 \cdot 6 + \frac{1}{2} \cdot \frac{\pi}{4} \cdot (10)^2} = 5.39 \frac{N}{mm^2} = 5.39 \ MPa$$

Nota. Obsérvese que este esfuerzo no se puede utilizar para comprobar si el calzo aguantará el esfuerzo de compresión, puesto que la carga considerada presupone que el peso de la mesa se reparte por igual entre las patas. Se debería establecer la peor situación posible, y comprobar que el calzo aguanta esas condiciones.

28. Barra con cargas múltiples a tracción/compresión.

Una barra cuadrada de 30 mm de lado soporta una serie de cargas según se muestra en el esquema. Calcular el esfuerzo en cada tramo de la barra entre las secciones marcadas.

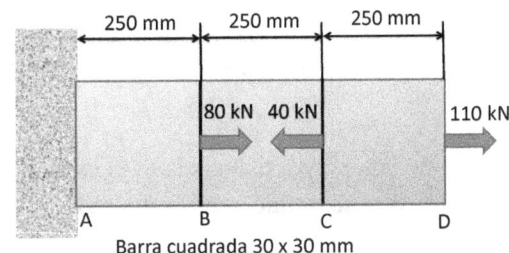

Barra cuadrada 30 x 30 mm

Solución. 122.2, 77.7 y 167 MPa

Se debe calcular desde el extremo libre, hacia la zona empotrada.

En el tramo CD, la única fuerza presente es una tracción de 110 kN

$$\sigma_{CD} = \frac{F}{A} = \frac{110\,000}{30 \cdot 30} = 122.2\,\frac{N}{mm^2} = 122.2\ MPa$$

En el siguiente tramo, BC, además, está una fuerza de compresión de 40 kN

$$\sigma_{BC} = \frac{F}{A} = \frac{110\,000 - 40\,000}{30 \cdot 30} = 77.7\ MPa$$

Por último, en el tramo AB se suman todas las fuerzas:

$$\sigma_{AB} = \frac{F}{A} = \frac{110\,000 - 40\,000 + 80\,000}{30 \cdot 30} = 167\ MPa$$

La barra tiene su sección crítica en el tramo AB, con un esfuerzo a tracción de 167 MPa. El siguiente tramo será el CD, con 122 MPa, y el tramo con menor requerimiento será el central, con 77.7 MPa.
El resultado es el esperado, puesto que, al tener la sección constante, la zona de la barra con mayor fuerza neta aplicada, será la que esté sometida a mayor esfuerzo.

29. Barra con cargas múltiples a tracción/compresión.

Una barra circular soporta una serie de cargas según se muestra en el esquema. Calcular el esfuerzo en cada tramo de la barra entre las secciones marcadas.

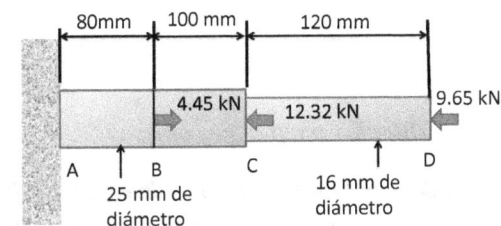

Solución. -48, -48.75 y – 35.69 MPa

Se debe analizar cada tramo, puesto que, al tener una sección variable, el valor de esta cambiar el esfuerzo, y por tanto, no necesariamente la zona con mayor fuerza neta es la más crítica.
Comenzando desde el extremo libre:

$$\sigma_{CD} = \frac{F}{A} = \frac{-9650}{\frac{\pi}{4} \cdot (16)^2} \cong -48\ MPa\ (compresión)$$

El siguiente tramo recibe más compresión, pero la sección cambia:

$$\sigma_{BC} = \frac{F}{A} = \frac{-9650 - 12\,320}{\frac{\pi}{4} \cdot (25)^2} = -44.75\ MPa\ (compresión)$$

En el último tramo aparece una fuerza de tracción que reduce un poco el esfuerzo.

$$\sigma_{AB} = \frac{F}{A} = \frac{-9650 - 12\,320 + 4450}{\frac{\pi}{4} \cdot (25)^2} = -35.69\ MPa\ (compresión)$$

El tramo con mayor exigencia es el extremo, puesto que, aunque solo recibe una fuerza, al tener menos sección, está sometido a más esfuerzo.

30. Cadena.

Se utiliza una cadena para elevar una máquina y cambiarla de sitio. La máquina tiene un peso estimado de 2800 kg, y la cadena está formada por eslabones de acero de diámetro 6 mm. Suponiendo que el peso se reparte igualmente en los dos lados del eslabón, determinar la tensión a tracción que sufre el material en el centro del eslabón.

Solución. 485.74 MPa

Un eslabón de la cadena tiene dos lados, cada uno siendo un círculo de diámetro 6 mm. Por tanto, el área total es de:

$$A = 2 \cdot \frac{\pi \cdot D^2}{4} = \frac{\pi \cdot 6^2}{4} = 56.55\ mm^2$$

Dado que el peso a sostener son 2800 kp, esto equivale a 2800 · 9.81 = 27 468 N
Se calcula la tensión:

$$\sigma = \frac{F}{A} = \frac{27\,468}{56.55} = 485.74\ MPa$$

31. Esfuerzo en cable de cobre.

Un cable de cobre en una acometida eléctrica tiene una longitud entre postes de 55 metros. Para que no descuelgue en exceso, se debe traccionar con una fuerza de 2000 kg. Si el cable tiene 8 mm de diámetro, obtener el esfuerzo existente. Nota: despreciar el posible efecto del aislante de plástico en el cable.

Solución 390.3 MPa

Se plantea la fuerza en Newton: $F = 2000 \cdot 9.81 = 19\,620\ N$
El área resistente es:

$$A = \frac{\pi}{4} \cdot D^2 = \frac{\pi}{4} \cdot 8^2 = 50.265\ mm^2$$

Se obtiene el esfuerzo:

$$\sigma = \frac{F}{A} = \frac{19\,620}{50.265} = 390.33\ MPa$$

1.4 Esfuerzos cortantes.

32. Troquel.

Se desea hacer una pieza como la de la figura, pero con un espesor de 0.9 mm. Se realiza mediante una matriz de dos pasos, donde la prensa debe hacer la fuerza para perforar todo el perímetro exterior e interior. Calcular la fuerza necesaria en kp si el material tiene una tensión de rotura a cizalladura de Sus=35 kp/mm².

Solución. 7119 kp

Se obtiene en primer lugar el perímetro de la figura, tanto el exterior, como el agujero interior a realizar:

$$P = 2 \cdot \sqrt{10^2 + 10^2} + 2 \cdot \pi \cdot \frac{12}{2} + 30 + 30 + 10 + 10 + 20 + 20 + 40 = 225.98 \cong 226 \, mm$$

El área de la figura se obtiene como el perímetro de la misma, multiplicado por el espesor a cortar.

$$A = 0.9 \cdot 226 = 203.4 \, mm^2$$

El esfuerzo cortante que se debe desarrollar se corresponde con la tensión máxima a cortante del material. A partir de esa situación, se puede averiguar la fuerza necesaria para alcanzar ese esfuerzo cortante:

$$\tau = \frac{F}{A} \rightarrow 35 = \frac{F}{203.4} \rightarrow F = 7119 \, kp$$

33. Troquelado.

En un troquel progresivo, se realiza la pieza de la figura. Una parte del troquel realiza los dos agujeros circulares, otra el interior rectangular, y otra recorta el exterior de la figura. Cada vez que el troquel baja, se realizan las tres acciones de forma simultánea, por lo que es necesaria la fuerza total para hacer los tres cortes, obteniéndose una pieza acabada. Se utiliza latón recocido, de 1.1 mm de espesor, con una tensión de rotura a cizalladura de Sus = 36 kp/mm². Se toma agujeros de diámetro 10 mm. Obtener la fuerza necesaria.

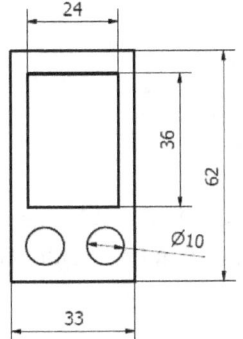
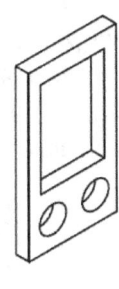

Solución. 14 764 kp

Se obtiene en primer lugar el perímetro de la figura, tanto el exterior, como las figuras interiores a realizar:

$$P = (33 + 62) \cdot 2 + (24 + 36) \cdot 2 + 2 \cdot 2 \cdot \pi \cdot \frac{10}{2} = 372.83 \ mm$$

El área de la figura se obtiene como el perímetro de esta, multiplicado por el espesor a cortar.

$$A = 1.1 \cdot 372.83 \cong 410.11 \ mm^2$$

El esfuerzo cortante que se puede obtener con la prensa es:

$$\tau = \frac{F}{A} \rightarrow 36 = \frac{F}{410.11} \rightarrow F \cong 14\ 764 \ kp$$

34. Troquelado de arandela.

La arandela de la figura tiene un espesor de 1.5 mm, y se realiza en un material con tensión de rotura Sus = 275 N/mm². Determinar la fuerza necesaria.

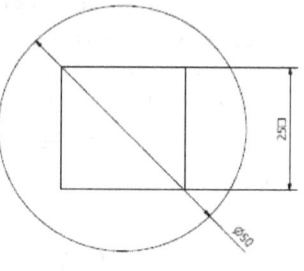

Solución. 10 810 kp

Para obtener el área correspondiente a la sección a cortar, se debe conocer primero el perímetro.

El perímetro total es la suma de un circulo y un cuadrado interior:

$$P = \pi \cdot \varnothing + 4 \cdot L = \pi \cdot 50 + 4 \cdot 25 = 257.08 \ mm$$

El área de corte se obtiene al multiplicar el perímetro por el espesor de la chapa:

$$A = P \cdot e = 257.08 \cdot 1.5 = 385.62 \ mm^2$$

La fuerza necesaria para cortar el material:

$$\tau = \frac{F}{A} \rightarrow 275 = \frac{F}{385.62} \rightarrow F = 106\ 045 \ N \cong 10\ 810 \ kp$$

35. Punzonado de latón.

Calcular la fuerza necesaria F para troquelar la figura de un solo golpe, si la tensión de cizalladura del latón es de 650 N/mm². La figura tiene un espesor de 1.2 mm. Cotas en mm.

Solución. 187 200 N

Se calcula el perímetro:

$$P = 50 \cdot 2 + 30 \cdot 2 + 30 + 2 \cdot h$$

siendo "h" la hipotenusa de un triángulo rectángulo de catetos 15 y 20 mm. Esta hipotenusa se obtiene por Pitágoras:

$$h = \sqrt{15^2 + 20^2} = 25$$

Sustituyendo, el perímetro es:

$$P = 50 \cdot 2 + 30 \cdot 2 + 30 + 2 \cdot 25 = 240 \ mm$$

Se plantea la expresión del cortante, teniendo en cuenta que el área se obtiene como perímetro multiplicado por el espesor de la chapa:

$$\tau = \frac{F}{A} \rightarrow 650 = \frac{F}{1.2 \cdot 240} \rightarrow F = 187\,200\,N \cong 19083\,kp$$

36. Troquelado de brida.

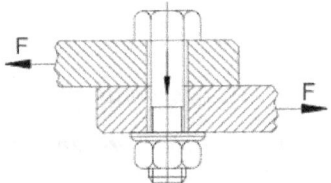

Calcular la fuerza necesaria en kp, para troquelar la figura. La chapa tiene una tensión de cizalladura de rotura Sus = 36 kp/mm². Espesor 2.5 mm. Diámetros de 5, 40 y 80 mm.

Solución 39 600 kp

Para obtener el área correspondiente a la sección a cortar, se debe conocer primero el perímetro.

El perímetro total es la suma de todos los círculos interiores y la figura exterior:

$$P = \pi \cdot 80 + \pi \cdot 40 + 4 \cdot \pi \cdot 5 \cong 439.82\,mm$$

El área de corte se obtiene al multiplicar el perímetro por el espesor de la chapa:

$$A = P \cdot e = 439.82 \cdot 2.5 \cong 1100\,mm^2$$

La fuerza necesaria para cortar el material:

$$\tau = \frac{F}{A} \rightarrow 36 = \frac{F}{1100} \rightarrow F \cong 39\,600\,kp$$

37. Unión atornillada.

Para la unión de la figura se utiliza un tornillo M24 en rosca fina, y se aprieta de forma que se aplican 45 000N a tracción en el tornillo. Determinar la tensión axial a la que estará trabajando la sección del núcleo del tornillo. Si la fuerza F son 28 000 N, determinar el valor de la tensión a cizalladura del tornillo.

Solución. 79.32 MPa

En el núcleo del tornillo, hay una tensión debido a la tracción. A partir de tablas, se puede obtener el área para rosca gruesa, 353 mm², y se plantea:

$$\sigma = \frac{F}{A} = \frac{45\,000\,N}{353\,mm^2} = 127.48\,MPa$$

Con respecto a la tensión cortante:

$$\tau = \frac{F}{A} = \frac{28\,000\,N}{353\,mm^2} = 79.32\,MPa$$

El tornillo, al trabajar tanto a tracción como a cortante, se debe evaluar desde el punto de vista de un esfuerzo mixto. Este tipo de evaluación se estudia con posterioridad en un capítulo dedicado a esfuerzos combinados.

38. Punzonado de tenedor.

Se quiere hacer un punzón de una matriz que de un golpe troquele una proforma de un tenedor. Si el cubierto se hace con un acero inoxidable con tensión de rotura a cortante de 465 MPa, determinar: a) fuerza necesaria en el punzón, b) tensión a la que estará sometido el punzón. Espesor de la chapa inoxidable 2.5 mm. Medidas en mm.

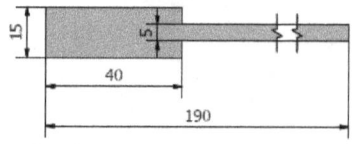

Solución. 48.6 Tm; 353.05 MPa

Se obtiene la fuerza cortante necesaria, teniendo en cuenta que se conoce la tensión de rotura a cortante, y que el perímetro se puede calcular fácilmente a partir de las cotas del esquema:

$$\tau = \frac{F}{A}$$

Sustituyendo:

$$465 = \frac{F}{2.5 \cdot (40 + 40 + 5 + 5 + 5 + 15 + 150 + 150)} \rightarrow F = 476\,625\,N \cong 48\,586\,kp \cong 48.6\,Tm$$

Conocida la fuerza de corte necesaria, ésta se comunica a través del punzón, que es una pieza que trabaja a compresión en toda el área de apoyo de la forma a cortar.

El área de esta forma se obtiene como la suma de dos rectángulos:

$$A = 40 \cdot 15 + 150 \cdot 5 = 1350\,mm^2$$

Sustituyendo en la expresión de la tensión a cortante:

$$\tau = \frac{F}{A} = \frac{476\,625}{1350} = 353.05\,MPa$$

39. Horquilla.

La figura representa una horquilla con un bulón de 10 mm de diámetro. De la pieza central se tira con una fuerza de 50 kN, El ancho de cada apoyo de la horquilla es de 15 mm. Determinar el esfuerzo en el bulón y en el apoyo de la horquilla.

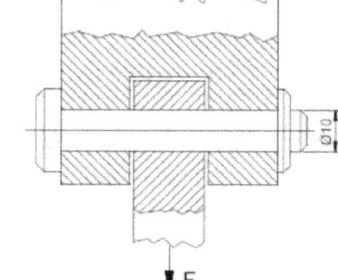

Solución. 318.31 Mpa; 166.67 Mpa

El bulón trabaja a cortante doble:

$$\tau = \frac{F}{A} = \frac{50\,000}{2 \cdot \frac{\pi}{4} \cdot 10^2} = 318.31\,MPa$$

Los apoyos en la horquilla, son dos rectángulos de ancho el diámetro del bulón, y de largo 15 mm a cada lado. Por tanto, la tensión de apoyo es:

$$\sigma = \frac{F}{A} = \frac{50\,000}{2 \cdot 10 \cdot 15} = 166.67\,MPa$$

40. Perforación de aluminio.

> Se desea troquelar una pieza como la de la figura, partiendo de una lámina de aluminio de 5 mm de espesor. Calcular el esfuerzo cortante que se aplica en el aluminio, si se utiliza una prensa de 25 Tm de fuerza.

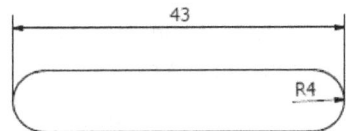

Solución. 515.6 MPa

La prensa es capaz de ejercer 25 toneladas de fuerza, equivalentes a 25 000 kp ó 245 250 N.
El área de la figura se obtiene como el perímetro de esta, multiplicado por el espesor a cortar.
$$A = 5 \cdot (35 \cdot 2 + \pi \cdot 8) = 475.66 \; mm^2$$
El esfuerzo cortante que se puede obtener con la prensa es:
$$\tau = \frac{F}{A} = \frac{245\,250}{475.66} = 515.6 \; MPa$$
El esfuerzo cortante obtenido debe ser mayor a la resistencia del material, para que se pueda troquelar la chapa.

41. Punzonado.

> Para realizar una pieza, en primer lugar, se hace en una prensa un punzonado del agujero interior. Posteriormente, se troquela de un golpe en la chapa la forma exterior. El material tiene un espesor de 1.2 mm, y una Sus = 250 MPa. Determinar la fuerza mínima necesaria, y el esfuerzo sobre los punzones a usar. Cotas en mm.

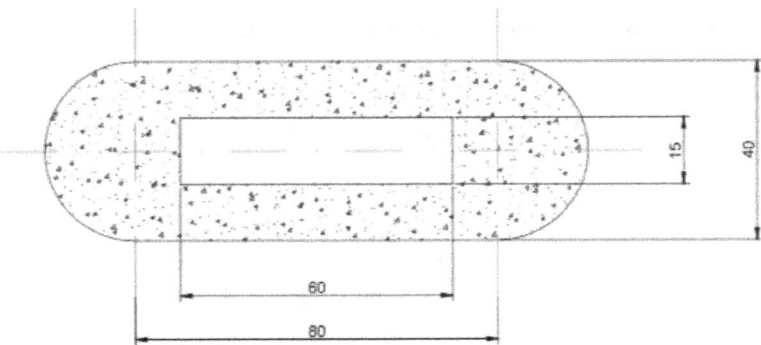

Solución. F=85 700 N; $\sigma = 95.22 \; MPa$

Se deben analizar dos situaciones: el troquelado del rectángulo interior y el corte de la forma externa. Dado que el perímetro de la forma externa es mayor que el del rectángulo interior, esta operación será la que más fuerza requiera. Se calcula por tanto teniendo en consideración la fuerza que se debe hacer para este caso.
En el perímetro exterior de la forma se tiene un área a cortante:
$$A = perimetro \cdot espesor = 1.2 \cdot (80 \cdot 2 + 2 \cdot \pi \cdot 20) = 342.8 \; mm^2$$
La fuerza a cortante necesaria es de:

$$\tau = \frac{F}{A} \to 250 = \frac{F}{342.8} \to 85\,700\,N \cong 8736\,kp$$

Con esa fuerza, el punzón está sometido a una presión de compresión. Se obtiene el área sobre el que apoya el punzón, que es la figura completa salvo el rectángulo interior, que ya ha sido eliminado.

$$A_{punzón} = 80 \cdot 40 + \frac{\pi}{4} \cdot 40^2 - 60 \cdot 15 = 3556.64\,mm^2$$

La tensión a compresión será:

$$\sigma = \frac{F}{A} = \frac{85\,700}{3556.64} = 24.1\,MPa$$

Lógicamente, se observa como el punzón soporta un bajo requerimiento mecánico, al tener una gran área de apoyo. Sin embargo, está sometido a requerimientos dimensionales (tolerancias), y está sometido a desgaste, lo que implica otras características necesarias en el material.

Para el punzón interior, si se trabaja con la misma fuerza aplicada en la prensa, la tensión a compresión será:

$$\sigma = \frac{F}{A} = \frac{85\,700}{15 \cdot 60} = 95.22\,MPa$$

Sigue siendo una tensión a compresión perfectamente asumible, sin necesidad de reducir la fuerza en la prensa.

42. Conexión con pasador.

Una conexión de pasador simple está sometida a una fuerza de 16.5 kN a tracción. Si el pasador tiene un diámetro de 12 mm, determinar el esfuerzo cortante que debe soportar.

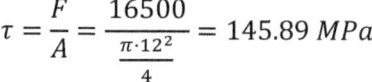

Solución. 145.89 MPa

Se obtiene la tensión en el perno, considerando que trabaja a cortante simple:

$$\tau = \frac{F}{A} = \frac{16500}{\frac{\pi \cdot 12^2}{4}} = 145.89\,MPa$$

43. Roblón.

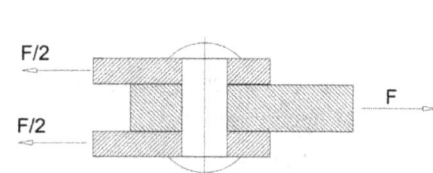

Un roblón (remache macizo), de 12 mm de diámetro, se encuentra sujetando una articulación doble. Determinar la máxima fuerza que puede soportar si admite una tensión máxima a cortadura de 620 kp/cm².

Solución. 1402.3 kp

Se realiza un cambio de unidades, con respecto a la tensión a cortante que soporta el material:

$$620\,\frac{kp}{cm^2} = 620\,\frac{kp}{cm^2} \cdot 9.81\,\frac{N}{kp} \cdot \frac{1cm^2}{100\,mm^2} = 60.82\,\frac{N}{mm^2} = 60.82\,MPa$$

El área por considerar es doble, puesto que hay dos zonas de corte. Por tanto, será:

$$A = 2 \cdot \frac{\pi \cdot D^2}{4} = 2 \cdot \frac{\pi \cdot 12^2}{4} = 226.2 \ mm^2$$

Por tanto:

$$\tau = \frac{F}{A} \to 60.82 = \frac{F}{226.2} \to F = 13\ 757.1\ N \cong 1402.3\ kp$$

44. Junta remachada.

Una junta remachada compuesta por dos remaches macizos, con la configuración de la figura, soporta 10.2 kN de fuerza. Determinar el esfuerzo cortante aplicado sobre los remaches, si tienen 12 mm de diámetro.

Solución.   45.09 MPa

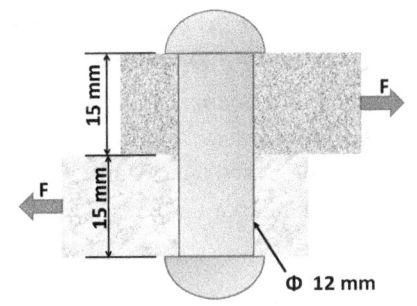

El esfuerzo cortante se ejerce sobre dos círculos de diámetro 12 mm, por lo que será:

$$\tau = \frac{F}{A} = \frac{10\ 200}{2 \cdot \frac{\pi}{4} \cdot 12^2} = 45.09\ MPa$$

45. Unión pegada.

Dos elementos se han pegado, según se observa en la figura. Si sobre una de las piezas se aplican 90kN, determinar el esfuerzo cortante que debe soportar la unión. Ancho 40 mm, longitud de solape 120 mm.

Solución.   18.75 MPa

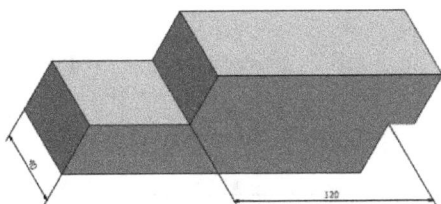

Se aplica directamente la expresión, puesto que se trata de cortante simple.

$$\tau = \frac{F}{A} = \frac{90\ 000}{40 \cdot 120} = 18.75\ MPa$$

46. Unión por muesca.

Una pieza con una muesca se sujeta mediante su muesca contraria en otra pieza que hace de soporte, tal como se muestra en la figura. Determinar el esfuerzo cortante en la madera si la carga a soportar es de 2000 lb.

Solución.   190.47 psi

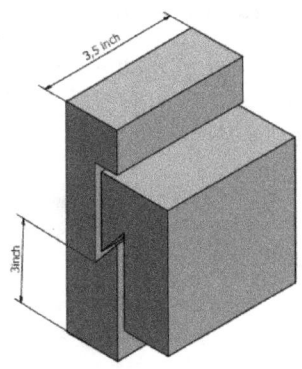

El área a cortante es un rectángulo de 3 x 3.5 pulgadas, por lo que la tensión a cortante es, aplicando directamente la ecuación:

$$\tau = \frac{F}{A} = \frac{2000}{3 \cdot 3.5} = 190.47 \; psi$$

47. Apoyo de silo.

Un silo que va a contener grava se sujeta mediante 4 patas ancladas al suelo con el sistema mostrado en la figura, que consta de 3 chapas y un pasador macizo de diámetro 20 mm. Cada una de las patas va a transmitir hacia el suelo una fuerza de 42500 kp. Determinar la tensión existente en el pasador, indicando además su tipo.

Solución. Cortante 331.8 MPa

El pasador trabaja a cortante, existiendo en este caso 4 áreas de corte.
El área total, por tanto, es:

$$A = 4 \cdot \frac{\pi \cdot D^2}{4} = 4 \cdot \frac{\pi \cdot 20^2}{4} = 1256.64 \; mm^2$$

El cortante que existe es:

$$\tau = \frac{F}{A} = \frac{42\,500 \cdot 9.81}{1256.64} = 331.78 \; MPa$$

1.5 Formulario y tablas.

Resumen de fórmulas básicas y datos tabulados específicos de este capítulo:

Fórmulas	*Factores de conversión:*
$Volumen\;cuerpos\;rectos: V = A_{base} \cdot h$	1 pulgada = 25.4 mm
	1 pie = 12 pulgadas
$Masa = V \cdot \rho$	1 psi = 6894.757 Pascales
$Tension\;normal\;\;\sigma = \dfrac{F}{A}$	*Densidades*
$Tensión\;cortante.\;\;\tau = \dfrac{F}{A} = \dfrac{F}{p \cdot e}$	Cobre: 8.9 kg/dm^3.
	Acero: 7.85 kg/dm^3.
	Aluminio: 2.7 kg/dm^3.

Capítulo 2
Materiales.

Contenido	Pág.
2.1 Tensión y deformación.	37
2.2 Propiedades térmicas.	48
2.3 Sistemas mixtos.	56
2.4 Materiales compuestos.	57
2.5 Tablas y formulario.	59

En este capítulo se aborda el comportamiento de los materiales desde el punto de vista de sus propiedades mecánicas. Se realiza un estudio de los siguientes aspectos:
- La respuesta del material ante esfuerzos de tipo normal (tracción/compresión), y la deformación que estos esfuerzos suponen.
- La respuesta del material ante cambios de temperatura, y las consecuencias que esto tiene tanto desde el punto de vista de la deformación como de la tensión térmica que se puede generar.
- Introducción a los sistemas mixtos de varios materiales, desarrollando el caso particular más habitual, que es la existencia de dos materiales trabajando en condiciones de igual deformación.
- Introducción a los materiales compuestos, para casos simples, dada la importancia creciente del uso de los mismos.

Al final del capítulo se recogen tablas de características específicamente tratadas en este capítulo, quedando para el final del texto aquellas tablas de valores que se necesitan de forma transversal a lo largo de varios capítulos.

2 Materiales.

En este capítulo se abordan diversos conceptos relacionados con el comportamiento de los materiales, en especial desde el punto de vista de su deformación. Se introduce por tanto la respuesta del material frente a esfuerzos tanto axiales como cortantes y frente a cambios de temperatura. También se realiza una introducción a sistemas mixtos formados por dos materiales trabajando juntos, y a materiales compuestos.

Propiedades del material frente a esfuerzos.

Típicamente se describe el comportamiento de un material mediante la gráfica esfuerzo – deformación, que se obtiene a través de ensayos de tracción/compresión, donde se registra la fuerza realizada sobre una probeta, y la deformación que se produce en la misma, en forma de variación de longitud.

En esta gráfica (Figura 3) se distinguen dos puntos de especial relevancia, que se suele encontrar tabulados para distintos materiales. Ambos puntos marcan los extremos de dos comportamientos diferentes del material, en cuanto a su respuesta frente a cargas axiales:

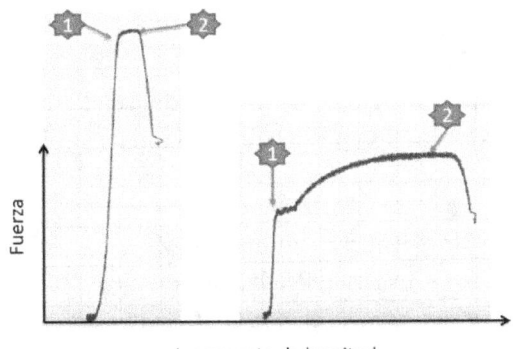

Figura 1 Ejemplo de ensayo de tracción sobre una probeta de acero estirado en frío (izquierda), y el mismo material recocido (derecha). Se observa el cambio de comportamiento que marca el límite elástico (pto 1), y el valor de la fuerza máxima (pto 2).

Sy = límite elástico, en MPa o ksi.
Su = esfuerzo máximo, en MPa o ksi.

El límite elástico representa el máximo valor que puede soportar el material, con capacidad de recuperarse cuando cesa el esfuerzo, es decir, marca el final del comportamiento elástico del material. En ocasiones, dada la dificultad de obtenerlo con precisión, se utiliza como valor el esfuerzo que provoca una deformación plástica (permanente) del 0.2%, denominándose $S_{0.2}$

En función de la literatura, se utilizan distintas expresiones para referirse a ambos puntos:
$$\sigma_y = S_y \cong S_{0.2} \cong \sigma_{0.2}$$
$$\sigma_u = S_u = S_{UTS} = \sigma_{UTS} = \sigma_{MAX}$$

Durante el tramo elástico, el comportamiento se parametriza como:

$$\sigma = E \cdot \varepsilon \quad con \quad \varepsilon = \frac{\Delta L}{L_0}$$

σ = esfuerzo, normalmente en MPa.

E = módulo de Young o de elasticidad. Normalmente se tabula en GPa, pero por homogeneidad dimensional en la fórmula, se suelen utilizar MPa.

ε = deformación unitaria. Es adimensional. Indica la deformación por unidad de longitud que se genera en el material.

A partir de Sy y hasta Su, el material trabaja de forma plástica, lo cual supone que, aunque el esfuerzo cese, el material no se recupera completamente, y le queda una deformación residual permanente. Normalmente, en el cálculo de elementos de máquinas e instalaciones, no se desea que el material entre en deformación plástica, puesto que no se recupera totalmente al cesar la carga, y el elemento suele quedar inservible. Sin embargo, Su es un parámetro necesario como referencia en muchos cálculos, puesto que se utiliza para determinar el valor de esfuerzo máximo que se va a permitir en la pieza.

Esfuerzos axiales

Si la fuerza se ejerce de forma axial (en la dirección del eje principal), se puede provocar un efecto de tracción o de compresión, en función de si se trata de estirar el material o de comprimirlo.

$$\sigma = \frac{F}{A}$$

σ = esfuerzo normal, en MPa.

F = fuerza aplicada, en Newton.

A = área o sección sobre la que se aplica el esfuerzo, en mm^2.

En algunos casos, cuando en una misma situación puede haber elementos sometidos a tracción y otros a compresión, se utiliza un subíndice (σ_T y σ_C) para indicar el tipo de esfuerzo y evitar errores.

Así mismo, si sobre un elemento actúa más de un esfuerzo, se puede aplicar el principio de superposición, y se pueden sumar los esfuerzos a tracción, y restar los de compresión.

Esfuerzos cortantes

Cuando la fuerza se ejerce de forma tangente a la sección que la soporta, se provoca un efecto cortante en la sección. En este caso, el esfuerzo es de tipo cortante, y se define como:

$$\tau = \frac{F}{A}$$

τ = esfuerzo cortante, en MPa.

F = fuerza aplicada, en Newton.

A = área o sección sobre la que se aplica el esfuerzo, en mm^2.

Propiedades del material frente a cambios de temperatura.

Cuando un material es sometido a una variación de temperatura, si no existen restricciones, el material responde mediante una dilatación (la temperatura sube), o mediante una contracción (la temperatura baja). El valor de este cambio de longitud, para casos donde una dimensión es predominante frente a las otras dos, se puede obtener fácilmente conocida la longitud de referencia, y el coeficiente de dilatación unidimensional del material.

Para estos casos, la variación de longitud del material se puede calcular:

$$\Delta L = L_0 \cdot \alpha \cdot \Delta T$$

ΔL = incremento de longitud (mm).
L_0 = longitud inicial (mm).
α = coeficiente de dilatación (°C^{-1} ó K^{-1}).
ΔT = incremento de temperatura (°C ó K).

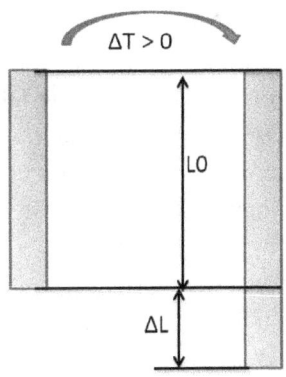

Figura 2 Alargamiento de una barra al ser calentada

En cualquier caso, las unidades de longitud se pueden cambiar por otras siempre que se mantenga la uniformidad dimensional, como poner ambas en metros o en pulgadas. Con respecto al coeficiente de dilatación y la variación de temperatura, se puede trabajar en unidades imperiales (°F) si se hace con ambas variables (α e ΔT).

En los casos en que la barra tenga los extremos restringidos, y no pueda dilatarse o contraerse libremente, cuando se produce una variación de temperatura, aparece un esfuerzo de origen térmico. Este esfuerzo representa el equivalente que sería necesario para que la barra tenga la misma dilatación / contracción. La fórmula de cálculos es.

$$\sigma = E \cdot \alpha \cdot \Delta T$$

σ = Esfuerzo generado, en MPa.
E = Módulo de elasticidad, en MPa.
α = coeficiente de dilatación (°C^{-1} ó K^{-1}).
ΔT = incremento de temperatura (°C ó K).

Cuando se produce un aumento de temperatura, la barra no puede dilatarse y, por tanto, el material sufre un esfuerzo de compresión

Cuando se produce una disminución de temperatura, la barra no puede contraerse y, por tanto, el material se encuentra traccionado, al tener que mantener la longitud inicial.

Los esfuerzos de origen térmico deben sumarse al resto de esfuerzos que sufra la barra de forma axial. Así, si la barra además de sufrir una variación de temperatura, está sometida a otros esfuerzos, para obtener el estado global, éstos se deben sumar (tracción, en positivo), o restar (compresión, en negativo) a los existentes.

Sistemas mixtos

Muchas veces un elemento está compuesto por barras de más de un material. Esta situación exige de un análisis mucho más profundo, pero sin embargo, en muchas ocasiones se verifica que en conjunto, todas las barras sufren la misma deformación (figura 3).

En esta situación, cada material sufre un esfuerzo distinto, de forma proporcional a su rigidez, o inversamente proporcional a su elasticidad. A igual área, el material que tenga menor módulo de elasticidad, al deformarse con menor esfuerzo, soportará menor cantidad del mismo. Por otra parte, también hay que tener en cuenta el área disponible de cada material. En conjunto, entre ambos materiales deberán ser capaces de soportar la fuerza que se aplique.

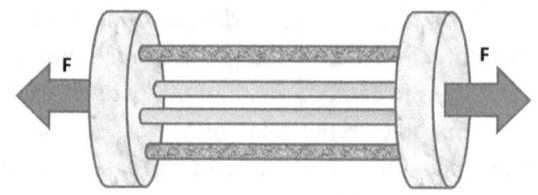

Figura 3 Ejemplo de aplicación donde los extremos sufren la misma deformación, pero se utilizan barras de dos materiales.

Para estos casos, se puede utilizar la siguiente expresión para calcular uno de los materiales.

$$\sigma_1 = \frac{F \cdot E_1}{A_2 \cdot E_2 + A_1 \cdot E_1}$$

σ_1 = esfuerzo soportado por el material 1 (MPa).
E_1 = módulo de elasticidad del material 1 (MPa). Análogamente para el material 2.
A_1 = área total de las barras de material 1 (mm^2). Análogamente para el material 2
F = fuerza total a soportar (N).

Para determinar el material 2, se aplica nuevamente la expresión intercambiando los índices de la ecuación.

Materiales compuestos

Los materiales compuestos por partículas de un material (fibra) dentro de otro material mayoritario (matriz), se pueden caracterizar obteniéndose un módulo elástico que combina las propiedades de ambos materiales individuales, en función de la fracción volumétrica que hay de cada uno de ellos. Cuando la fibra es multidireccional se puede asumir:

$$E_c = E_f \cdot V_f + E_m \cdot V_m$$

E_c, E_f, E_m = módulos de elasticidad del compuesto, fibra y matriz respectivamente, en MPa.
V_f, V_m = fracción volumétrica de fibra y de matriz, en %.

De forma análoga se puede establecer la resistencia del compuesto en los mismos casos:

$$\sigma_c = \sigma_f \cdot V_f + \sigma_m \cdot V_m$$

2.1 Tensión y deformación.

48. Tensión en cable.

Un cable de 2.5 cm de diámetro está sometido a una carga de 12 500 kg. Calcular el esfuerzo o tensión normal en MPa.

Solución. 250 MPa

Se calcula el área del cable:
$$A = \frac{\pi}{4} \cdot \emptyset^2 = \frac{\pi}{4} \cdot 2.5^2 = 490.9 \; mm^2$$

Se realiza un cambio de unidades en la carga:
$$12\,500 \; kgf = 12\,500 \cdot 9.81 \; N = 122\,625 \; N$$

La tensión en el cable, por tanto, es:
$$\sigma = \frac{F}{A} = \frac{122\,625}{490.9} = 249.8 \frac{N}{mm^2} \cong 250 \; MPa$$

49. Alargamiento cable de estaño.

Un hilo de estaño tiene una longitud inicial de 20 mm y se estira hasta los 23 mm. Calcular el % de alargamiento.

Solución. 15%

Se calcula la deformación a partir de la variación de longitud y la longitud inicial:
$$\varepsilon = \frac{\Delta L}{L_0} = \frac{23-20}{20} = \frac{3}{20} = 0.15$$

Porcentualmente, esta deformación será del 15%.

50. Cuerda de escalada.

Una cuerda de escalada se alarga 75 cm al ser sometida al peso de 80 kg de un alpinista. Si la cuerda tiene 25 m de largo y 7.5 mm de diámetro, ¿qué módulo de Young tiene el material?

Solución. 592.14 Mpa

Se plantea la relación entre tensión y alargamiento, teniendo a su vez en cuenta tanto la definición de la tensión, como la del alargamiento:
$$\sigma = E \cdot \varepsilon \rightarrow \frac{F}{A} = E \cdot \frac{\Delta L}{L_0}$$

Sustituyendo los valores disponibles, utilizando Newton y mm como unidades básicas:
$$\frac{80 \cdot 9.81}{\frac{\pi}{4} \cdot 7.5^2} = E \cdot \frac{750}{25\,000} \rightarrow E = 592.14 \; MPa$$

Materiales.

51. Alargamiento cable de acero.

Se dispone de un cable de acero de diámetro 10 mm y 100 m de longitud, que es traccionado con una carga de 2000 kg. Calcular el esfuerzo σ del cable, así como el alargamiento que sufrirá. Considerar E=210 GPa.

Solución. 250 MPa; 119.05 mm.
Se calcula la carga en Newton: F = 2000·9.81 = 19 620 N
El área del cable es:

$$A = \frac{\pi}{4} \cdot \emptyset^2 = \frac{\pi}{4} \cdot 10^2 = 78.54 \; mm^2$$

La tensión es:

$$\sigma = \frac{F}{A} = \frac{19\;620}{78.54} = 249.81 \frac{N}{mm^2} \cong 250 \; MPa$$

Para obtener el alargamiento, se plantea la ecuación con los valores conocidos hasta el momento, teniendo en cuenta que las unidades de referencia serán N y mm (1 N/mm² = 1 MPa)

$$\sigma = E \cdot \varepsilon \rightarrow 250 = 210\;000 \cdot \frac{\Delta L}{100\;000} \rightarrow \Delta L = 119.05 \; mm$$

52. Alargamiento hilo de cobre.

Un cable de cobre de 10 m se somete a un proceso de trefilado, por el cual se estira hasta alcanzar 15 m. Determinar la deformación producida.

Solución. 50%
Se aplica directamente la expresión de la deformación.

$$\varepsilon = \frac{\Delta L}{L_0} = \frac{15 - 10}{10} = \frac{5}{10} = 0.5$$

Esta deformación se corresponde con un 50%.

53. Combinación de alargamientos.

Una barra de latón 60/40 (Cu- Zn) es estirada un 20 % hasta conseguir una longitud de 1.5 m. Posteriormente es nuevamente alargada hasta 2 m. ¿Cuál es el % total de alargamiento?

Solución. 60%
Se plantea la expresión general de la deformación $\varepsilon = \Delta L/L_0$, aplicado al primer estiramiento.

$$0.2 = \frac{\Delta L}{L_0} = \frac{1.5 - L_0}{L_0} \rightarrow L_0 = 1.25 \; m$$

Sabiendo ya la longitud inicial, se obtiene la deformación total:

$$\varepsilon = \frac{\Delta L}{L_0} = \frac{2 - 1.25}{1.25} = 0.6$$

El alargamiento total por tanto ha sido del 60%.

54. Luminaria industrial.

Una luminaria industrial se modeliza como una masa de 10 kg que cuelga de un alambre de aluminio de 1 mm de diámetro y 6.30 m de longitud. El aluminio es una aleación 7075-T6. Calcular el alargamiento del alambre que se origina por el peso de la luminaria.

Solución. 10.93 mm

Se obtiene por tablas el valor del módulo de elasticidad para el aluminio, siendo E=72 GPa.

Se aplica la expresión que relaciona la tensión con la deformación, teniendo en cuenta la definición tanto de la tensión, como de la deformación. Se utilizan como unidades N y mm, para trabajar así en MPa:

$$\sigma = E \cdot \varepsilon \rightarrow \frac{F}{A} = E \cdot \frac{\Delta L}{L_0}$$

Sustituyendo datos:

$$\frac{10 \cdot 9.81}{\frac{\pi}{4} \cdot 1^2} = 72\,000 \cdot \frac{\Delta L}{6300} \rightarrow \Delta L = 10.93 \; mm$$

55. Troqueladora.

Una troqueladora lleva dos barras redondas de acero, de 2 pulgadas de diámetro y 68.5 pulgadas de longitud, que actúan como tensoras. Durante el funcionamiento, cada una recibe una fuerza máxima de 40000 lb a tracción. Determinar la variación de longitud que se produce.

Solución. 0.029 in

Se busca por tablas el valor del módulo de Young para el acero, en unidades anglosajonas. Por tanto, E=30·10^6 psi.

Se aplica la expresión que relaciona la tensión con la deformación, teniendo en cuenta la definición tanto de la tensión, como de la deformación.

$$\sigma = E \cdot \varepsilon \rightarrow \frac{F}{A} = E \cdot \frac{\Delta L}{L_0}$$

Se obtiene la deformación que se produce en cada barra, que, al tratarse de un esfuerzo de tracción, será el valor que se estira cada barra. Sustituyendo en la ecuación anterior:

$$\frac{40\,000}{\frac{\pi}{4} \cdot 2^2} = 30 \cdot 10^6 \cdot \frac{\Delta L}{68.5} \rightarrow \Delta L = 0.029 \; in$$

Materiales.

56. Deformación en pletina de acero.

Una pletina de acero de un metro de longitud 1m, se alarga 1.2 mm cuando es sometida a una fuerza de tracción. Calcular la deformación unitaria (ε) y la tensión que soporta si su sección es de 12 x 5 mm. Determinar la fuerza en kp. Dato: E = 207 GPa.

Solución. 1519 kp

La deformación unitaria se obtiene directamente como:

$$\varepsilon = \frac{\Delta L}{L_0} = \frac{1.2}{1000} = 0.0012$$

El esfuerzo que soporta la barra se puede conocer a partir de su deformación:

$$\sigma = E \cdot \frac{\Delta L}{L_0} = 207\,000 \cdot 0.0012 = 248.4\ MPa$$

Por tanto, la fuerza es:

$$\sigma = \frac{F}{A} \rightarrow 248.4 = \frac{F}{12 \cdot 5} \rightarrow F = 14904\ N = 1519\ kp$$

57. Máximo estiramiento por peso propio de hilo de cobre.

El cobre tiene una densidad de 8900 kg/m³. Determinar la longitud que tendría que tener un cable para que, al estar colgado verticalmente, su propio peso le provoque un esfuerzo de 75 MPa.

Solución. 859 m

Se conoce que la fuerza del peso es $F = masa \cdot g$. La masa se puede obtener como $M = V \cdot \varphi$
Por lo tanto, se plantea:

$$F = Area \cdot longitud \cdot densidad \cdot g = A \cdot L \cdot \varphi \cdot g$$

Se pide que la tensión provocada sea de 75 MPa

$$\sigma = 75 \cdot 10^6 = \frac{F}{A} = \frac{A \cdot L \cdot \varphi \cdot g}{A} = L \cdot 8900 \cdot 9.81 \rightarrow L = 859\ metros$$

58. Estiramiento de cable de cobre.

Un cable de cobre de 250 m de longitud inicial soporta una tensión de tracción de 950 kgf/cm². Determinar la longitud final del cable si el material tiene un módulo de elasticidad de E=1.16·10⁶ kgf/cm².

Solución. 250.205 m

Se busca en primer lugar la deformación que se produce en el cable.

$$\sigma = E \cdot \varepsilon \rightarrow 950 = 1.16 \cdot 10^6 \cdot \varepsilon \rightarrow \varepsilon = 818.96 \cdot 10^{-6}$$

A partir de la deformación, se obtiene la variación de longitud.

$$\varepsilon = \frac{\Delta L}{L_0} \rightarrow 818.96 \cdot 10^{-6} = \frac{\Delta L}{250} \rightarrow \Delta L = 0.2047\ m = 20.47\ cm$$

Por lo tanto, la longitud final del cable será la inicial en reposo, mas el alargamiento producido.
Longitud final = 250 + 0.205 = 250.205 metros.

59. Diámetro de cable de acero.

Se cuelgan 500 kg de un cable de diámetro 5 mm. Determinar el esfuerzo y la deformación.
Datos: E_{acero} = 207 GPa

Solución 0.12%

Se aplica la ecuación de la tensión normal, para lo cual primero se obtienen la fuerza y el área en las unidades adecuadas:

$$F = 500 \cdot 9.81 = 4905 \, N \text{ de carga}; \quad A = \frac{\pi}{4} \cdot 5^2 = 19.35 \, mm^2$$

Aplicando la ecuación:

$$\sigma = \frac{F}{A} = \frac{4905}{19.635} = 249.81 \, MPa$$

La deformación se obtiene como:

$$\varepsilon = \frac{\sigma}{E} = \frac{249.81}{207\,000} = 1.2 \cdot 10^{-3} \to 0.12\%$$

60. Montacargas.

Un montacargas de un edificio tiene un cable de 100 m de largo, y puede elevar 1000 kg incluido el peso de sí mismo. El cable tiene una sección transversal de 200 mm², y está realizado en aluminio, con un módulo de elasticidad de 70 GPa. Determinar el esfuerzo en el cable y el alargamiento producido.

Solución. 49.05 MPa; 7 cm

La fuerza que soporta el cable será de tracción, con un valor de $F = 1000 \cdot 9.81 = 9810 \, Newton$
La tensión será:

$$\sigma = \frac{F}{A} = \frac{9810}{200} = 49.05 \, \frac{N}{mm^2} = 49.05 \, MPa$$

Conocida la tensión, el alargamiento producido será

$$\sigma = E \cdot \varepsilon = 70\,000 \cdot \frac{\Delta L}{100} = 49.05 \to \Delta L = 0.07 \, metros \, (7 \, cm)$$

61. Limitación de alargamiento.

Una barra tensora de acero en una prensa tiene una longitud de 600 mm y sección cuadrada Cuando la prensa actúa, la barra se ve sometida a una carga repetitiva de tracción de 8600 N. Si el alargamiento máximo permitido es de 0.05mm, determinar la sección mínima de la barra. Tomar Eac = 207 GPa.

Solución. 22.3 mm

Se aplica la expresión de la tensión, para obtener el área correspondiente.

$$\sigma = E \cdot \varepsilon \to \frac{F}{A} = E \cdot \frac{\Delta L}{L_0} \to \frac{8600}{A} = 207\,000 \cdot \frac{0.05}{600} \to A = 498.55 \, mm^2$$

Conocida el área, al tratarse de una sección cuadrada, el valor del lado de la barra será:

$$Lado = \sqrt{498.55} = 22.3 \, mm$$

62. Tubo hueco de acero estructural.

Un tubo de diámetro 1 ½ pulgadas de acero forjado sin costura y soldado, cédula 40 estándar nacional C, está sometido a una carga de 8000 lb. Determinar la deformación y el alargamiento producido en pulgadas. Considerar material A500 grado A – tubería estructural redonda formada en frío.

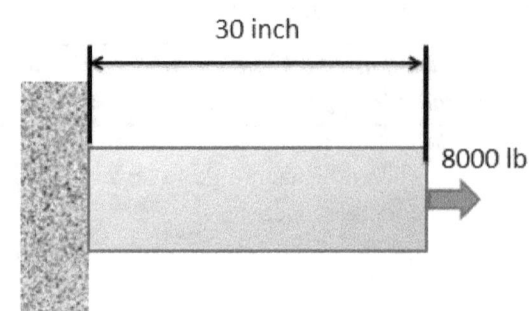

Solución. 0.0103 in

Se obtiene el área del tubo a partir de tablas, con un valor de 0.799 in² de sección.

Aplicando la expresión de la tensión:

$$\sigma = \frac{F}{A} = \frac{8000}{0.799} = 10\,012.5\ psi$$

Se busca el módulo de Young en tablas, siendo E = 29·10⁶ psi.

La deformación se obtiene como:

$$\sigma = E \cdot \varepsilon \rightarrow 10\,012.5 = 29 \cdot 10^6 \cdot \varepsilon \rightarrow \varepsilon = 345 \cdot 10^{-6}$$

A partir de la deformación, se obtiene el incremento de longitud:

$$\varepsilon = \frac{\Delta L}{L_0} \rightarrow 345 \cdot 10^{-6} = \frac{\Delta L}{30} \rightarrow \Delta L = 1.03 \cdot 10^{-2} = 0.0103\ in$$

63. Comparativa Titanio – Acero Inoxidable.

Para hacer un tirante de 1.25 m de longitud para una máquina, se ha pensado en utilizar una sección cuadrada de 8 mm de lado. Se dispone de dos materiales: titanio Ti- 6A1- 4V y acero inoxidable AISI 501 OQT 1000. Comparar el alargamiento que se produce según el material, si la carga a soportar es de 5000 N.

Solución. 0.856 y 0.488 mm

Se obtienen los módulos elásticos para cada material. $E_{Ti} = 114\ GPa$, $Eac = 200\ GPa$. Dado que la sección es la misma en ambos materiales, el esfuerzo también es el mismo:

$$\sigma = \frac{F}{A} = \frac{5000}{8 \cdot 8} = 78.125 \frac{N}{mm^2} = 78.125\ MPa$$

Se obtiene el alargamiento para el caso del titanio:

$$\sigma = E \cdot \varepsilon \rightarrow 78.125 = 114\,000 \cdot \frac{\Delta L}{1250} \rightarrow \Delta L = 0.856\ mm$$

Para el inoxidable:

$$\sigma = E \cdot \varepsilon \rightarrow 78.125 = 200\,000 \cdot \frac{\Delta L}{1250} \rightarrow \Delta L = 0.488\ mm$$

Como es de esperar, ante el mismo esfuerzo y longitud, cada material se alarga de forma inversamente proporcional al valor de su módulo elástico. Por lo tanto, un material con casi el doble de módulo elástico (el inox), se alargará un poco más de la mitad que el otro (el titanio).

Elementos de máquinas.

64. Barra de aluminio rectangular.

> Un puntal de aluminio de sección rectangular de 20 x 10 cm de sección y de 3 metros de longitud recibe una carga de compresión de 10 toneladas. Determinar cuánto se comprime bajo la acción de la carga. Tomar Eal = 75 GPa

Solución. 0.196 mm

Se aplica la expresión que relaciona tensión con deformación, tomando como unidades base N y mm:

$$\sigma = E \cdot \varepsilon \rightarrow \frac{F}{A} = E \cdot \frac{\Delta L}{L_0} \rightarrow \frac{10\,000 \cdot 9.81}{200 \cdot 100} = 75\,000 \cdot \frac{\Delta L}{3000}$$

Se despeja el incremento de longitud, obteniéndose 0.196 mm que, en este caso, se corresponderá con una disminución, puesto que el puntal está trabajando a compresión.

65. Tensión a partir del alargamiento.

> Si una barra de acero que trabaja a compresión, tiene un alargamiento unitario de 2·10^{-4}. ¿Qué valor tiene su tensión de trabajo a la compresión?

Solución. 41.4 MPa

Se aplica la expresión de la tensión, aplicando un valor de 207 GPa para el acero. La tensión a compresión es:

$$\sigma = E \cdot \varepsilon \rightarrow \sigma = 207\,000 \cdot 2 \cdot 10^{-4} \rightarrow \sigma = 41.4\ MPa\ (compresión)$$

66. Pilar de hormigón.

> Un pilar de hormigón de sección cuadrada debe soportar 25 Tm. Si se aplica un coeficiente de seguridad de 8, determinar valor del lado si como máximo puede admitir 3.62 MPa (tensión de rotura).

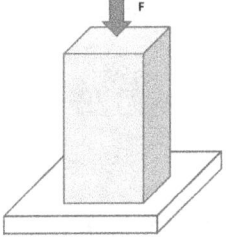

Solución. 2.308 m

Se obtiene la tensión de diseño, introduciendo el coeficiente de seguridad:

$$\sigma_{dis} = \frac{\sigma}{N} = \frac{3.62}{8} = 0.4525\ MPa$$

Se plantea la expresión de la tensión para la situación límite con la tensión de diseño obtenida, conocida la carga y buscando obtener el área:

$$\sigma_{dis} = \frac{F}{A} \rightarrow 0.4525 = \frac{25\,000 \cdot 9.81}{A} \rightarrow A = 541\,989\ mm^2$$

Dado que la sección es cuadrada, se obtiene el lado:

$$Lado = \sqrt{541\,989} = 736.2\ mm = 76.32\ cm$$

Es necesario un pilar de casi 80 cm de lado para poder soportar la carga, con las condiciones de seguridad exigidas.

67. Barra aluminio.

> Una barra de aluminio de 1.5 pulgadas de diámetro está sometida a una fuerza axial de 7500 lb. Calcular la tensión en unidades del Sistema Internacional.

Solución. 29.26 MPa

Para obtener unidades finales en SI se puede optar por trabajar con las unidades anglosajonas y transformar el resultado final a SI, o bien, transformar inicialmente todos los datos a SI y trabajar a partir de ahí.

Por comodidad, y como se realiza habitualmente, se trabaja respetando las unidades de los datos, y transformando las unidades del resultado cuando es necesario.

Así, la tensión se obtiene como:

$$\sigma = \frac{F}{A} = \frac{7500}{\frac{\pi}{4} \cdot 1.5^2} = 4244.12 \; psi$$

Finalmente, se transforma de psi a MPa, utilizando el factor de conversión 1 psi= 6894.757 Pa

$$\sigma = 4244.12 \; psi \cdot \frac{6894.757 \; Pa}{psi} = 29\,262\,176 \; Pa \cong 29.26 \; MPa$$

68. Módulo de Poisson.

> Se dispone de una barra circular maciza en acero de 1.25 m de longitud y diámetro 10 cm. Se le aplica a tracción 450 kN. Determinar la nueva longitud y el nuevo diámetro.

Solución. 125.346 mm; variación despreciable del diámetro.

Se busca por tablas el módulo de Poisson del acero, obteniéndose $\nu = 0.3$.

La relación entre la deformación longitudinal y transversal: $\varepsilon_a = \nu \cdot \varepsilon_L$, y la expresión que relaciona la deformación lineal con la tensión: $\sigma = E \cdot \varepsilon = \frac{F}{A}$. Se aplica esta última:

$$\sigma = \frac{F}{A} = \frac{450\,000}{\frac{\pi}{4} \cdot 100^2} = 57.3 \; MPa$$

Tomando para el acero un valor estándar de E=207 GPa = 207 000 MPa, se puede obtener la deformación lineal:

$$\sigma = E \cdot \varepsilon \rightarrow 57.3 = 207\,000 \cdot \varepsilon \rightarrow \varepsilon = 2.768 \cdot 10^{-4}$$

Aplicando la deformación, la variación de longitud será:

$$\varepsilon_L = \frac{\Delta L}{L_0} \rightarrow \Delta L = \varepsilon_L \cdot L_0 = 0.346 \; mm$$

La deformación transversal será:

$$\varepsilon_a = \nu \cdot \varepsilon_L = 0.3 \cdot 2.768 \cdot 10^{-4} = 8.3038 \cdot 10^{-5}$$

La nueva longitud por tanto será 1.250346 m

El diámetro también varía, a partir de la deformación transversal:

$$\varepsilon_a = \frac{\Delta D}{D_0} \rightarrow \Delta D = \varepsilon_a \cdot D_0 = 8.304 \cdot 10^{-3} \; mm = 8.3 \; micras$$

La variación de diámetro es casi imperceptible, y puede despreciarse.

69. Eje hueco de acero.

Un eje de acero, con contenido en carbono medio, es sometido a tracción. El eje es un tubo hueco de diámetro exterior 10 mm y espesor de pared 1.25 mm. Si el material tiene un límite elástico de 200 MPa, determinar la fuerza máxima de tracción que se le puede aplicar. Si el eje tiene una longitud de 105 cm, determinar cuál sería el alargamiento que se produciría. Datos: E=207 GPa.

Solución. *6872 N; 1.014 mm.*

Se plantea la expresión de la tensión para el límite elástico, teniendo en cuenta que el tubo es hueco:

$$\sigma = \frac{F}{A} \rightarrow 200 = \frac{F}{\frac{\pi}{4} \cdot (10^2 - 7.5^2)} \rightarrow F = 6872.23 \, N$$

Para el alargamiento, trabajando en MPa y en mm:

$$\sigma = E \cdot \varepsilon \rightarrow \sigma = E \cdot \frac{\Delta L}{L_0} \rightarrow 200 = 207\,000 \cdot \frac{\Delta L}{1050} \rightarrow \Delta L = 1.014 \, mm \, (\cong 1\%)$$

70. Antena con tensor.

Para sujetar una antena, se utiliza un alambre de acero de diámetro 2 mm, en tres tramos de 5 metros, que tiran de la antena formando un ángulo de 120º para que estén equilibrados. Se desea tensar el material al máximo, de forma que, si se quiere reutilizar el cable, este no se haya alargado permanentemente. Determinar cuál es la fuerza máxima con que se puede tensar cada cable y que variación de longitud supone. Datos: considerar el acero un AISI 1040 estirado en frío.

Solución. *181 kp*

Para poder considerar que el alambre se puede reutilizar, se fija como punto máximo de tensión el límite elástico, para que el alambre se recupere completamente. Por tablas, para el material indicado Sy = 565 MPa y E= 207 GPa.

El área de un cable es:

$$A = \frac{\pi}{4} \cdot D^2 = \frac{\pi}{4} \cdot 2^2 = 3.1416 \, mm^2$$

Se plantea la ecuación del esfuerzo, de la cual se puede obtener la fuerza.

$$\sigma = \frac{F}{A} \rightarrow 565 = \frac{F}{3.1416} \rightarrow F = 1775 \, N \cong 180.9 \, kgf$$

La tensión máxima que se puede aplicar al alambre es de 181 kfg aproximadamente.

Se puede conocer la fuerza que se esta provocando al tensar el cable por la longitud que se acorta. En este caso, al llevar el cable al límite elástico, se le provoca un acortamiento:

$$\sigma = E \cdot \varepsilon \rightarrow 565 = 207\,000 \cdot \frac{\Delta L}{5000} \rightarrow \Delta L = 13.65 \, mm$$

Una vez fijado el cable, se deberá acortar mediante un tensor 13.65 mm para provocarle la tensión deseada.

Materiales.

71. Eje con tres secciones.

Un eje con tres secciones de 20, 25, y 30 mm de diámetro y longitudes 100 mm, 120 mm, y 150 mm, respectivamente, está fabricado con una aleación de aluminio. El límite de fluencia del material es 1600 kg/cm². Se desearía saber el valor máximo de la carga que puede soportar antes de que el material se deforma plásticamente, y el alargamiento total en esas condiciones. Tomar E=72 GPa.

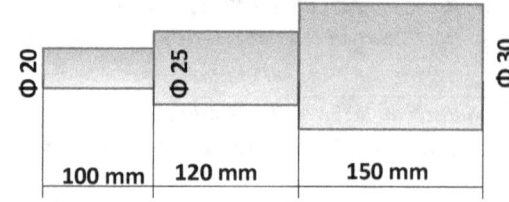

Solución. 49 232 N; 0.4545 mm.

Se obtiene el área de cada sección:

Para el diámetro de 20 mm. $A = \frac{\pi}{4} \cdot \emptyset^2 = \frac{\pi}{4} \cdot 20^2 = 314.16 \ mm^2$. Análogamente, para el diámetro de 25 mm, se obtienen 490.875 mm², y para el diámetro de 30 mm, se obtienen 706.86 mm².

Con respecto al límite elástico del material, se realiza el cambio de unidades:

$$\sigma = 1600 \frac{kp}{cm^2} = 1600 \frac{kp}{cm^2} \cdot 9.81 \frac{N}{kp} \cdot \frac{1 \ cm^2}{100 \ mm^2} = 156.96 \frac{N}{mm^2} \cong 157 \ MPa$$

El valor máximo de tensión se dará en la sección más pequeña, al tener que repartirse la fuerza en un área menor. Por tanto, la sección de diámetro 20 mm será la crítica y la que condiciona el diseño:

$$\sigma = \frac{F}{A} \rightarrow 157 = \frac{F}{314.16} \rightarrow F = 49 \ 323 \ N$$

El alargamiento total se obtendrá como la suma de los alargamientos de cada tramo. Cada tramo a su vez, se obtiene a partir de la expresión general:

$$\sigma = E \cdot \varepsilon \rightarrow \frac{F}{A} = E \cdot \frac{\Delta L}{L_0} \rightarrow \Delta L = \frac{L_0 \cdot F}{E \cdot A}$$

Siendo el módulo de Young, E= 72 GPa = 72 000 MPa.

Para el tramo de diámetro 20 mm:

$$\Delta L = \frac{100 \cdot 49 \ 323}{72000 \cdot 314.16} = 0.218 \ mm$$

Para el tramo de diámetro 25 mm:

$$\Delta L = \frac{120 \cdot 49 \ 323}{72000 \cdot 490.87} = 0.1395 \ mm$$

Para el tramo de diámetro 30 mm:

$$\Delta L = \frac{150 \cdot 49 \ 323}{72000 \cdot 706.86} = 0.0969 \ mm$$

La suma total permite obtener un incremento de 0.4545 mm.

72. Tubular hueco.

Un tubo hueco tiene un diámetro exterior de 30 mm, y está construido en acero con una tensión de fluencia de 3600 kp/cm². Se desea poder aplicarle una fuerza a tracción de 45 000 N, con un factor de seguridad de 2. Calcular el diámetro interior del tubo.

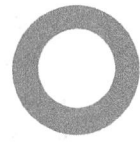

Solución. 24 mm.
Se transforman las unidades de partida a otras más adecuadas para trabajar:
$$\sigma = 3600\,\frac{kp}{cm^2} = 3600\,\frac{kp}{cm^2} \cdot 9.81\,\frac{N}{kp} \cdot \frac{1\,cm^2}{100\,mm^2} = 353.16\,\frac{N}{mm^2} = 353.16\,MPa$$
Se plantea la ecuación de tensión, introduciendo el factor de seguridad.
$$\frac{\sigma}{N} = \frac{F}{A} \rightarrow \frac{353.16}{2} = \frac{45\,000}{A} \rightarrow A = 254.84\,mm^2$$
Dado que es una sección hueca, y ya se conoce su área, se puede obtener el diámetro interior:
$$A = \frac{\pi}{4} \cdot D^2 - \frac{\pi}{4} \cdot d^2 \rightarrow 254.84 = \frac{\pi}{4} \cdot 30^2 - \frac{\pi}{4} \cdot d^2$$
Operando la ecuación, se obtiene un diámetro interior de 23.99 mm, que se aproxima a 24 mm.

73. Tensión térmica

Se coloca una barra de sección cuadrada entre dos paredes y una vez fijada, se incrementa su temperatura gradualmente. Calcular el incremento máximo de temperatura que se puede aplicar para no superar el límite elástico de la barra. Longitud de la barra: 1500 mm. Lado de la barra: 2 cm. Material AISI 1020 recocido.

Solución. 122.2 °C.
Se obtienen por tablas las características del material: S=296 MPa, E=207 GPa, α=11.7·10^{-6} °C^{-1}.
Se plantea la expresión de tensiones térmicas para el caso del límite elástico:
$$\sigma = E \cdot \alpha \cdot \Delta T \rightarrow 296 = 207\,000 \cdot 11{,}7 \cdot 10^{-6} \cdot \Delta T \rightarrow \Delta T = 122.2\,ºC$$

74. Alargamiento barra acero.

Una barra de acero con bajo contenido en carbono (F1110) tiene 2.9 m de longitud y sección cuadrada calibrada de 15 mm. Si se somete a la barra a una tracción de 250 kgf, determinar la longitud final.

Solución. 2900.153 mm
Combinando en la expresión de la tensión, la definición de tensión, y de deformación, se obtiene:
$$\sigma = E \cdot \varepsilon \rightarrow \frac{F}{A} = E \cdot \frac{\Delta L}{L_0}$$
Tomando un valor de módulo de Young para el acero de 207 GPa = 207 000 MPa, y sustituyendo:
$$\frac{250 \cdot 9.81}{15^2} = 207\,000 \cdot \frac{\Delta L}{2900} \rightarrow \Delta L = 0.1527\,mm$$
La longitud final serán 2900.153 mm.

75. Vástago de cilindro hidráulico.

Un vástago de un cilindro como el de la figura, está hecho en acero y tiene una longitud de 100 mm y un radio de 8 mm. El acero tiene una resistencia a la fluencia S_y de 4000 kgf/cm². Si el cilindro realiza una fuerza de 2100 kg, determinar en ese instante: tensión de trabajo σ_T; coeficiente de seguridad N; el alargamiento del vástago. Datos: E=207 GPa.

Solución. 102.46 MPa; 3.83; 0.05 mm.

Se obtiene la tensión de trabajo, a la que está sometido el elemento:

$$\sigma_T = \frac{F}{A} = \frac{2100 \cdot 9.81}{\pi \cdot 8^2} = 102.46 \, MPa$$

La tensión de fluencia es Sy=4000 kgf/cm² = 392.4 MPa. Por tanto, se trabaja con un factor de seguridad de:

$$N = \frac{\sigma_y}{\sigma_d} = \frac{392.4}{102.46} = 3.83$$

La deformación es:

$$\sigma = E \cdot \varepsilon \rightarrow \varepsilon = \frac{\sigma}{E} = \frac{102.46}{207\,000} = 4.95 \cdot 10^{-4} \; (valor \; adimensional)$$

El alargamiento (en este caso acortamiento al trabajar a compresión), será de:

$$\varepsilon = \frac{\Delta L}{L_0} \rightarrow \Delta L = 4.95 \cdot 10^{-4} \cdot 100 = 0.0495 \, mm \cong 0.05 \, mm$$

2.2 Propiedades térmicas.

76. Dirección de camión.

En la dirección de un camión se utiliza una varilla de acero AISI 1040 de longitud 56 pulgadas. Si se prevé una temperatura de servicio entre -30 °F y 110 °F, determinar la variación de longitud que puede producirse.

Solución. 1.255 mm.

Se obtiene el coeficiente de dilatación para el acero, teniendo en cuenta que se va a trabajar en grados Fahrenheit. Por tablas, $\alpha = 6.3 \cdot 10^{-6}$ °F^{-1}.

La variación de longitud para el cambio de temperatura indicado es:

$$\Delta L = L_0 \cdot \alpha \cdot \Delta T = 56 \cdot 6.3 \cdot 10^{-6} \cdot (110 + 30) = 0.049 \, in = 1.255 \, mm$$

Elementos de máquinas.

77. Dilatación de rail.

En una nave se colocan en el suelo railes de 20 metros de largo en acero AISI 1040 para que sobre ellos se mueva una plataforma que transporta piezas pesadas entre un horno y un centro de mecanizado.

Determinar la holgura en mm que se debe dejar entre los raíles para que éstos no se toquen, contando que el montaje se hace un día de invierno, con unos 5ºC de temperatura, y en verano, se alcanzan los 40ºC.

Solución. *7.91 mm.*

Se obtiene el coeficiente de dilatación por tablas, que es, $\alpha = 11.3 \cdot 10^{-6}$ ºC^{-1}.
Se calcula directamente la variación de longitud, trabajando en mm:
$$\Delta L = L_0 \cdot \alpha \cdot \Delta T = 20\,000 \cdot 11.3 \cdot 10^{-6} \cdot (40 - 5) = 7.91\ mm$$
Esta separación se verificará cuando la temperatura sea la inferior del rango, es decir, a 5ºC de temperatura. Si el montaje se realizara con el rail a otra temperatura, se debería rehacer el cálculo.

78. Colocación de roblón.

En una unión, un roblón de 80 mm de longitud y 20 mm de diámetro se coloca caliente a 420ºC. Obtener la tensión de trabajo que aparecerá y la fuerza total de apriete que aparece a temperatura ambiente (25ºC). Tomar coeficiente de dilación de 11.7 x 10 $^{-6}$ (en ºC) y E= 210 GPa. Suponer que las chapas son mucho más rígidas que el roblón, por lo que se aproximará que el roblón permanecerá con una longitud total de 80 mm.

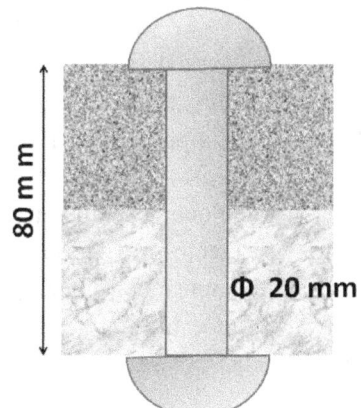

Solución. *31 080 kp.*
Se obtiene la variación térmica:
$$\Delta T = 420 - 25 = 395 ºC$$
Dado que se trata realmente de un proceso de enfriamiento, el efecto que provocará será una tensión de tracción. Aplicando la expresión para esfuerzos térmicos:
$$\sigma = E \cdot \alpha \cdot \Delta T = 210\,000 \cdot 11.7 \cdot 10^{-6} \cdot 395 = 970.51\ MPa$$
Conocido el esfuerzo, se obtiene la fuerza necesaria:
$$\sigma = \frac{F}{A} \rightarrow F = \sigma \cdot A = 970.51 \cdot \frac{\pi}{4} \cdot 20^2 = 304\,896\ N = 31\,080\ kp$$

La suposición de que las chapas son completamente rígidas y que no se deforman no responde a la realidad, pero permite simplificar mucho el proceso de cálculo. Cuanto más se deforme el material, el roblón podrá contraerse más, y la tensión que aparecerá por no poder contraerse será menor, lo cual es menos dañino.

Materiales.

79. Marco de ventana.

> Un marco de ventana se realiza con aluminio 6061 y tiene una longitud de 4.35 m. El marco debe sostener un vidrio de 4.347 m de longitud. Ambas medidas se corresponden a 35 °C de temperatura. ¿A qué temperatura el marco de aluminio y el de vidrio tendrían la misma longitud?

Solución. -14.6°C.

Se obtienen los coeficientes de dilatación para cada material, por tablas: Aluminio $\alpha=23.4\cdot 10^{-6}$ °C^{-1}. Vidrio $\alpha = 9.5\cdot 10^{-6}$ °C^{-1}. Como es de esperar, el vidrio dilata mucho menos que el aluminio, al tratarse de una cerámica frente a un metal. Por tanto, a la temperatura indicada de 35°C, el marco de aluminio es ligeramente mayor que el vidrio. A medida que la temperatura baje, el aluminio se contraerá más que el vidrio, llegándose a una temperatura en la cual la medida de ambos materiales será la misma.
En ambos materiales, se cumple la expresión:

$$L_f = L_0 + \Delta L = (1 + \alpha \cdot \Delta T) \cdot L_0$$

Se busca una situación en la cual la longitud final sea la misma, por lo que se aplica la expresión a cada material y se igualan:

$$(1 + \alpha al \cdot \Delta T) \cdot L_{0al} = (1 + \alpha vid \cdot \Delta T) \cdot L_{0vid}$$

Sustituyendo los valores:

$$(1 + 23.4 \cdot 10^{-6} \cdot \Delta T) \cdot 4.350 = (1 + 9.5 \cdot 10^{-6} \cdot \Delta T) \cdot 4.347$$

Operando la ecuación, se obtiene la diferencia de temperatura, que será un descenso: $\Delta T = -49.6$ °C
Por tanto, la temperatura a la cual se igualan las longitudes es: $35 - 49.6 = -14.6\ ºC$

En el caso de que la temperatura bajase, se produciría un efecto de tensiones térmicas a partir de ese punto. Ese efecto provocaría tensiones de tracción en el aluminio, puesto que no le deja contraerse libremente, y tensiones de compresión en el vidrio, que se ve forzado a contraerse por el aluminio. En el caso de que estas tensiones fueran mayores que la de rotura de cualquiera de los dos materiales, se produciría la fractura.

80. Variación máxima de temperatura admisible.

> Se coloca una barra de aluminio 6061-T4 de sección cuadrada entre dos paredes y una vez fijada se incrementa su temperatura gradualmente. Calcula el incremento máximo de temperatura que podemos aplicar para no superar el límite elástico de la barra.

Solución. 89.8 °C.

Los datos del aluminio se obtienen por tablas: Sy=145 MPa, E=69 GPa, $\alpha=23.4\cdot 10^{-6}$ °C^{-1}.
Se aplica directamente la expresión que calcula la tensión de origen térmico:

$$\sigma = E \cdot \alpha \cdot \Delta T \rightarrow 145 = 69\,000 \cdot 23.4 \cdot 10^{-6} \cdot \Delta T \rightarrow \Delta T = 89.8\ ºC$$

81. Pasarela sobre barranco.

Para facilitar el acceso a un huerto solar sobre una ladera de un barranco, se coloca una pasarela metálica de 12 metros. La aleación utilizada tiene un módulo elástico de 72 GPa, límite elástico de 95 MPa, tensión de rotura 180 MPa, y un coeficiente de dilación de $22.5 \cdot 10^{-6}$ °C.
Al montarla a 20°C, cada lado de la pasarela se apoya sobre bloque de hormigón, quedando una holgura a cada lado de 0.5 cm, y montando 21 cm sobre el hormigón. Determinar la temperatura mínima de servicio, si siempre debe haber 20 cm como mínimo de apoyo en cada lado. Obtener la temperatura máxima de servicio, si el material no debe plastificar, y se considera que los apoyos son totalmente rígidos

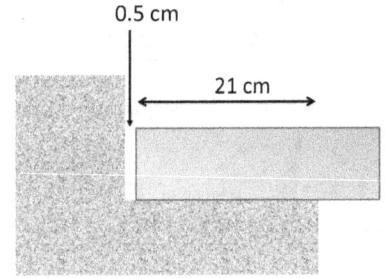

Solución. Mínimo -54 °C, máximo 115.6°C

La temperatura mínima de servicio será aquella que provoque una contracción tal que en cada lado apoye 20 cm. Por lo tanto, la variación de longitud que se tiene que producir entre la temperatura de referencia a 20°C, y la temperatura mínima, es de 20 mm (1 cm por cada lado).

$$\Delta L = L_0 \cdot \alpha \cdot \Delta T \rightarrow 20 = 12\,000 \cdot 22.5 \cdot 10^{-6} \cdot \Delta T \rightarrow \Delta T = 74.07\underline{\text{o}}C$$

La temperatura puede bajar 74.07°C respecto de la de montaje, es decir, a -54.07°C
En el caso de calentamiento, antes de que se produzcan tensiones de origen térmico, el material todavía tiene 5mm para dilatar por cada lado. Se obtiene la variación de temperatura a la cual el material quedaría restringido:
$$\Delta L = L_0 \cdot \alpha \cdot \Delta T \rightarrow 5 \cdot 2 = 12\,000 \cdot 22.5 \cdot 10^{-6} \cdot \Delta T \rightarrow \Delta T \cong 37\underline{\text{o}}C$$

La temperatura a la cual se produce la restricción en la dilatación es de 20+37 = 57°C. A partir de este momento, se producirán tensiones de compresión. Si el criterio de diseño es que no haya plastificación del material, se toma por tanto el límite elástico como máximo valor permisible. La variación de temperatura es:
$$\sigma = E \cdot \alpha \cdot \Delta T \rightarrow 95 = 72\,000 \cdot 22.5 \cdot 10^{-6} \cdot \Delta T \rightarrow \Delta T = 58.64\underline{\text{o}}C$$

La temperatura máxima de servicio es por tanto 57 + 58.64 = 115.64°C

Materiales.

82. Limitación de temperatura.

> *Una varilla de aluminio 2014-T6 se monta en caliente (95°C) en una máquina para que, en condiciones de temperatura ambientales, trate de contraerse y tire de los extremos. Determinar a qué temperatura el esfuerzo que aparece en la varilla es igual a la mitad de su límite elástico.*

Solución.   -28.87°C

Las condiciones de tensión deben ser la mitad del límite de fluencia. Por tablas, para el material pedido, E = 73 GPa, Sy = 414 MPa. Se obtiene el coeficiente de dilatación del aluminio, por tablas, siendo $\alpha = 23 \cdot 10^{-6}$ °C^{-1}. Aplicando la expresión para tensiones térmicas, con una tensión la mitad que el límite elástico, se puede obtener la variación de temperatura:

$$\sigma = E \cdot \alpha \cdot \Delta T \rightarrow \frac{414}{2} = 73\,000 \cdot 23 \cdot 10^{-6} \cdot \Delta T \rightarrow \Delta T = 123.28 \; ºC$$

La temperatura deberá bajar 123.28 grados para que, al tratar de contraerse, aparezca el esfuerzo en la varilla. La temperatura final será por tanto de:

$$T_f = 95 - 123.28 = -28.87 \; ºC$$

83. Montaje de horno.

> *Un horno se encuentra encastrado entre dos elementos rígidos. El chasis es una caja de acero, y no puede dilatarse al calentarse. Si la chapa experimenta una variación de temperatura de 400°C durante el funcionamiento del horno, determinar el esfuerzo que aparece en el acero. Considerar para el acero E=207 GPa y coeficiente de dilatación 11.7·10^{-6} (°C^{-1}). Si se quiere que el chasis no sufra esfuerzos térmicos, determinar el hueco que se debe dejar en el montaje entre el horno y las paredes laterales. Tamaño del horno 2.5 m de ancho.*

Solución.   968.7 MPa

Se trata de un caso de esfuerzo térmico inducido por el hecho de que el material no se puede dilatar. Por tanto, aplicando la ecuación que relaciona tensión y temperatura:

$$\sigma = E \cdot \alpha \cdot \Delta T = 207\,000 \cdot 11.7 \cdot 10^{-6} \cdot 400 = 968.7 \; MPa$$

Será necesario un acero de excelente calidad para poder aguantar el esfuerzo térmico, sin que sufra deformaciones plásticas.

Para realizar un montaje en el que el chasis no sufra, se le debe permitir dilatar, dejando un hueco por los laterales. La dilatación que se provoca para la variación térmica indicada es:

$$\Delta L = L_0 \cdot \alpha \cdot \Delta T = 2500 \cdot 11.7 \cdot 10^{-6} \cdot 400 = 11.7 \; mm$$

Por tanto, el horno necesita una holgura de 11.7 mm para poder dilatar, en total, lo que supone 5.85 mm por cada lado.

84. Empotramiento de barra con hielo seco.

Entre dos puntos con un hueco de 90 cm, a 25°C, se desea empotrar una barra de acero, de la cual se colgará un peso. Para eso, se cortará con una longitud superior a la del hueco, se enfriará y se realizará el montaje. Se dispone de hielo seco (CO^2 a -79°C) como medio de enfriamiento. Determinar el tamaño máximo de barra que se puede cortar para que entre justa en el hueco cuando está enfriada, y la tensión que aparecerá en el material tras recuperar la temperatura ambiente de 25°C. Tomar coeficiente de dilatación de 11.7×10^{-6} (en °C) y E= 207 GPa.

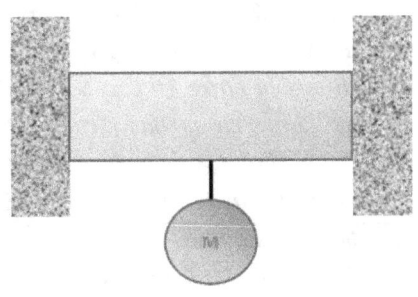

Solución. 901.1 mm; 251.87 MPa

Se parte de una longitud inicial de 900 mm, aplicando una variación de temperatura de 104 grados.
En este caso, la longitud inicial no son los 900 mm, sino que es algo mayor. Precisamente, la barra será tanto mayor, como la longitud que se ha de contraer. Por tanto, la variación de longitud que se va a producir es de:

$$\Delta L = L_0 \cdot \alpha \cdot \Delta T = (900 + \Delta L) \cdot 11.7 \cdot 10^{-6} \cdot 104 \rightarrow \Delta L = 1.096 \; mm$$

La contracción por absorber es de 1.096 mm, por lo que como máximo la barra puede medir 901.096 mm para que entre al estar contraída. En tal caso, al recuperar la temperatura, aparecerá un esfuerzo térmico:

$$\sigma = E \cdot \alpha \cdot \Delta T = 207000 \cdot 11{,}7 \cdot 10^{-6} \cdot 104 = 251.87 \; MPa$$

85. Temperatura servicio rail de tren

Se colocan raíles de tren de 12 metros de longitud de forma que a una temperatura máxima de 50°C, los raíles estén justo en contacto unos con otros. Determinar la temperatura mínima de servicio si la separación máxima entre raíles no debe superar 1 cm. Si el montaje se realiza a 25°C, determinar la separación que se debe dejar en esas condiciones.
Datos para el acero $\alpha = 12.5 \cdot 10^{-6}$ °C^{-1}.

Solución. -16.6°C, 3,75 mm

El salto térmico necesario para provocar una contracción de 1 cm es:

$$\Delta L = L_0 \cdot \alpha \cdot \Delta T \rightarrow 1 = 1200 \cdot 12.5 \cdot 10^{-6} \cdot \Delta T \rightarrow \Delta T = 66.6 \; ºC$$

La temperatura mínima de servicio, por tanto, es:

$$T = 50 - 66.6 = -16.6 \; ºC$$

Si el montaje se realiza a 25°C, hay que dejar la separación necesaria para la dilatación entre 25 y 50 °C:

$$\Delta L = L_0 \cdot \alpha \cdot \Delta T = 1200 \cdot 12.5 \cdot 10^{-6} \cdot (50 - 25) = 0.375 \; \text{cm}$$

Materiales.

86. Montaje de puente grúa.

Un puente grúa debe rodar sobre railes situados sobre ménsulas en los laterales de una nave. Los railes tienen una longitud de 5.995 metros, medidos a la temperatura de montaje de 18°C. La temperatura de servicio oscila entre 40°C y 5°C. La separación máxima permisible es de 0.9 cm entre railes para no generar daños en ruedas y railes. Tampoco se permite que un rail se encuentre restringido por otro. Determinar la mayor y menor separación admisibles en el momento del montaje. Redondear a décima de mm. Dato para el acero: $\alpha = 12.5 \cdot 10^{-6} \ ºC^{-1}$.

Solucion. 1.7 mm; 8 mm

Se obtiene la dilación que se produce entre la temperatura de montaje y la máxima de servicio. Esa debe ser la mínima separación necesaria, para que, al calentarse, no se toquen:

$$\Delta L = L_0 \cdot \alpha \cdot \Delta T = 5995 \cdot 12.5 \cdot 10^{-6} \cdot (40 - 18) \cong 1.648 \ mm \rightarrow 1.7 \ mm$$

Se comprueba que sucede con la contracción cuando la temperatura baja:

$$\Delta L = L_0 \cdot \alpha \cdot \Delta T = 5995 \cdot 12.5 \cdot 10^{-6} \cdot (18 - 5) \cong 0.974 \ mm$$

La distancia máxima en el momento del montaje debe ser tal que, al contraerse, no supere los 9 mm:

$$Distancia = 9 - 0.974 = 8.025 \ mm \rightarrow 8.0 \ mm$$

87. Dilatación de barra.

Una escultura metálica de 6 metros de altura se encuentra en la vía pública. Si el coeficiente de dilatación del material es de 14 ·10⁻⁶ °C, determinar la variación de altura entre una temperatura mínima de -15°C (invierno) y una máxima de 50 °C (verano).

Solución. 5.46 mm

La variación de temperatura es de

$$\Delta T = 50 + 15 = 65 \ ºC$$

Por tanto, utilizando la ecuación que obtiene la dilatación:

$$\Delta L = L_0 \cdot \alpha \cdot \Delta T = 6 \cdot 14 \cdot 10^{-6} \cdot 65 = 0.00546 \ metros = 5.46 \ mm$$

88. Reutilización de horno industrial.

Se decide reutilizar la estructura metálica de una estufa industrial, para adaptarla como horno para tratamientos térmicos.

Par ello, se elimina el revestimiento aislante viejo, y se colocan material refractario, con un grosor de 11 cm por todo el interior y en la puerta. Las medidas resultantes interiores del horno son 60x60 cm en la puerta, y un fondo de 80 cm.

El horno deberá trabajar a una temperatura interior de 1100 °C, momento en el cual, la temperatura en la superficie exterior es de 85°C.

El elemento calefactor es una resistencia eléctrica, en forma de hilo, que se enrolla en varias barras de un material cerámico. Estas barras se sitúan en un lateral de 80 cm de profundidad (ver fotografía de un montaje similar). Para ello, se realiza un rebaje de 10 mm a cada lado en el ladrillo, y se coloca una barra que, a temperatura ambiente, se apoya en el rebaje 9 mm, dejando 1 mm de holgura por cada lado (ver croquis). No existe, por tanto, una unión rígida entre barra y las paredes de ladrillo refractario. Se estima que el coeficiente de dilatación de esta barra es igual al del ladrillo. $\alpha = 3.2 \cdot 10^{-6} \, ºC^{-1}$. *Durante el funcionamiento del horno, la resistencia eléctrica trabaja a 1500ºC de temperatura, por lo que la barra se pone a esa misma temperatura, y las paredes están a 1100ºC.*

a) *Justificar si la holgura existente es suficiente para absorber la dilatación de las barras en régimen estacionario, cuando las barras se ponen a 1500ºC y las paredes del horno a 1100ºC.*

b) *Determinar qué sucede durante el arranque del horno, con las paredes a 25ºC y las barras de la resistencia a 1500ºC. En caso de que aparezcan tensiones térmicas, justificar si la barra aguantará. Datos para la barra: E = 255 GPa. Tensión de rotura a compresión 1184 MPa, tensión de rotura a tracción 323 MPa.*

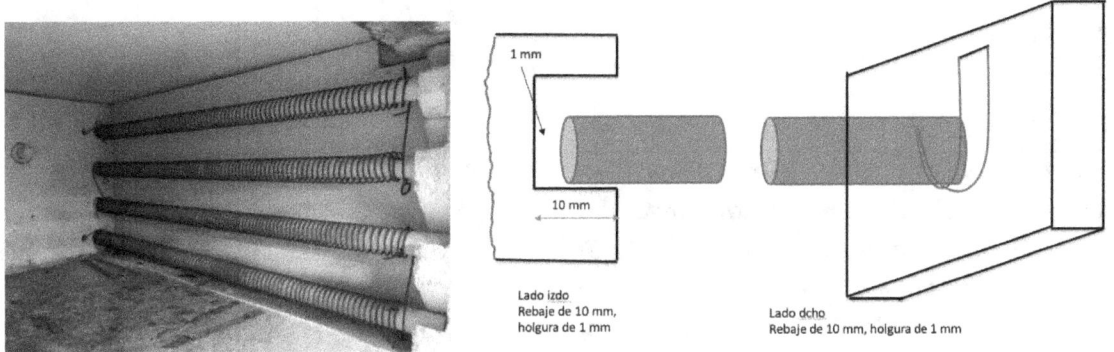

Solución. Es suficiente; la barra aguanta la compresión

a) Se determina la dilatación de la barra, para ver si es inferior a la holgura. Desde temperatura ambiental, tanto el ladrillo refractario como la barra dilatan por igual hasta los 1100ºC, por lo que no hay variación relativa, pero desde los 1100ºC del ladrillo hasta los 1500 que alcanza la barra, se produce una variación en la longitud relativa entre ambos elementos.

Por tanto, para que la barra no toque los extremos, debe tener una holgura:
$$\Delta L = L_0 \cdot \alpha \cdot \Delta T \rightarrow \Delta L = (800 + 18) \cdot 3.2 \cdot 10^{-6} \cdot (1500 - 1100) = 1.047 \, mm$$

La holgura existente es mayor (2 mm), por lo que es suficiente para absorber la diferencia de dilatación.

b) En el arranque, hay una diferencia mucho mayor entre la barra, que se dilata conforme a los 1500ºC, y el horno, que aun permanece frio. La diferencia relativa entre la barra y el ancho del horno, por la dilatación es:
$$\Delta L = L_0 \cdot \alpha \cdot \Delta T \rightarrow \Delta L = (800 + 18) \cdot 3.2 \cdot 10^{-6} \cdot (1500 - 25) = 3.861 \, mm$$

Materiales.

No hay suficiente holgura, y faltan 1.861 mm de espacio. A partir del momento en que la barra toque las paredes laterales, se verá comprimida, con una tensión de origen térmico. Se obtiene para qué temperatura la barra está justo tocando las paredes laterales:

$$\Delta L = L_0 \cdot \alpha \cdot \Delta T \rightarrow 2 = (800 + 18) \cdot 3.2 \cdot 10^{-6} \cdot (T - 25) \rightarrow T = 789 \,ºC$$

A partir de esa temperatura se genera esfuerzo térmico:

$$\sigma = E \cdot \alpha \cdot \Delta T = 255\,000 \cdot 3.2 \cdot 10^{-6} \cdot (1500 - 789) = 580.2 \, MPa$$

El esfuerzo, a compresión, es mucho menor que el máximo admisible (1184 MPa), por lo que la barra lo soporta sin problema.

2.3 Sistemas mixtos.

89. Unión con varillas mixtas acero-aluminio.

Un montaje como el de la figura consta de 2 barras de acero y dos de aluminio para sujetar dos discos. Todas las barras son de diámetro 6 mm. Si la fuerza a soportar son 11300 N, determinar el esfuerzo en cada varilla. Datos: Eac=207 GPa, Eal=69 GPa.

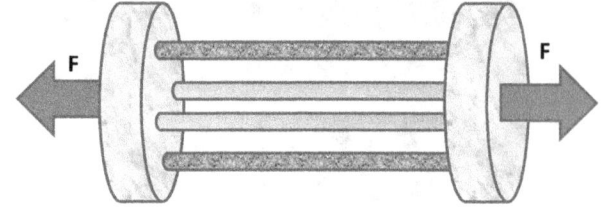

Solución. 150 MPa, 50 MPa.

Al ser las barras del mismo diámetro, el área de cada material es el mismo:

$$A\,acero = A\,alum = 2 \cdot \frac{\pi}{4} \cdot \emptyset^2 = 2 \cdot \frac{\pi}{4} \cdot 6^2 = 56.55\,mm^2$$

Cada material soportará fuerza en tal caso en proporción inversa a su elasticidad. Se obtiene la tensión que soporta el acero:

$$\sigma_{ac} = \frac{F \cdot E_{ac}}{A_{al} \cdot E_{al} + A_{ac} \cdot E_{ac}} = \frac{11\,300 \cdot 207 \cdot 10^9}{56.55 \cdot (207 + 69) \cdot 10^9} \cong 150\,MPa$$

Para el aluminio:

$$\sigma_{al} = \frac{F \cdot E_{al}}{A_{al} \cdot E_{al} + A_{ac} \cdot E_{ac}} = \frac{11\,300 \cdot 69 \cdot 10^9}{56.55 \cdot (207 + 69) \cdot 10^9} \cong 50\,MPa$$

90. Apoyo mixto acero-hormigón.

> *Un tubo de acero cédula 40 de 6 in estándar está relleno por completo de hormigón. Si el tubo recibe una carga repartida de 155 000 lb, determinar el esfuerzo en el hormigón y el acero. Datos: módulo elástico para el acero de 30ksi, y 3.3 ksi para el hormigón.*

Solución. Hormigón 1946 psi, acero 17637 psi.

Se busca el tipo de tubo en tablas, y se obtiene para la medida indicada, un diámetro interno de 6.025 pulgadas, y el externo de 6.625 pulgadas.

El área interna del tubo, que es la parte rellena de hormigón, es:
$$A\ interna = \frac{\pi}{4} \cdot \emptyset_{int}^2 = 28.89\ in^2$$

El área del anillo de acero exterior, será
$$A\ ext = \frac{\pi}{4} \cdot (\emptyset_{ext}^2 - \emptyset_{int}^2) = 5.5813\ in^2$$

Se obtiene aplicando la ecuación correspondiente el valor del esfuerzo encada uno de los materiales.
Para el hormigón
$$\sigma_c = \frac{F \cdot E_c}{A_s \cdot E_s + A_c \cdot E_c} = \frac{155\ 000 \cdot 3{,}33 \cdot 10^6}{5\ 5813 \cdot 30 \cdot 10^6 + 28.89 \cdot 3.33 \cdot 10^6} = 1946\ psi$$

Para el acero:
$$\sigma_s = \frac{F \cdot E_s}{A_s \cdot E_s + A_c \cdot E_c} = \frac{155\ 000 \cdot 30 \cdot 10^6}{5.5813 \cdot 30 \cdot 10^6 + 28.89 \cdot 3.33 \cdot 10^6} = 17\ 637.5\ psi$$

2.4   Materiales compuestos.

91. Unión fibra carbono - plástico.

> *Se refuerza un plástico con fibras de carbono, de 30 mm de largo y 0.3 mm de diámetro, con Su= 1 GPa y Ec=150 GPa. Las fibras se disponen de forma longitudinal conforme se van a producir los esfuerzos a tracción en la pieza plástica. Para que las fibras refuercen el plástico, la unión entre ellas y el plástico debe ser capaz de soportar una fuerza a cortante superior a la rotura de las fibras. Determinar la fuerza de adherencia a exigir a la unión de los dos materiales.*

Solución. 25 MPa

Sabiendo que cada fibra puede soportar una tensión de 1000 MPa, se obtiene la fuerza equivalente, a partir del diámetro de 0.3 mm:
$$\sigma = \frac{F}{A} \rightarrow 1000 = \frac{F}{\frac{\pi}{4} \cdot 0.3^2} \rightarrow F = 70.64\ N$$

Materiales.

La fuerza que puede soportar cada fibra antes de romperse, se transmite por cortante desde el plástico, a lo largo de toda la superficie de contacto.

El cortante se plantea como

$$\tau = \frac{F}{A} = \frac{F}{\pi \cdot \emptyset \cdot L} = \frac{70.68}{\pi \cdot 0.3 \cdot 3} \cong 25 \, MPa$$

Como conclusión, la matriz debe ser capaz de soportar una tensión a cortante de 25 MPa.

92. Modificación carga mineral en plástico.

> *Se refuerza un plástico con un 10% de fibras de vidrio, con Ev = 70 GPa, Su = 700 MPa. Si se cambiasen las fibras de vidrio, por fibras de carbono, determinar el porcentaje de éstas a poner para que el material resultante mantuviera las mismas condiciones. Tomar para el carbono Ec = 150 Gpa, Su = 1 GPa. Para el material matriz Em = 2 GPa.*

Solución. 4.6% de fibra de carbono.

Se obtiene el módulo elástico equivalente:

$$E_c = E_f \cdot V_f + E_m \cdot V_m = 70 \cdot 0.1 + 2 \cdot 0.9 = 8.8 \, GPa$$

Para la nueva mezcla, se puede obtener la fracción o porcentaje de fibra de carbono;

$$8.8 = 150 \cdot x + 2 \cdot (1 - x) \rightarrow x = 0.046 = 4.6\%$$

2.5 Tablas y formulario.

Resumen de fórmulas básicas y datos tabulados específicos de este capítulo:
Esfuerzo y deformación:

$$\sigma = E \cdot \varepsilon\;;\quad \varepsilon = \frac{\Delta L}{L_0}\;;\quad \sigma = \frac{F}{A} = E \cdot \frac{\Delta L}{L_0}$$

Comportamiento a giro:

$$\tau = G \cdot \gamma$$

Dilatación libre:

$$\Delta L = L_0 \cdot \alpha \cdot \Delta T$$

Tensiones térmicas

$$\sigma = E \cdot \alpha \cdot \Delta T$$

Módulo de elasticidad en materiales compuestos:

$$E_c = E_f \cdot V_f + E_m \cdot V_m$$

Esfuerzo en sistemas mixtos:

$$\sigma_c = \frac{F \cdot E_c}{A_s \cdot E_s + A_c \cdot E_c}$$

Coeficientes de dilatación estándares

Material	°C⁻¹ 10⁻⁶	°F⁻¹ 10⁻⁶
Acero AISI 1020	11.7	6.5
Acero AISI 1040	11.3	6.3
Acero AISI 4140	11.2	6.2
Acero estructural	11.7	6.5
Fundición gris	10.8	6.0
INOX AISI 301	16.9	9.4
INOX AISI 430	10.4	5.8
INOX AISI 501	11.2	6.2
AL 2014	23.0	12.8
Al 6061	23.4	13
Al 7075	23.2	12.9
Latón C36000	20.5	11.4
Bronce c22000	18.4	10.2
Cobre C14500	17.8	9.9
Titanio Ti-6A 1-4 V	9.5	5.3
Hormigón	10.8	6
Poliamida 6.6 sin GF	81.0	45
Poliamida 6.6 con GF	23.4	13

Capítulo 3
Equilibro estático. Diagramas de esfuerzos.

Contenido	Pág.
3.1 Cálculo de reacciones.	67
3.2 Diagramas de esfuerzo.	80

En este capítulo se aborda el comportamiento de sistemas mecánicos y pequeñas estructuras, desde el punto de vista de equilibrio estático. Los conceptos trabajados son:

- Equilibrio estático. Cálculo de las reacciones necesarias en sistemas apoyados y/o anclados con distintas configuraciones, de forma que permanezcan en equilibrio estático. El objetivo es aprender a determinar los esfuerzos que aparecen en los elementos, para poder dimensionarlos.
- Diagramas de esfuerzo. Una vez obtenidas las reacciones, mediante los diagramas de esfuerzo se puede conocer el estado existente en cada parte del elemento, de forma que se pueda identificar la sección más crítica para proceder al dimensionado de la misma. En este capítulo se aborda únicamente obtener los diagramas de cortantes y flectores, quedando para posteriores capítulos su análisis y el dimensionado del elemento.

3 Equilibrio estático. Diagramas de esfuerzo.

En este capítulo se repasan los conceptos básicos y algunas recomendaciones para la obtención de las fuerzas que intervienen sobre un elemento en una situación estática, y posteriormente la obtención de los diagramas de cortantes y flectores. No se trata de un tratado teórico, puesto que se considera que el lector ya ha sido instruido en estos conceptos de forma previa a abordar los problemas, al menos en los conceptos básicos.

Tipos de cargas

Un elemento puede recibir fuerzas o cargas de diversas formas. Una forma de analizarlas es respecto a su método de aplicación, obteniendo los siguientes tipos:

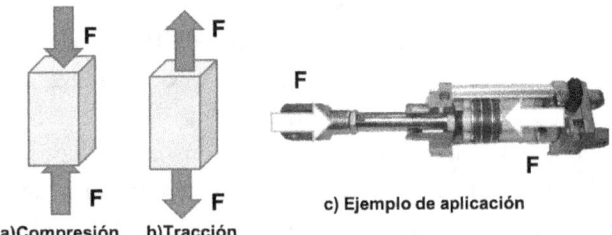

Figura 1 Ejemplo de cargas de compresión(a) y tracción (b). como ejemplo de aplicación (c), cuando el cilindro está saliendo, debido a la fuerza del aire, el vástago experimenta una fuerza de compresión, debido a la resistencia que pueda tener por parte del elemento al que se esta empujando.

1. Cargas axiales o normales. Provocan tracción o compresión, en función del sentido de aplicación. Se considera signo positivo para cargas de tracción y negativo para compresión. Provocan alargamiento (si es tracción), ó acortamiento (si es compresión), del elemento sobre el que actúan.

2. Cargas cortantes. La carga se ejerce de forma tangente a la sección que la soporta y provoca una cizalladura en el material. Puede ser simple, doble, y muy excepcionalmente múltiple, en función de la configuración concreta de cada caso. En la figura 2 se observan ejemplos de aplicaciones habituales con las configuraciones más habituales. En estos casos, el tornillo (cortante simple), o el pasador (casos de cortante doble y múltiple), reciben la fuerza en un plano perpendicular a su eje longitudinal, lo cual provocaría una rotura cortando la geometría en el plano de actuación.

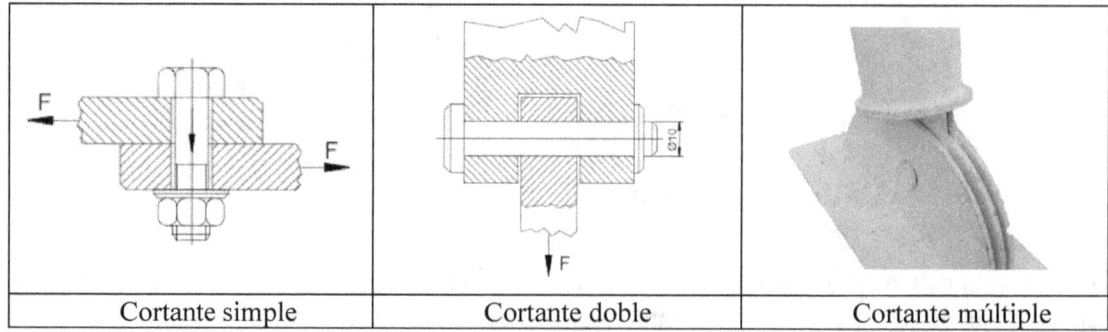

Figura 2: Esquemas de distintas configuraciones de cortante. Se observa como en el cortante simple, la fuerza ejercida sobre las chapas se traduce en un esfuerzo de cortante sobre la sección transversal del núcleo del tornillo. En el caso del cortante doble, la fuerza provoca cortante sobre dos secciones transversales del pasador. En el caso del cortante múltiple, la fuerza se traduce en varios cortantes sobre el pasador.

3. Cargas de torsión. Se producen de forma paralela a la superficie, y provocan un giro sobre el eje perpendicular a la superficie de aplicación. Son habituales en ejes y sistemas de transmisión de giro. En la figura 3 se observa como ejemplo un acople Torx, que trabaja a torsión cuando se trate de girar para apretar/aflojar el correspondiente tornillo.

Figura 3 Ejemplo de torsión

4. Cargas a flexión. La carga se aplica transversalmente al eje longitudinal, provocando que el elemento tienda a doblarse. Realmente este tipo de carga provoca tracción en una cara del elemento (la parte que debe tender a estirarse al doblar), y carga de compresión en la cara opuesta (la que tiende a acortarse en la doblez del material). Véase figura 4.

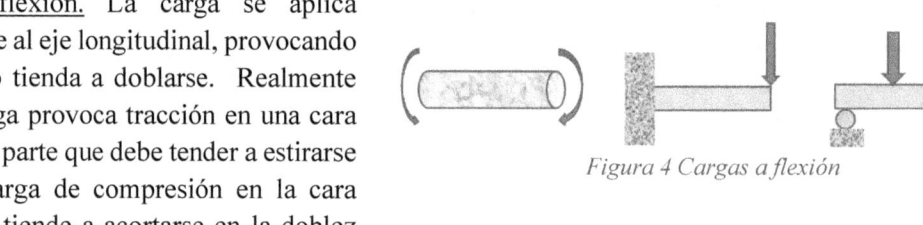

Figura 4 Cargas a flexión

5 Cargas combinadas. Se corresponde con la aplicación de más de un tipo de los vistos anteriormente, de forma simultánea. Normalmente, se podrá aplicar el principio de superposición, que básicamente, permite calcular el efecto de cada carga por separado y sumar, adecuadamente, el efecto producido.

Configuraciones de apoyo

Un paso fundamental para establecer las condiciones de equilibrio es conocer qué reacciones se producen en los apoyos donde se sustenta el elemento a calcular. En función del tipo de apoyo, este puede responder ante cargas en más de una dirección, y con un momento que compense los existentes. En la figura 5, se representan las configuraciones habituales para apoyos empotrados, apoyos simples, y apoyos de pasador, con las respectivas reacciones que pueden transmitir.

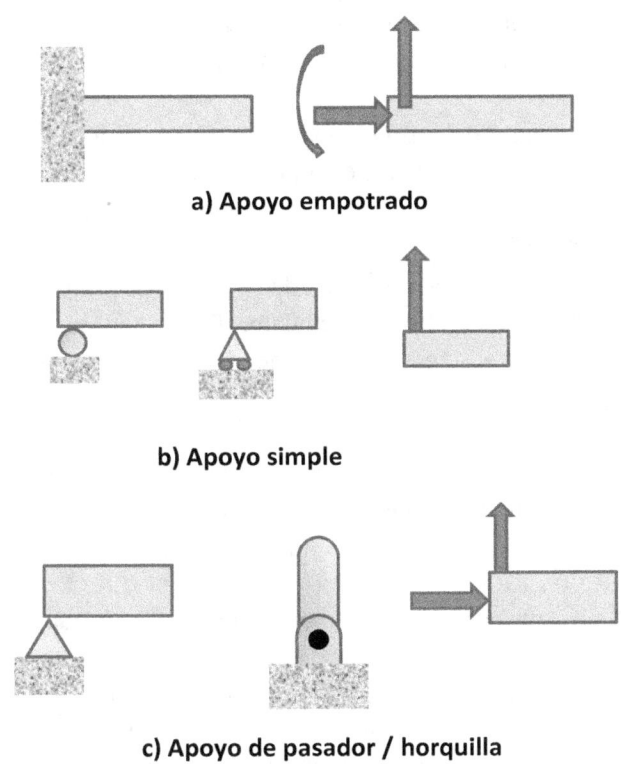

Figura 5 Tipos de apoyo y reacciones

Equilibrio estático

Para que un elemento se encuentre en equilibrio estático, todas las cargas y acciones que estas producen sobre él deben estar compensadas.
Para ello, debe haber tanto equilibrio de fuerzas en las tres direcciones del espacio, como equilibrio de momentos. Esto implica que se deben cumplir las siguientes condiciones:

Equilibrio de fuerzas: $\Sigma Fx = 0$; $\Sigma Fy = 0$; $\Sigma Fz = 0$

Equilibrio de momentos: $\Sigma Mx = 0$; $\Sigma My = 0$; $\Sigma Mz = 0$

Dado que normalmente se suele trabajar en dos dimensiones por simplicidad de representación, normalmente se puede simplificar a: $\Sigma Fx = 0$; $\Sigma Fy = 0$; $\Sigma Mz = 0$

La técnica habitual consiste en representar sobre el elemento todas las fuerzas externas que actúan sobre él, incluidas las correspondientes a los apoyos. Se descomponen además las fuerzas en los ejes X-Y y se establecen los momentos.

En el caso de que no haya empotramiento, el valor del momento resultante en los extremos ha de ser nulo, por lo que se suele utilizar uno de los extremos para obligar al cumplimiento de $\Sigma Mz = 0$.

Si por el contrario uno de los extremos está empotrado, aparecerá un posible momento que compense la suma de todos los momentos que lleguen al punto de empotramiento.

Se recomienda ver los problemas del primer apartado "Cálculo de reacciones" para trabajar las ecuaciones de equilibrio estático a través de los ejemplos resueltos.

Diagramas de cortantes y flectores

En un elemento existe una sección crítica que es donde se producen los mayores esfuerzos, y por tanto donde es más fácil que se produzca el fallo del elemento. Para determinar la posición de esta sección crítica, y el esfuerzo existente en ella, es muy recomendable estudiar los diagramas de cortantes y flectores.

Diagramas de cortantes. Representan la fuerza a cortante existente en todo el elemento. Se parte de un extremo de elemento, y se van sumando/restando las fuerzas existentes que provocan cortante, a lo largo de toda la longitud de la barra.

Diagrama de flectores. Representa el momento flector existente en cada punto del elemento. Lo habitual es utilizar el diagrama de cortantes para obtener el de flectores, aplicando los siguientes criterios:
- Las zonas donde el cortante sea constante, el momento es lineal.
- Las zonas del diagrama con cortante lineal, el momento es parabólico.
- Si no existe empotramiento, en los extremos de la barra el momento debe ser nulo.
- Las zonas donde el cortante cambia de signo, el momento cambia también (si era creciente, pasa a ser decreciente, y viceversa).

Se recomienda ver los problemas del segundo apartado "Diagramas de esfuerzo" para trabajar diversas situaciones y la obtención de los diagramas correspondientes.

3.1 Cálculo de reacciones.

93. Masa colgada del techo con tensores

Una plancha de acero con el logotipo de una empresa cuelga de una fachada de un edificio, cogida a dos anclajes según el esquema. El peso total son 4200 kg. Cada cable o varilla es de acero, con un diámetro de 20 mm. Calcular el esfuerzo en cada uno.

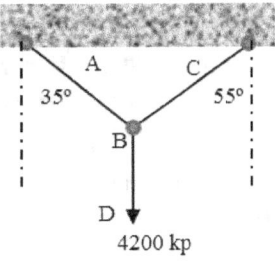

4200 kp

Solución 107.43 y 75.23 MPa

Se plantea una situación de equilibrio, donde habrá dos cables con tensión Ta y Tc que tendrán que equilibrar el peso de la plancha.

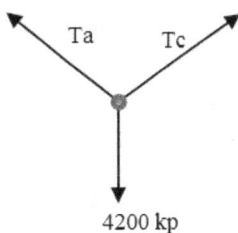

4200 kp

Se realiza un diagrama de solido libre, aplicando las ecuaciones de equilibrio: ΣFx = 0 y ΣFy = 0. Proyectando las tensiones:

$$\Sigma F_x = 0 \rightarrow T_a \cdot \sin 35 = T_c \cdot \sin 55$$
$$\Sigma F_y = 0 \rightarrow 4200 = T_a \cdot \cos 35 + T_c \cdot \cos 55$$

Ambas ecuaciones forman un sistema de dos incógnitas, que se resuelve:

$$T_a = \frac{T_c \cdot sin55}{sin35} = 1.428 \cdot T_c$$

Sustituyendo en la segunda ecuación, se obtiene

$$4200 = T_c \cdot \cos 35 \cdot 1.428 + T_c \cdot \cos 55 \rightarrow T_c = 2409.2 \ kp$$

Sustituyendo en el sistema:

$$T_a = 3440 \ kp$$

Para el cable AB, se cumplirá que su esfuerzo es de:

$$\sigma_{AB} = \frac{F}{A} = \frac{3440 \cdot 9.81}{\frac{\pi}{4} \cdot 20^2} = 107.41 \ MPa$$

Para el cable CB, se cumplirá que su esfuerzo es de:

$$\sigma_{CB} = \frac{F}{A} = \frac{2409.2 \cdot 9.81}{\frac{\pi}{4} \cdot 20^2} = 75.23 \ MPa$$

Finalmente, para el cable BD, trabaja simplemente a tracción, soportando todo el peso:

$$\sigma_{BD} = \frac{F}{A} = \frac{4200 \cdot 9.81}{\frac{\pi}{4} \cdot 20^2} = 131.1 \ MPa$$

Equilibrio estático. Diagramas de esfuerzos

94. Transporte de vigueta

> Se levanta un perfil metálico de 100 kg de peso, mediante un sistema de eslingas. Los ramales forman 120° con la eslinga principal. Si el material de la eslinga permite una tensión hasta 200 N/mm², determinar el diámetro mínimo necesario.

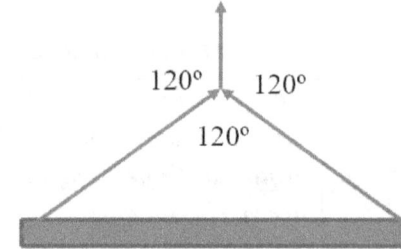

Solución. D = 2.5 mm.

A partir de un diagrama de fuerzas en el nudo, se plantean ecuaciones de equilibrio.

El equilibrio de fuerzas en horizontal, indica que las tensiones en ambos ramales son idénticas, lo cual es lógico debido a la simetría existente.

De la ecuación de equilibrio en vertical se deduce:

$$\Sigma F_y = 0 \rightarrow 100 = 2 \cdot T \cdot \sin 30 \rightarrow T = 100 \; kp$$

Si la tensión admisible son 200 MPa, se puede plantear la ecuación y obtener el diámetro

$$\sigma_{adm} = \frac{F}{A} \rightarrow 200 = \frac{100 \cdot 9.81}{\frac{\pi}{4} \cdot D^2} \rightarrow D = 2.5 \; mm$$

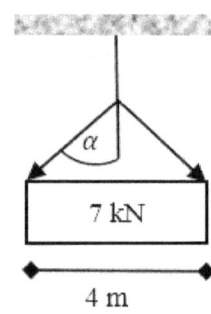

Es necesario un diámetro mínimo de 2.5 mm en el cable para cumplir los criterios de tensión admisible.

95. Izado de carga

> Para mover una máquina de inyección, de 4 metros de longitud y 7 kN de peso, se utiliza una grúa, y una cadena que coge la máquina tal cual desde los extremos. Si la cadena puede soportar una tracción máxima de 10 kN ¿Cuál es la longitud mínima de cadena que se debe tener?

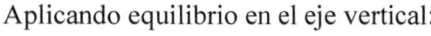

Solución. 4.267 metros

Se plantea un diagrama con situación de equilibrio en el nudo que sostiene el cajón. Evidentemente, el cable vertical deberá equilibrar el peso total de la máquina, por tanto, estará realizando una fuerza de 7000N.

Se aplican las ecuaciones de equilibrio:

ΣFx = 0, que aplicado según el diagrama es $T_1 \cdot \sin \alpha = T_2 \cdot \sin \alpha$, lo cual permite comprobar la deducción lógica de que $T_1 = T_2$ puesto que existe simetría.

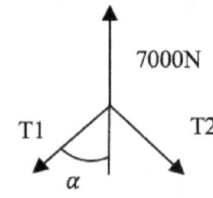

Aplicando equilibrio en el eje vertical:

ΣFy=0   7000= T₁·cos (α) + T₂·cos (α) = 2·T·cos (α)

Por otra parte, se sabe que la tensión máxima es de 10 000N, por lo sustituyendo en la ecuación anterior, nos permite obtener el valor del cos (α):

$$\cos (\alpha) = 7000 / (2 \cdot 10000) = 0.35$$

Se obtiene el valor del ángulo   α = arccos (0.35) = 69. 51°

A continuación, se dispone de un triángulo, que permite calcular la longitud de
cada lado de la cadena.4

$$L = \frac{2}{\sin 69.51} = 2.134 \; metros$$

El total de la cadena será el doble, es decir, 4.267 metros.

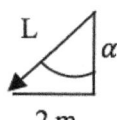

96. Carga suspendida de techo

> *De un techo se suspende una carga de 1000 N, por medio de dos cables de acero. Los cables forman, respecto del techo, ángulos de 30° y de 60°. Determinar la fuerza que tiene que realizar cada uno de los cables en N, para soportar la carga.*

Solución. 869.5 N y 502 N

Cada uno de los cables tirará con una tensión T_1 y T_2 respectivamente. Se
plantea equilibrio de fuerzas en el punto de la carga: ΣFx = 0   y   ΣFy = 0
Se deberán proyectar las fuerzas.

$$\Sigma F_x = 0 \rightarrow T_2 \cdot \cos 30 = T_1 \cdot \cos 60$$
$$\Sigma F_y = 0 \rightarrow 1000 = T_2 \cdot \sin 30 + T_1 \cdot \sin 60$$

Sustituyendo los valores de sin 30 = cos 60 = 0.5   y
sin 60 = cos 30 = 0.866, se obtiene el sistema de ecuaciones:

$$\begin{cases} T_2 \cdot 0.866 = T_1 \cdot 0{,}5 \\ 1000 = T_2 \cdot 0{,}5 + T_1 \cdot 0.866 \end{cases}$$

Resolviendo el sistema de ecuaciones:

$$T_2 = \frac{T_1 \cdot 0{,}5}{0.866} = 0.5774 \cdot T_1$$

Sustituyendo en la segunda ecuación, se obtiene

$$1000 = 0.5774 \cdot T_1 \cdot 0{,}5 + T_1 \cdot 0.866 \rightarrow T_1 = 869.56 \; N$$

Sustituyendo en el sistema:

$$T_2 = 0.5774 \cdot T_1 = 502.08 \; N$$

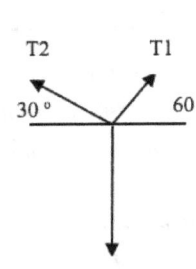

97. Combinación de cables

> *Dos cables de acero idénticos están unidos y de ellos cuelga una carga de 50.000 kp como muestra la figura, formando un ángulo de 45° con la vertical. Hallar la sección de los dos cables para que la tensión normal en ellos no sea mayor de 1500 kg/cm².*

Solución.   54.78 mm diámetro mínimo

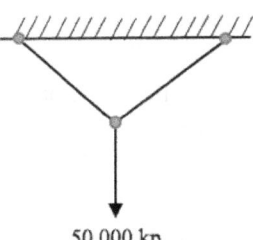

Equilibrio estático. Diagramas de esfuerzos

Por la geometría de la figura, los cables, estarán sometidos a la misma tensión "T". Se plantea equilibrio de fuerzas en el punto de aplicación de la carga.

$$\Sigma F_y = 0$$
$$50\,000 = T \cdot \sin 45 + T \cdot \sin 45$$
$$T = 35\,355.3\ kp = 346\,836\ N$$

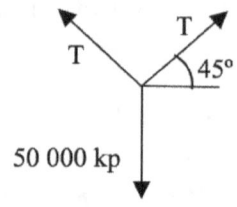

Obtenida la tracción que soporta cada cable, y considerando que se quiere limitar la tensión a un máximo de 1500 kp/cm², se puede obtener el área mínima necesaria. Se aplica cobre la misma ecuación un cambio de unidades de kp/cm² a N/mm²:

$$\sigma = \frac{F}{A} \rightarrow 1500 \cdot \frac{9.81}{100} = \frac{346\,836}{A} \rightarrow A = 2357\ mm^2$$

La sección obtenida se correspondería con un cable de diámetro:

$$A = \frac{\pi}{4} \cdot D^2 \rightarrow 2357 = \frac{\pi}{4} \cdot D^2 \rightarrow D = 54.78\ mm$$

98. Grúa.

> Mediante una grúa se están manipulando tuberías de 250 kg de peso. La tubería se sujeta mediante dos cables que forman un ángulo de 50 ° con la vertical, y están separados por 2 metros en los puntos donde sujetan la tubería. El cable utilizado tiene 10 mm de diámetro, y es de acero. Determinan la fuerza en el cable, y el esfuerzo al que está sometido. Obtener además la longitud de cable requerida.

Solución. 194.5 kp, 24.28 MPa, 2.61 m.

Se realiza un diagrama de solido libre, donde se expresan las tensiones correspondientes a los cables, los ángulos, y el peso en el punto central de la tubería.

Se aplican las ecuaciones de equilibrio: $\Sigma Fx = 0$ y $\Sigma Fy = 0$
$$\Sigma Fx = 0 \rightarrow T_1 \cdot \sin 50 + T_2 \cdot \sin 50 = 0$$

De donde se deduce que $T_1 = T_2$, lo cual es lógico por simetría.

Para poder averiguar las tensiones, se utiliza por tanto $\Sigma Fy = 0$
$$T1 \cdot \cos 50 + T2 \cdot \cos 50 = 250$$

Sustituyendo y despejando se obtiene T1 = T2 = 250 / (2·cos50) = 194.465kg

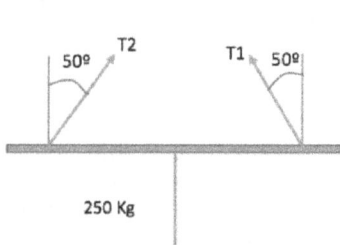

El esfuerzo se obtiene a través de $\sigma = F/A$, siendo $A = \pi/4 \cdot D^2$
Sustituyendo:

$$\sigma = \frac{F}{A} = \frac{F}{\frac{\pi}{4} \cdot D^2} = \frac{194.465 \cdot 9.81}{\frac{\pi}{4} \cdot 10^2} = 24.28\ MPa$$

Para obtener la longitud necesaria de cada ramal de cable, se aplica trigonometría al triángulo formado por cada cable con la vertical:

$$L \cdot \sin(50) = 1 \rightarrow L = 1.305 \; metros$$

Si cada ramal son 1.305 metros, en total se necesita un cable de 2.61m de longitud.

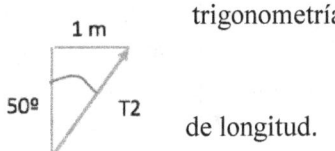

99. Alicates

En unos alicates, el pasador de bisagra se somete a esfuerzo cortante directo, como se indica en la figura. Si el pasador tiene un diámetro de 3 mm y la fuerza ejercida en el mango es de 55 N, a una distancia de 100 mm del perno, calcular el esfuerzo en el perno. Dato: considerar 45 mm del centro del perno a la punta del alicate.

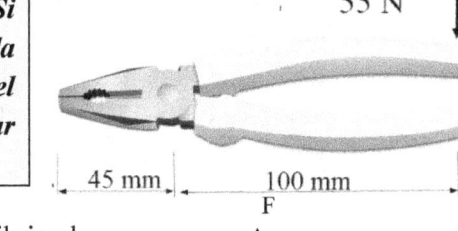

Solución. **25.07 MPa**

En el perno, la fuerza cortante F viene dada por equilibrio de momentos respecto a la punta del alicate

Por lo tanto, se realiza equilibrio de momentos:

$$55 \cdot 145 = F \cdot 45 \rightarrow F = 177.22 \; N$$

Dado que se trata de un cortante simple, el cortante que aparece en el perno es:

$$\tau = \frac{F}{A} = \frac{177.22}{\frac{\pi}{4} \cdot 3^2} = 25.07 \; \frac{N}{mm^2} = 25.07 \; MPa$$

100. Brazo soporte

En la figura se muestra un brazo de soporte que consiste en elemento horizontal que trabaja a modo de palanca. En un extremo se encuentra articulado, y en el otro recibe una carga máxima de 12 000 N. El rodillo representa el punto donde se apoya. El pasador del extremo articulado no puede hacer más de 35 kN. Determinar la zona crítica, y si se puede aplicar la carga máxima sin romper el perno.

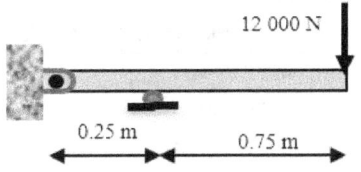

Solución. Ver desarrollo.

Se plantea un diagrama de sólido libre, y se establecen las ecuaciones de equilibrio para obtener el valor de las reacciones:

$$\Sigma Fx = 0 \; ; \; \Sigma Fy = 0 \quad y \quad \Sigma M = 0$$

Para el Eje Y: Ra + Rb = 12 000

Equilibrio estático. Diagramas de esfuerzos

Para el equilibrio de momentos, el momento en el empotramiento debe ser nulo, puesto que el tipo de anclaje no es de empotramiento y permite el giro libre.

$$Rb \cdot 0.25 = 12\,000 \cdot 1 \rightarrow Rb = 48\,000\ N$$

Sustituyendo en la ecuación del eje Y, se obtiene Ra = -36 000 N, lo cual indica que la fuerza tiene sentido descendente.

En la zona del perno, hay 36 000 N de cortante, que es superior al máximo permitido. Por otra parte, para poder completar el análisis, sería necesario calcular el esfuerzo máximo en la barra, debido a la flexión. El peor punto del diagrama de momentos se encuentra sobre el apoyo B, con un valor de:

$$Mb = 12\,000 \cdot 0.75 = 9\,000\ N \cdot m$$

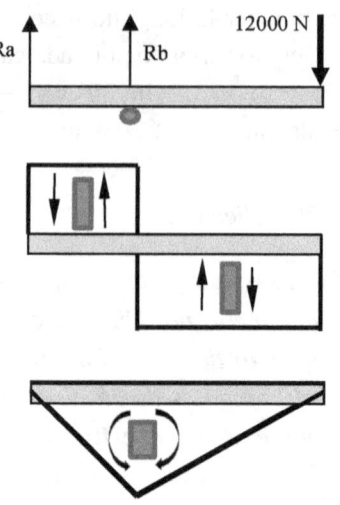

101. Repisa para compresor

Una repisa debe soportar 1840 kg de carga máxima de un compresor industrial. Para sujetarla, se realiza un montaje como el de la figura, donde se colocan dos varillas que sostendrán la repisa, formando 30° con la horizontal. Se supone que el centro de gravedad del compresor está en el centro de la repisa. Determinar el diámetro mínimo de las varillas si la tensión máxima admisible son 110 MPa.

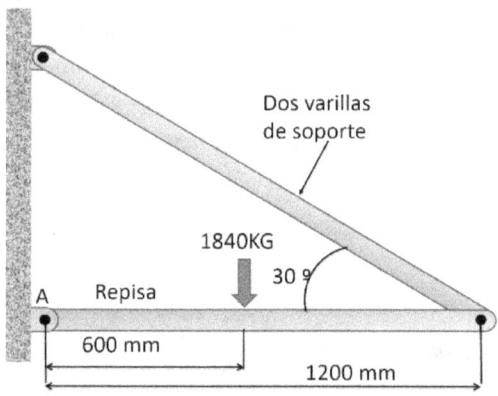

Solución. 12.36 mm

Se establece equilibrio de momentos respecto del punto A de anclaje, donde al tratarse de una unión que no restringe el giro, no puede haber momento.

$$\Sigma M_A = 0 \rightarrow F \cdot \sin 30 \cdot 1200 = 1840 \cdot 600 \rightarrow F = 1840\ kp$$

Al existir dos varillas, se reparte la fuerza entre ambas, por lo que cada una soportará 920 kp de fuerza. La tensión máxima son 110 MPa, por lo que se puede obtener el diámetro mínimo necesario de la varilla.

$$\sigma_{max} = 110 = \frac{920 \cdot 9.81}{\frac{\pi}{4} \cdot D^2} \rightarrow D = 9.03\ mm$$

Se utilizará el primer diámetro disponible mayor de 9 mm.

Elementos de máquinas.

102. Sujeción mediante pletinas.

Para sostener un gancho, del que se cuelga una carga de 1200 kg, se utilizan dos pletinas de sección 25 x 10 mm. El gancho se sujeta según el esquema de la figura. Determinar el esfuerzo a tracción en cada pletina, y el tornillo necesario para unir las pletinas con un máximo de 150 MPa, si este trabaja a cortante doble.

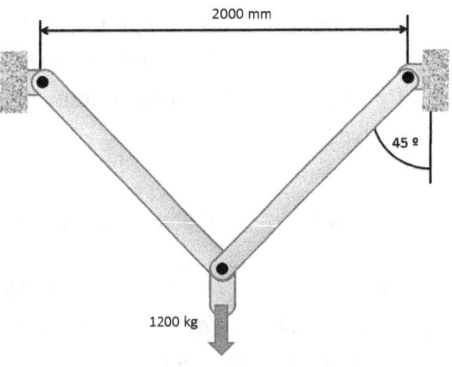

Solución. 33.3 MPa, M10

Los 1200 kp de carga equivalen a 11 772 N. Se analiza la zona del tornillo, donde debe haber equilibrio:
Se plantea equilibrio de fuerzas para calcular la tensión en el cable y en la barra:

$$\Sigma F_x = 0 \rightarrow T_1 \cdot \cos 45 = T_2 \cdot \cos 45 \rightarrow T_1 = T_2$$

En el eje vertical, se debe compensar la carga:

$$\Sigma F_y = 0 \rightarrow T_1 \cdot \sen 45 + T_2 \cdot \sen 45 = 11\,772\ N$$

Resolviendo el sistema de ecuaciones, se obtienen soluciones:
$T_1 = T_2 = 8324$ N

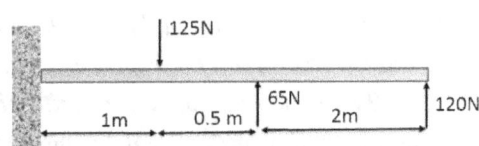

El área de una pletina es $A = 25 \cdot 10 = 250\ mm^2$
El esfuerzo de trabajo a tracción en una pletina es de:

$$\sigma = \frac{F}{A} = \frac{8324}{250} \cong 33.3\ MPa$$

Para el tornillo, al trabajar a cortante doble:

$$\tau = \frac{F}{2 \cdot A} \rightarrow 150 = \frac{11\,772}{2 \cdot A} \rightarrow A = 39.34\ mm^2$$

Se necesita un tornillo con un área de núcleo mayor. Consultado las tablas, para rosca gruesa, una M8 está en el límite (39.2 mm²), por lo que es necesario tomar un tornillo M10.

103. Cálculo de reacciones.

Obtener las reacciones en el empotramiento de la configuración de la figura

Solución. 60 N, 392.5 N·m

Se plantea equilibrio en el apoyo, según la figura, con unas reacciones estimadas. Para la obtención de la reacción vertical: $\Sigma Fy = 0$:

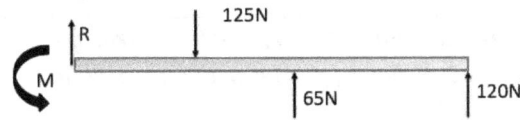

$$R + 65 + 120 = 125 \rightarrow R = -60N$$

La reacción en el empotramiento realmente llevará sentido contrario al supuesto.

Se obtiene el momento de todas las fuerzas respecto del empotramiento:

$$M = 125 \cdot 1 - 65 \cdot (1 + 0.5) - 120 \cdot (2 + 1 + 0.5) = -392.5 \, N \cdot m$$

Por tanto, en el empotramiento hay un momento de valor 392,5 N·m, pero en sentido contrario al supuesto (horario).

104.   Cálculo de reacciones.

Obtener las reacciones en ambos apoyos de la figura mostrada, que representa un eje con dos engranajes rectos.

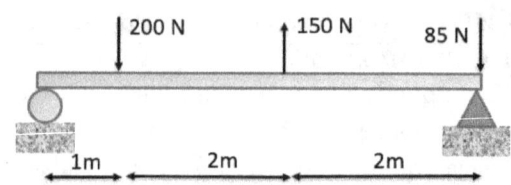

Solución. 100 N, 35 N.

Se colocan unas reacciones supuestas en los apoyos, y con el diagrama de sólido libre, se plantean ecuaciones de equilibrio:

Para el apoyo B, en horizontal, se plantearía ΣFx = 0, pero puesto que no hay ninguna fuerza horizontal que actúe sobre la barra, la reacción horizontal en B será nula.

Para las reacciones en vertical: ΣFy = 0

$$R_A + R_B + 150 = 200 + 85$$

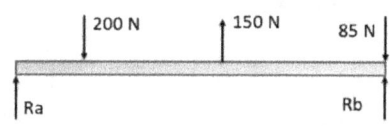

Se necesita otra ecuación para poder obtener las reacciones. Se plantea la suma de momentos respecto de un apoyo, que será: ΣM$_b$ = 0 . Se utiliza el apoyo B porque así las fuerzas de 85 N y la reacción en B no dan momento, y eso simplifica la ecuación.

$$R_A \cdot (1 + 2 + 2) + 150 \cdot 2 - 200 \cdot (2 + 2) = 0 \rightarrow R_A = 100N$$

Sustituyendo en la ecuación de ΣFy = 0, se obtiene $R_B = 35 \, N$

105.   Estantería

Se utiliza un montaje mediante dos barras sujetas por pasador a la pared, para sostener una carga de 2500 kp. El material es acero AISI 1040 recocido. La barra horizontal tiene 300 cm de longitud, y la diagonal forma 60 grados con la pared. Se utiliza un montaje mediante dos barras sujetas por pasador a la pared

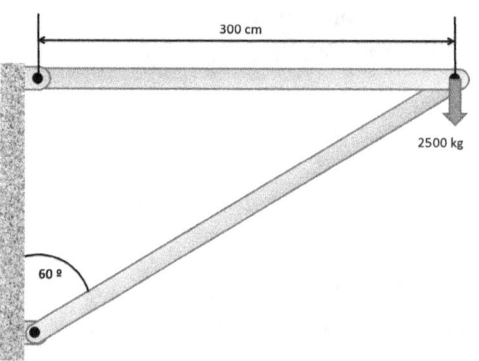

Determinar el tamaño necesario de cada una, si para las barras que trabajan a tracción se pide un coeficiente de seguridad de N=2, y para las que trabajan a compresión N=3, respecto al límite elástico.

Solución. Ver desarrollo.

Elementos de máquinas.

Como primer paso, se obtienen los valores del material de las tablas. Para un AISI 1040 Recocido, Su=517 MPa, Sy=352 MPa. La fuerza aplicada son 2500 kp = 24 525 N.

Se realiza un diagrama de fuerzas en el nudo donde se aplica la carga, y se aplican las ecuaciones de equilibrio: ΣFx = 0 y ΣFy = 0.

En horizontal:
$$F_A = F_B \cdot \cos 30$$

En vertical:
$$24\,525 = F_c \cdot \sen 30 \rightarrow F_c = 49\,050\ N$$

Sustituyendo en el equilibrio horizontal:
$$F_A = 49\,050 \cdot \cos 30 = 42\,478.5\ N$$

La barra superior trabaja a tracción. Por tanto, la tensión de diseño es:
$$\sigma_{dis} = \frac{352}{2} = 176\ MPa$$

Igualando la tensión de trabajo a la tensión de diseño se puede obtener el área necesaria:
$$176 = \frac{F}{A} = \frac{42\,478.5}{A} \rightarrow A = 241.3\ mm^2$$

Para el caso de la barra diagonal, ésta trabaja a compresión. Por tanto, la tensión de diseño es:
$$\sigma_{dis} = \frac{352}{3} = 117.3\ MPa$$

Igualando la tensión de trabajo a la tensión de diseño se puede obtener el área necesaria:
$$117.3 = \frac{F}{A} = \frac{49\,050}{A} \rightarrow A = 418\ mm^2$$

106. Cable de soporte.

Se utiliza un cable que forma 30° con la horizontal para soportar un polipasto. La fuerza que hay que soportar es de 2500 kp. El cable está formado por 4 cordones y cada cordón tiene 12 alambres de 1 mm de diámetro, enrollados alrededor de un núcleo que no se considera a efectos de resistencia. El alambre tiene una tensión de rotura de 150 kgf/mm² y se quiere trabajar con un coeficiente de seguridad de N= 4. Calcular la tensión de trabajo en el cable.

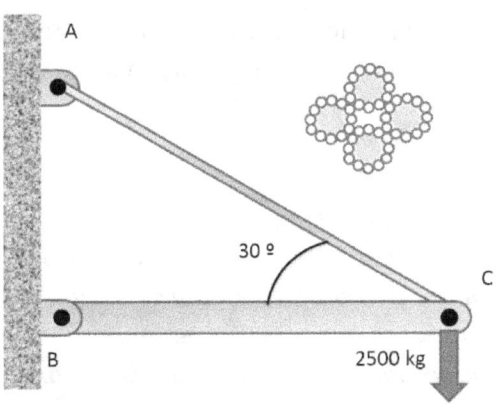

Si la barra horizontal es de sección cuadrada de 8x8 cm, con resistencia de 85 kgf / mm², determinar si trabaja correctamente. La distancia AC es de 6 metros, y el anclaje a la pared es con pasador (sin empotramiento).

***Solución.** El cable no cumple, la barra sí.*

Se obtiene el área del cable, formada por 4 cordones de 12 alambres:
$$A = 4 \cdot 12 \cdot \frac{\pi}{4} \cdot 1^2 = 37.7 \ mm^2$$
Se plantea equilibrio de fuerzas para calcular la tensión en el cable y en la barra:
$$\Sigma F_y = 0 \rightarrow 2500 \ kp = T \cdot \sin 30 \rightarrow T = 5000 \ kp$$
En el eje horizontal, la barra debe compensar el cable:
$$\Sigma F_x = 0 \rightarrow B + T \cdot \cos 30 = 0 \rightarrow B = -T \cdot \cos 30 = -4330.13 \ kp$$
El cable está sometido a una fuerza de $5000 \ kp = 49\,050 \ N$. Esta fuerza genera una tensión a tracción de:
$$\sigma = \frac{F}{A} = \frac{49\,050}{37.7} = 1301 \ MPa$$
La tensión de rotura del cable es de 150 kp/mm² = 1471.5 MPa, por lo que, si bien el cable no está al límite, en la práctica no se cumple el coeficiente de seguridad pedido. La tensión máxima que debería haber, cumpliendo el coeficiente de seguridad pedido es de:
$$\sigma = \frac{1471.5}{4} = 387.68 \ MPa$$

Para la barra, el área es $A = 8 \cdot 8 = 64 \ cm^2 = 6400 \ mm^2$
La tensión existente a compresión en la barra es:
$$\sigma = \frac{F}{A} = \frac{4330.13 \cdot 9.81}{6400} = 6.63 \ MPa$$
La barra puede soportar 85 kp/mm², que equivalen 833.8 MPa, por lo que su situación es holgada, puesto que su coeficiente de seguridad es:
$$N = \frac{833.8}{6.63} = 125.7$$
Como conclusión, se aconseja modificar el diseño, bien aumentando la sección del cale, bien anclándolo más arriba de forma que forme un mayor ángulo para que disminuya la solicitación.

107. Grúa elevadora

En un taller de matricería, para la manipulación de cargas pesadas como placas de matrices y moldes, y otros elementos, se utiliza una pequeña grúa hidráulica como la que se muestra en la figura. La carga máxima a soportar se estima en 800 lb. Determinar el esfuerzo cortante que ocurre en el perno en B, que actúa a esfuerzo cortante simple. El diámetro del perno es de 3/8 in. Determinar un acero adecuado para dicho perno si se quiere tener un coeficiente de seguridad de al menos N=4 respecto del límite elástico.

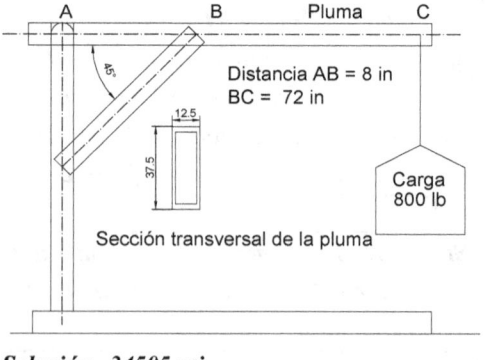

Solución 34505 psi

Se obtiene en primer lugar la fuerza que tendrá que hacer el hidráulico para soportar las 800 lb en el extremo. Para ello, se plantea que en el punto A, que actúa como eje de giro, tiene que haber equilibrio de momentos, puesto que debe permanecer estático sin girar. Se plantea un diagrama correspondiente al brazo del polipasto, donde las fuerzas existentes se sitúan en el punto B y en el C.

Aplicando por tanto equilibrio de momentos respecto punto A.
$$800 \cdot 80 = 8 \cdot F \cdot \cos 45 \rightarrow F = 11\,313.7 \text{ lb}$$
Conocida la fuerza en el perno B, como trabaja a cortante simple.

$$\tau = \frac{F}{A} = \frac{F}{\frac{\pi}{4} \cdot D^2} = \frac{11\,313.7}{\frac{\pi}{4} \cdot \left(\frac{3}{8}\right)^2} \cong 103\,092\; psi \cong 103.09\; ksi$$

Se busca en tablas un acero que tenga como mínimo: $\sigma_y = 103.09 \cdot 4 = 412.3\; ksi$

En la tabla disponible no hay ningún acero que alcance valores tan elevados de límite elástico, por lo que se pueden adoptar dos posibles soluciones:
- Modificar el diseño, de forma que en la zona del anclaje el perno trabaje a cortante doble. Esto supondría utilizar una configuración tipo horquilla.
- Aumentar el diámetro del perno para tener mayor sección trabajando a cortante.

108. *Barra suspendida con carga*

Se utiliza una configuración como la de la figura para sostener una carga de 200 kg. La barra horizontal tiene un peso de 50 kg, que se considera como una carga puntual en el centro. En un lado descansa apoyada sobre un taco cilíndrico de acero de 10 mm de diámetro, y del otro, se suspende del techo utilizando un cable de 6 mm de diámetro. Determinar los esfuerzos que se producen en el taco y en el cable.

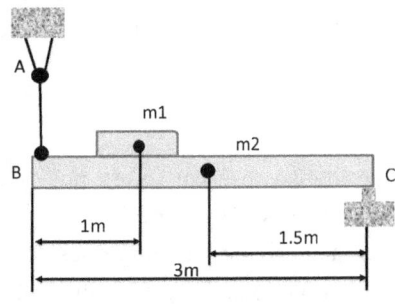

Solución B: 54.93 MPa, C 11.45 MPa

Se plantea una situación de equilibrio de fuerzas y reacciones en vertical, por lo que $\Sigma F_y = 0$. La tensión en el cable, Rb, y la reacción en el apoyo Rc, deberán compensar los dos pesos m_1 y m_2 de la carga y del peso de la barra.
$$m_1 + m_2 = R_b + R_c \rightarrow 200 + 50 = R_b + R_c$$
Por otra parte, en el extremo C la suma de momentos debe ser nula, puesto que se trata de un extremo libre. Por tanto, $\Sigma M_c = 0$.
$$3 \cdot R_b = 2 \cdot 200 + 1.5 \cdot 50 \rightarrow R_b = 158.33\; kp$$
Sustituyendo en la primera ecuación de equilibrio en vertical, se obtiene Rc = 91.66 kp
Se puede calcular, conocido el valor de las fuerzas, el esfuerzo en los extremos.

En el cable, extremo B, la fuerza se ejerce sobre n área circular de diámetro 6 mm.

$$Pto\ B: \sigma = \frac{F}{A} = \frac{158.33 \cdot 9.81}{\frac{\pi}{4} \cdot 6^2} = 54.93\ MPa$$

En el punto C, se apoya sobre un cilindro de diámetro 10 mm.

$$Pto\ C: \sigma = \frac{F}{A} = \frac{91.66 \cdot 9.81}{\frac{\pi}{4} \cdot 10^2} = 11.45\ MPa$$

109. Mecanismo articulado.

Determinar el esfuerzo en la barra horizontal, si la fuerza ejercida en la rueda es de 2800 lb. No considerar el peso de la estructura.

Solución. 3230 psi.

Se plantea un diagrama de solido libre. Dado que no hay ninguna fuerza en vertical externa que se aplique, y no se está considerando el peso propio del conjunto, no hay fuerzas verticales.

Se busca conocer la fuerza F1. Con respecto al punto C, dado que es una unión sin restricción de giro, no puede haber momento aplicado en ese punto.

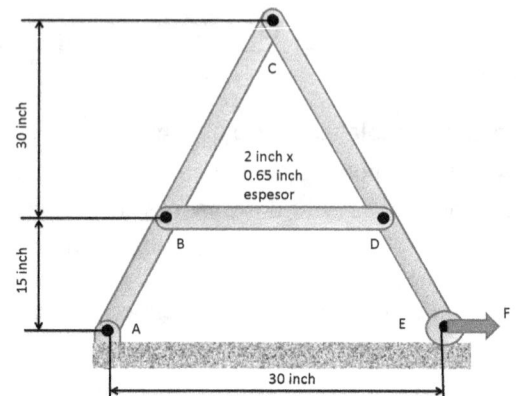

Por lo tanto, se puede establecer equilibrio de momentos en ese punto:

$$F1 \cdot \cos(\alpha) \cdot L_{CD} = 2800 \cdot \cos(\alpha) \cdot L_{DE}$$

Se debe observar que, por geometría, los tres ángulos indicados son iguales.

Falta averiguar las longitudes de los tramos L_{CD} y L_{DE}

Observando la figura: 30 pulg = $L_{CD} \cdot \cos(\alpha)$ Y   45 pulg = $L_{DE} \cos(\alpha)$

Se sustituyen ambos valores en la ecuación de equilibrio de momentos y se obtiene F1 · 30 = 2800 · 45, de donde se despeja la fuerza F1 = 4200 lb.

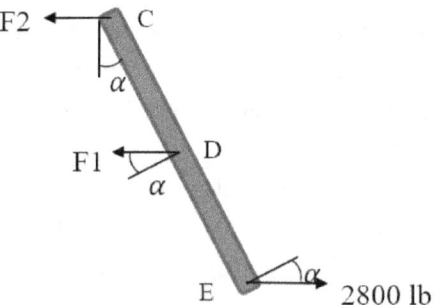

El esfuerzo en la barra horizontal se obtendrá como:

$$\sigma = \frac{F}{A} = \frac{4200}{2 \cdot 0.65} \cong 3230\ psi$$

Elementos de máquinas.

110. Combinación de cargas.

> *Para el esquema mostrado, obtener las reacciones en los apoyos.*

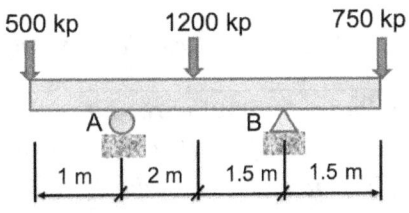

Solución
Se colocan unas reacciones supuestas en los apoyos, y con el diagrama de sólido libre, se plantean ecuaciones de equilibrio:
Para las reacciones en vertical: ΣFy = 0

$$R_A + R_B = 500 + 1200 + 750$$

Se necesita otra ecuación para poder obtener las reacciones. Se plantea utilizar el equilibrio de momentos.

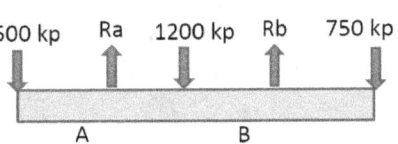

Si se toma un extremo, por ejemplo, el izquierdo:

$$1 \cdot R_A + (1 + 2 + 1.5) \cdot R_B = 1200 \cdot (1 + 2) + 750 \cdot (1 + 2 + 1.5 + 1.5)$$

Se obtiene un sistema de dos ecuaciones con dos incógnitas, R_A y R_B. Sin embargo, si se toma un apoyo, aunque no esté en un extremo, se sabe que la suma de momentos por la izquierda debe ser igual a la de momentos por la derecha, lo cual permite establecer una ecuación con una sola incógnita, y por tanto, ahorrar proceso de cálculo:

$$500 \cdot 1 = 1200 \cdot 2 - R_B \cdot 3.5 + 750 \cdot 5 \rightarrow R_B = 1614.28 \, kp$$

Sustituyendo en la ecuación de ΣFy = 0, se obtiene $R_A = 835.71 \, kp$

111. Cargas inclinadas en viga empotrada

> *En un soporte inclinado se recibe una carga de 2000 N con un ángulo de inclinación de 60°, sobre el extremo libre. Obtener las reacciones que aparecen en el empotramiento.*

Solución. 1732N; 1000 N; 8660 N·m
La fuerza inclinada realmente trabaja como si fuese una fuerza vertical combinada con una horizontal. Se plantea el diagrama de solido libre incluyendo tres reacciones, Ry, Rx y M, en el empotramiento. Aplicando las ecuaciones de equilibrio:
ΣFx = 0 , ΣFy = 0 ,

$$\Sigma F_y = 0 \rightarrow R_y = 2000 \cdot \sin 60 = 1732 \, N$$
$$\Sigma F_x = 0 \rightarrow R_x = 2000 \cdot \cos 60 = 1000 \, N$$

Respecto del empotramiento, el momento que aparece debe equilibrar el par ejercido por la componente vertical de la fuerza:

$$M = 5 \cdot 2000 \cdot \sin 60 = 8660 \, N \cdot m$$

3.2 Diagramas de esfuerzo.

112.   Reacciones y diagramas carga puntual

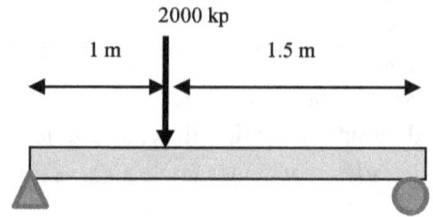

Dada la configuración de la figura, determinar las reacciones resultantes y obtener los diagramas de flectores y cortantes, indicando el valor del momento máximo.

Solución   M max = 1200 kp·m

Se plantea el diagrama de sólido libre, en el que se suponen dos reacciones en los apoyos, R_A y R_B. Se aplican las ecuaciones de equilibrio para obtener las reacciones:

$$\Sigma Fx = 0 \quad \Sigma Fy = 0 \quad \Sigma M = 0$$

Dado que no hay fuerzas en horizontal, no es necesario aplicar $\Sigma Fx = 0$. Se aplica a las fuerzas verticales:

$$\Sigma F_y = 0 \rightarrow 2000 = R_A + R_B$$

Se aplica equilibrio de momentos. Se elige un extremo de la barra, puesto que al no estar empotrada, deberá ser nulo. Se toma el extremo A como referencia.

$$\Sigma M_A = 0 \rightarrow 2000 \cdot 1 = R_B \cdot (1 + 1.5) \rightarrow R_B = 800 \, kp$$

Sustituyendo el valor de R_B en la primera ecuación, se obtiene
$R_A = 1200$ kp

A partir de aquí, conocido el valor de las reacciones, se puede establecer el diagrama de cortante y el de flectores.

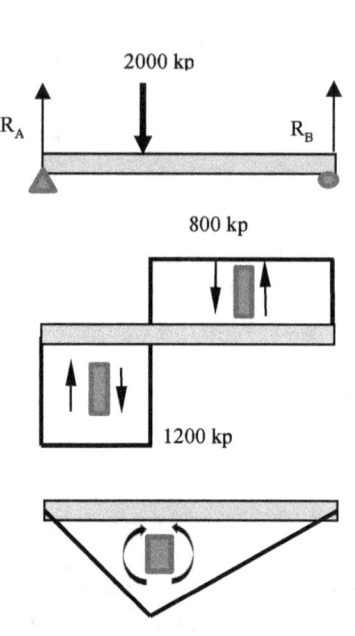

Al ser el diagrama de cortantes constante en algunos de sus tramos, allí el momento será lineal.

El valor del momento máximo se dará punto de aplicación de la carga, con un valor de $M_{max} = 800 \cdot 1.5 = 1200 \, kp \cdot m$

113.   Reacciones y diagramas cargas puntuales

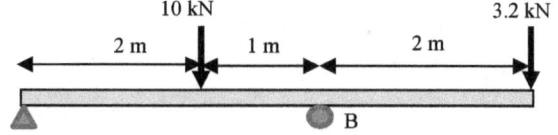

Dada la configuración de la figura, determinar las reacciones resultantes y obtener diagramas de flectores y cortantes.

Solución.   Ver desarrollo.

Se plantea el diagrama de sólido libre, en el que se suponen dos reacciones en los apoyos, R_A y R_B. Se aplican las ecuaciones de equilibrio para obtener las reacciones:

$$\Sigma Fx = 0 \quad \Sigma Fy = 0 \quad \Sigma M = 0$$

Dado que no hay fuerzas en horizontal, no es necesario aplicar ΣFx = 0. Se aplica a las fuerzas verticales:

$$\Sigma F_y = 0 \rightarrow 10\,000 + 3200 = R_A + R_B$$

Se aplica equilibrio de momentos. Se elige un extremo de la barra, puesto que, al no estar empotrada, deberá ser nulo. Se toma el extremo A como referencia.

$$\Sigma M_A = 0$$
$$10\,000 \cdot 2 + 3200 \cdot 5 = R_B \cdot 3 \rightarrow R_B = 12\,000\,N$$

Sustituyendo el valor de R_B en la primera ecuación, se obtiene $R_A = 1200\,N$

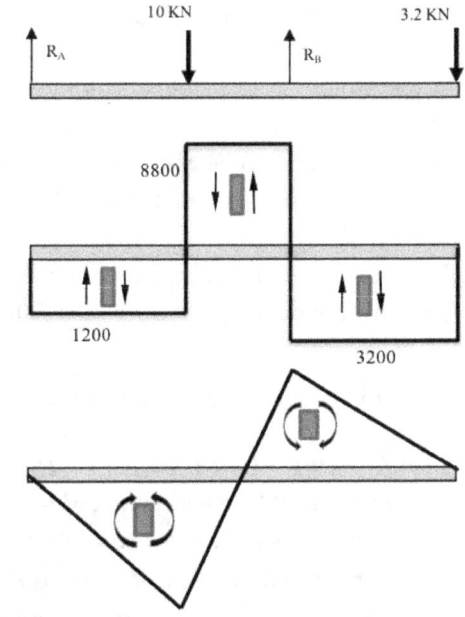

A partir de aquí, conocido el valor de las reacciones, se puede establecer el diagrama de cortante y el de flectores.

Al ser el diagrama de cortantes constante en algunos de sus tramos, allí el momento será lineal. Cuando el cortante cambie de signo, el momento cambiará de signo la pendiente. En los extremos, al no haber empotramiento, el momento deberá ser nulo.

El valor del momento máximo se dará punto de aplicación de la carga de 10000 N o en el apoyo B. Se comprueba el valor en ambos puntos:

Cortante en el punto de aplicación de la carga:

$$M = 1200 \cdot 2 = 2400\,N$$

Cortante en el apoyo B:

$$M = 3200 \cdot 2 = 6400\,N$$

Por lo tanto, el lugar más desfavorable para los momentos es la sección sobre el apoyo B.

114. *Reacciones y diagramas cargas puntuales*

Dada la configuración de la figura, determinar las reacciones resultantes y obtener diagramas de flectores y cortantes.

Solución. Ver desarrollo.

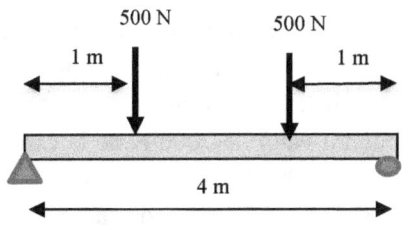

Se realiza un diagrama de sólido libre sobre el que se suponen las reacciones en los apoyos, Ra y Rb, y se establece equilibrio:

$$\Sigma F_y = 0 \rightarrow R_A + R_B = 500 + 500 = 1000\,N$$
$$\Sigma M_A = 0 \rightarrow 500 \cdot 1 + 500 \cdot 3 = R_B \cdot 4$$
$$R_B = 500\,N$$

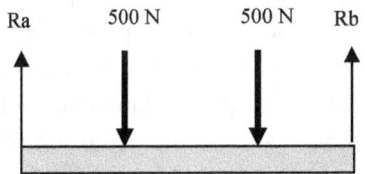

Sustituyendo en la primera ecuación, o simplemente, por simetría: $R_A = 500\ N$

A partir de aquí, conocido el valor de las reacciones, se puede establecer el diagrama de cortante y el de flectores.

Al ser el diagrama de cortantes constante en algunos de sus tramos, allí el momento será lineal. Donde el cortante es nulo, el momento será constante.

El valor del momento máximo se dará en el vano central entre cargas, con un valor de $M_{max} = 500 \cdot 1 = 500\ N \cdot m$

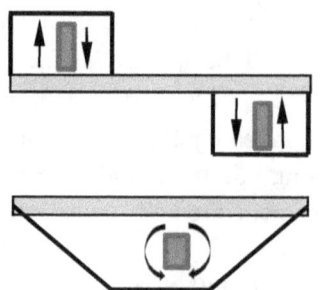

115. Brazo soporte empotrado

En la figura se muestra un brazo de soporte que consiste en una viga horizontal cargada verticalmente en el extremo con una carga de 2000 N, y en el centro con 5000 N. En el otro extremo la viga se encuentra empotrada. Calcular las reacciones en el empotramiento, representar el diagrama de cortantes y de momentos flectores y obtener la sección con mayor flector y su valor.

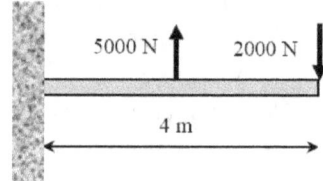

Solución. *Ver desarrollo.*

Se realiza un diagrama de sólido libre sobre el que se suponen las reacciones en el empotramiento, Ra y Rb, y se establece equilibrio. Para la reacción vertical:

$$\Sigma F_y = 0 \rightarrow R_A = 5000 - 2000 = 3000\ N$$

Para el momento en el empotramiento, éste debe compensar todos los demás existentes:

$$M = 2000 \cdot (2 + 2) - 5000 \cdot 2 = -2000\ N \cdot m$$

El signo negativo indica que el momento va en sentido contrario al supuesto en el diagrama de sólido libre.

Se realiza el diagrama de cortantes, sabiendo que el extremo libre tiene un valor de 2000 N de la carga, y en el extremo empotrado un valor de 3000 N de la reacción.

Al ser el diagrama constante, el momento tendrá forma lineal. Además, en el extremo empotrado se conoce el valor, y en el extremo libre debe ser nulo. En los lugares donde el cortante cambia de signo, el momento lo hará de pendiente.

El valor del momento máximo se dará en el punto de cambio de valor del cortante, que es el punto de aplicación de la carga central. En ese punto el valor del momento será:

$$M_{max} = 2000 \cdot 2 = 4000\ N \cdot m$$

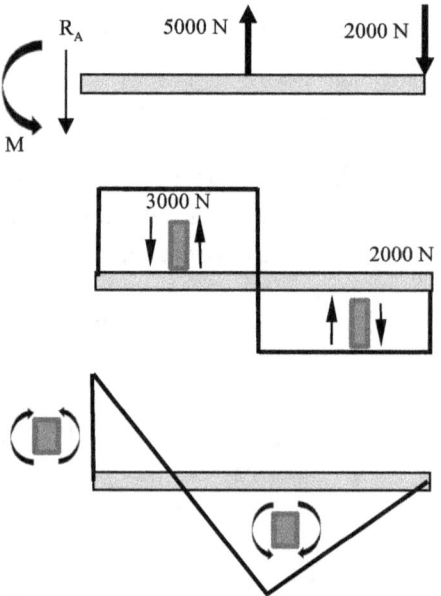

116. Reacciones y diagramas en eje.

Un eje se encuentra apoyado en dos rodamientos, uno en cada extremo. Lleva montadas dos poleas, que le provocan dos cargas verticales, según el esquema de la figura. Obtener las reacciones en los apoyos de los rodamientos, y los diagramas de cortantes y flectores del eje. Nota: considerar que los rodamientos NO tienen rigidez suficiente para actuar como empotramientos, por lo que se considera como simplemente apoyados.

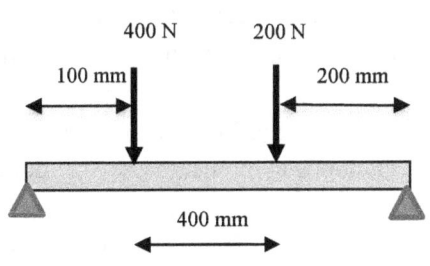

Solución. Ver desarrollo.
Se realiza un diagrama de sólido libre sobre el que se suponen las reacciones en los apoyos, Ra y Rb, y se establece equilibrio:

$$\Sigma F_y = 0 \rightarrow R_A + R_B = 400 + 200 = 600$$
$$\Sigma M_A = 0 \rightarrow 400 \cdot 100 + 200 \cdot 500 = R_B \cdot 700$$

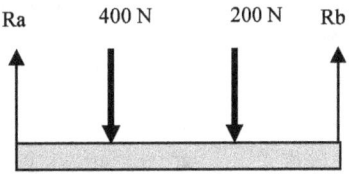

Operando se obtiene $R_B = 200\ N$ y de la primera ecuación: $R_A = 400\ N$

A partir de las reacciones, se puede obtener el diagrama de cortantes. Este tendrá tramos constantes, al ser las cargas puntuales. Respecto al diagrama de momentos, deberá tener tramos lineales donde el cortante es constante. Además, se sabe que en los extremos es nulo. El valor del momento máximo se dará en el vano central entre cargas, con un valor de:

$$M_{max} = 200 \cdot 200 = 40000\ N \cdot mm = 40\ N \cdot m$$

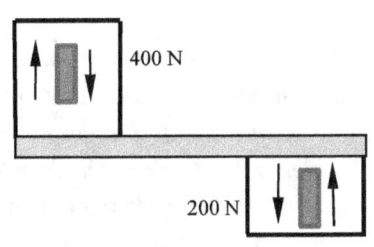

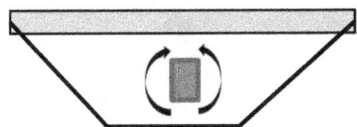

117. Barra en equilibrio.

Una barra de 120 cm de longitud se encuentra anclada en uno de sus extremos mediante un pasador. A 40 cm del anclaje, soporta una carga de 100 kp. En el extremo libre, se realiza una fuerza para equilibrar la barra. Determinar el valor de esta fuerza, las reacciones que aparecen en el apoyo, y los diagramas de cortantes y momentos, obteniendo el valor máximo de los mismos

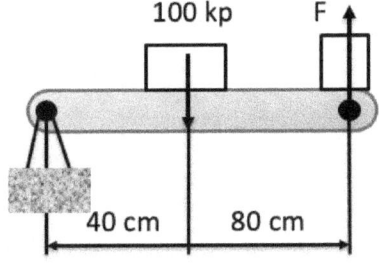

Solución

Equilibrio estático. Diagramas de esfuerzos

Se plantea el diagrama de sólido libre, en el que se suponen una reacción vertical Ry en el punto de anclaje. Al existir posibilidad de giro, no se producirá reacción en forma de momento flector. Se aplican las ecuaciones de equilibrio para obtener las reacciones: ΣFy = 0   ΣM = 0

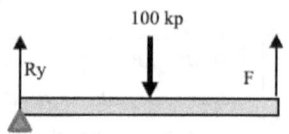

$$\Sigma F_y = 0 \rightarrow Ry + F = 100 \; kp$$

Se aplica equilibrio de momentos para obtener el momento. Se toma el punto O, donde el momento debe ser nulo:

$$\Sigma M_O = 0 \rightarrow F \cdot 120 - 100 \cdot 40 = 0$$
$$F = 33.3 kp = 327 \; N$$

Sustituyendo el valor de la fuerza en la primera ecuación, se obtiene Ry=66.6 kp

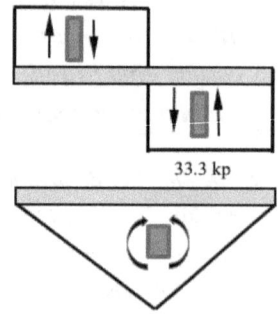

Al dibujar los diagramas de cortantes y de momentos, se observa claramente que el punto crítico está en el punto de aplicación de la carga, con un valor del momento de:

$$M = 327 \cdot 80 = 26160 \; N \cdot cm = 261.6 \; N \cdot m$$

118. Reacciones y apoyo en eje con volantes.

Un eje se encuentra apoyado en dos rodamientos, uno en cada extremo. Lleva montadas dos poleas, que le provocan dos cargas verticales, según el esquema de la figura. Obtener las reacciones en los apoyos de los rodamientos, y los diagramas de cortantes y flectores del eje. Medidas en mm.

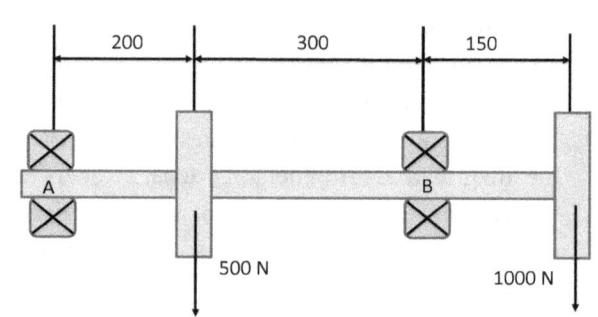

Solución. Ver desarrollo.

Se realiza un diagrama de sólido libre sobre el que se suponen las reacciones en los apoyos, Ra y Rb, y se establece equilibrio:

$$\Sigma F_y = 0 \rightarrow R_A + R_B = 500 + 1000 = 1500$$
$$\Sigma M_A = 0 \rightarrow 500 \cdot 0.2 + 1000 \cdot 0.65 = R_B \cdot 0.5$$
$$\rightarrow R_B = 1500 \; N$$

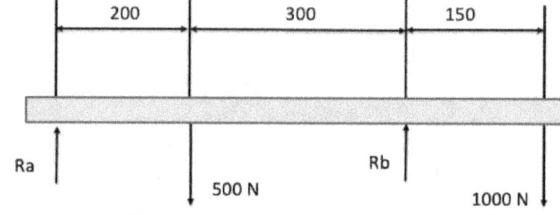

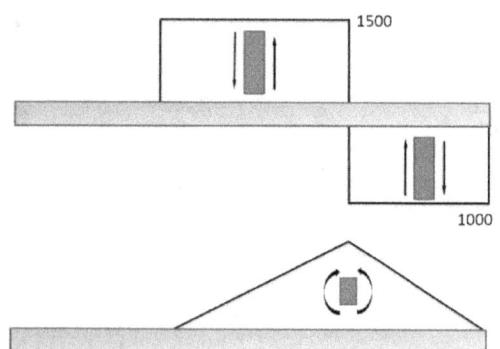

Sustituyendo en la primera ecuación, $R_A = 0 \; N$, lo cual quiere decir que el apoyo A no tiene reacción. Las cargas quedan equilibradas con la reacción que se produce en B. Eso no quiere decir que este apoyo sea prescindible, puesto que se si se produce cualquier desequilibrio, por mínimo que sea, entonces sí aparecería reacción en A, y será necesaria para compensar dicho desequilibrio.

Se plantean los cortantes, donde al no tener reacción en A, entre ese punto y la primera carga no existirá cortante. Posteriormente se producirán dos tramos cortantes constantes.
Los momentos serán lineales, con cambio de inclinación en los puntos de aplicación de la carga. Además, habrá un tramo de momento nulo, debido a que no hay cortante y la barra está equilibrada.
El lugar donde se produce el momento máximo será en el apoyo B, donde se da el cambio de dirección.
$$\Sigma M_{B\,dcha} = 1000 \cdot 0.15 = 150\,N \cdot m$$

119.   Reacciones y diagramas carga puntual

Dada la configuración de la figura, determinar las reacciones resultantes y obtener diagramas de flectores y cortantes, indicando el valor del momento máximo.

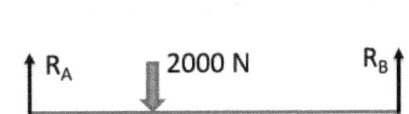

Solución   1333 N, 666 N y 1333 N·m
Se plantea el diagrama de sólido libre, en el que se suponen dos reacciones en los apoyos, R$_A$ y R$_B$. Se aplican las ecuaciones de equilibrio para obtener las reacciones:

$$\Sigma Fx = 0 \quad \Sigma Fy = 0 \quad \Sigma M = 0$$

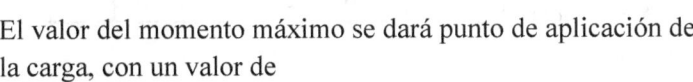

Dado que no hay fuerzas en horizontal, no es necesario aplicar $\Sigma Fx = 0$. Se aplica a las fuerzas verticales:
$$\Sigma F_y = 0 \rightarrow 2000 = R_A + R_B$$
Se aplica equilibrio de momentos. Se elige un extremo de la barra, puesto que, al no estar empotrada, deberá ser nulo. Se toma el extremo A como referencia.
$$\Sigma M_A = 0 \rightarrow 2000 \cdot 1 + R_B \cdot 3 \rightarrow R_B = 666.66\,N$$

Sustituyendo el valor de R$_B$ en la primera ecuación, se obtiene R$_A$ = 1333.33 N
A partir de aquí, conocido el valor de las reacciones, se puede establecer el diagrama de cortante y el de flectores.
Al ser el diagrama de cortantes constante en algunos de sus tramos, allí el momento será lineal. Cuando el cortante cambie de signo, el momento cambiará de signo la pendiente. En los extremos, al no haber empotramiento, el momento deberá ser nulo.

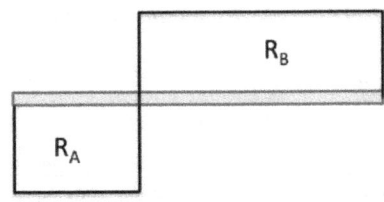

El valor del momento máximo se dará punto de aplicación de la carga, con un valor de
$$M = R_B \cdot 2 = 1333.33\,N \cdot m.$$

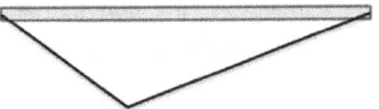

120. Reacciones y diagramas carga puntual

> Dada la configuración de la figura, determinar las reacciones resultantes y obtener los diagramas de flectores y cortantes, indicando el valor del momento máximo.

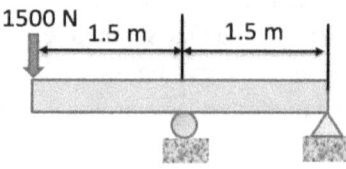

Solución. *M max 2250 N·m*

Se plantea el diagrama de sólido libre, en el que se suponen dos reacciones en los apoyos, R_A y R_B. Se aplican las ecuaciones de equilibrio para obtener las reacciones:
ΣFy = 0   ΣM = 0

$$\Sigma F_y = 0 \to 1500 = R_A + R_B$$

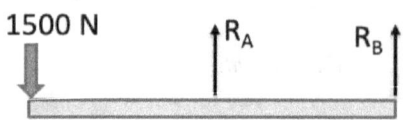

Se aplica equilibrio de momentos. Se elige un extremo de la barra, puesto que al no estar empotrada, deberá ser nulo. Se toma el extremo B como referencia.

$$\Sigma M_B = 0 \to 1500 \cdot 3 = R_A \cdot 1{,}5 \to R_A = 3000\ N$$

Sustituyendo en la primera ecuación, se obtiene R_B = -1500 N. El signo negativo obtenido, significa que realmente la fuerza va en sentido inverso al supuesto.

A partir de aquí, conocido el valor de las reacciones, se puede establecer el diagrama de cortante y el de flectores.

Al ser el diagrama de cortantes constante en algunos de sus tramos, allí el momento será lineal. Cuando el cortante cambie de signo, el momento cambiará de signo la pendiente. En los extremos, al no haber empotramiento, el momento deberá ser nulo.

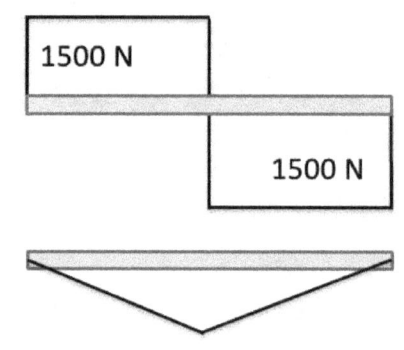

El valor del momento máximo se dará punto A, donde hay un cambio en el cortante, con un valor:

$$M = 1500 \cdot 1{,}5 = 2250\ N \cdot m$$

121. Reacciones y diagramas cargas puntuales

> Dada la configuración de la figura, determinar las reacciones resultantes y obtener diagrama de flectores y cortantes.

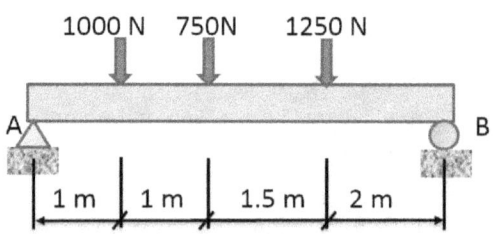

Solución. *1750 N; 1250 N; 2500 N·m*

Se plantea el diagrama de sólido libre, en el que se suponen dos reacciones en los apoyos, R_A y R_B. Se aplican las ecuaciones de equilibrio para obtener las reacciones: ΣFy = 0 ΣM = 0

$$\Sigma F_y = 0 \to 1000 + 750 + 1250 = R_A + R_B$$

Se aplica equilibrio de momentos. Se elige un extremo de la barra, puesto que, al no estar empotrada, deberá ser nulo.
Se toma el extremo A como referencia.

$\Sigma M_A = 0 \rightarrow 1000 \cdot 1 + 750 \cdot 2 + 1250 \cdot 3.5 = R_B \cdot (2 + 1 + 1 + 1.5) \rightarrow R_B = 1250\ N$

Sustituyendo el valor de R_B en la primera ecuación, se obtiene R_A = 1750 N.

Conocido el valor de las reacciones, se establece el diagrama de cortante y el de flectores.

Al ser el diagrama de cortantes constante en algunos de sus tramos, allí el momento será lineal. Cuando el cortante cambie de valor, el momento cambiará de pendiente. En los extremos, al no haber empotramiento, el momento deberá ser nulo.

El valor del momento máximo se dará entre el punto de aplicación de la carga de 1250 N y la de 750, con un valor de

$$\Sigma M = 1250 \cdot 2 = 2500\ N \cdot m$$

122. *Reacciones y diagramas carga puntual*

> *Para el diagrama de la figura, obtener las reacciones en los apoyos, así como los diagramas de cortante y flector. Determinar la sección crítica de momentos, junto con su valor correspondiente en esa sección.*

Solución 430 lb; 650 lb, 4300 lb·inch

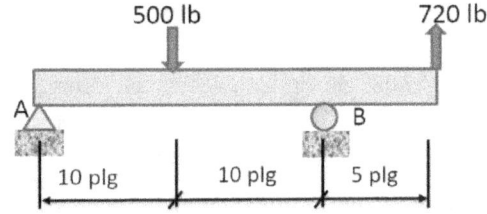

Se plantea el diagrama de sólido libre, en el que se suponen dos reacciones en los apoyos, R_A y R_B. En esta ocasión, se supondrá que R_B es hacia abajo. Se aplican las ecuaciones de equilibrio para obtener las reacciones: $\Sigma F_y = 0 \quad \Sigma M = 0$

$$\Sigma F_y = 0 \rightarrow R_A + 720 = R_B + 500 \rightarrow R_A = 500 + R_B - 720$$

Se aplica equilibrio de momentos. Se elige un extremo de la barra, puesto que, al no estar empotrada, deberá ser nulo.

Se toma el extremo A como referencia.

$\Sigma M_A = 0 \rightarrow 500 \cdot 10 + R_B \cdot 20 = 720 \cdot 25 \rightarrow R_B = 650\ lb$

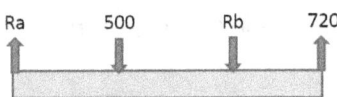

Dado que el signo de R_B es positivo, esto indica que el sentido supuesto de la fuerza es correcto. Sustituyendo el valor de R_B en la primera ecuación, se obtiene $R_A = 430$ lb.

Conocido el valor de las reacciones, se establece el diagrama de cortante y el de flectores.

Al ser el diagrama de cortantes constante en algunos de sus tramos, allí el momento será lineal. Cuando el cortante cambie de valor, el momento cambiará de pendiente. En los extremos, al no haber empotramiento, el momento deberá ser nulo.

El valor del momento máximo será:
$$M = 430 \cdot 10 = 4300 \, lb \cdot in$$

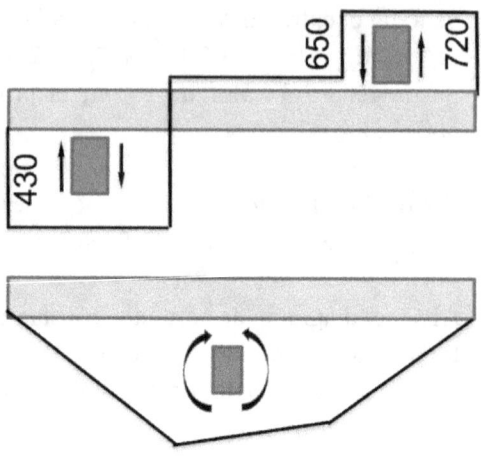

123. Cargas en voladizo

Dada la configuración de la figura, determinar las reacciones resultantes y obtener diagramas de flectores y cortantes.

Solución 1800 N; 1020 N·m

Se plantea el diagrama de sólido libre, en el que se suponen dos reacciones en los apoyos, R_A y M_A. Una de las reacciones será un momento flector, puesto que la barra está empotrada. Se aplican las ecuaciones de equilibrio para obtener las reacciones: ΣFy = 0   ΣM = 0

$\Sigma F_y = 0 \rightarrow R_A = 600 + 1200 = 1800 \, N$

Se aplica equilibrio de momentos para obtener el momento en el empotramiento. Este momento, M_A, debe equilibrar el resto de momentos que aparecen en la barra.

$M_A = 600 \cdot 0.3 + 1200 \cdot 0.7 = 180 + 840 = 1020 \, N \cdot m$

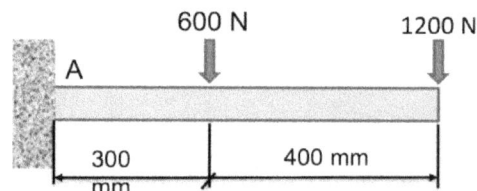

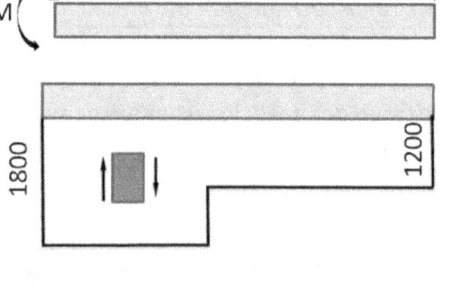

Al dibujar los diagramas de cortantes y de momentos, se observa claramente que el punto crítico está en el empotramiento, donde coinciden en ser máximos tanto el cortante (1800 N), como el flector (1020 N·m)

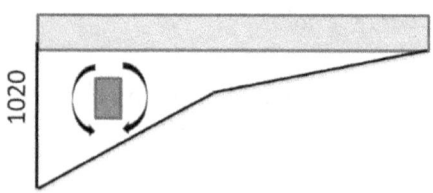

124. Cargas en voladizo

Dada la configuración de la figura, determinar las reacciones resultantes y obtener diagramas de flectores y cortantes.

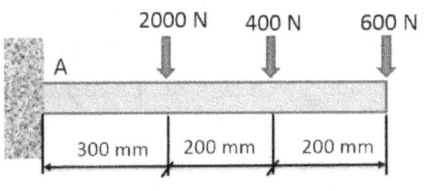

Solución 3000 N; 1220 N·m

Se plantea el diagrama de sólido libre, en el que se suponen dos reacciones en los apoyos, R_A y M_A. Una de las reacciones será un momento flector, puesto que la barra está empotrada. Se aplican las ecuaciones de equilibrio para obtener las reacciones: $\Sigma Fy = 0 \quad \Sigma M = 0$

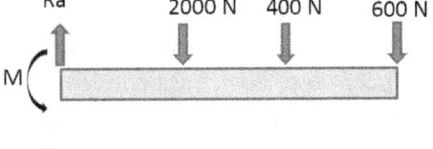

$$\Sigma F_y = 0 \rightarrow R_A = 2000 + 400 + 600 = 3000\ N$$

Se aplica equilibrio de momentos para obtener el momento en el empotramiento. Este momento, M_A, debe equilibrar el resto de momentos que aparecen en la barra.

$$M_A = 2000 \cdot 0.3 + 400 \cdot 0.5 + 600 \cdot 0.7 = 600 + 200 + 420 = 1220\ N \cdot m$$

Al dibujar los diagramas de cortantes y de momentos, se observa claramente que el punto crítico está en el empotramiento, donde coinciden en ser máximos tanto el cortante (3000 N), como el flector (1220 N·m)

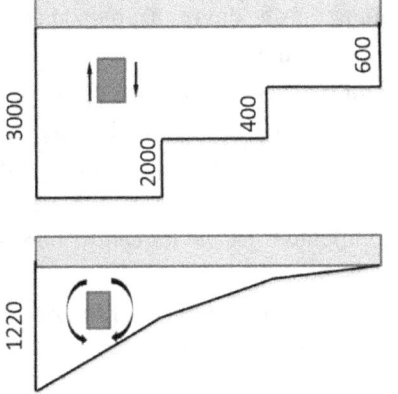

125. Reacciones en elemento empotrado.

Calcular las reacciones en los apoyos de la estructura mostrada en la figura y los diagramas de cortantes y flectores.

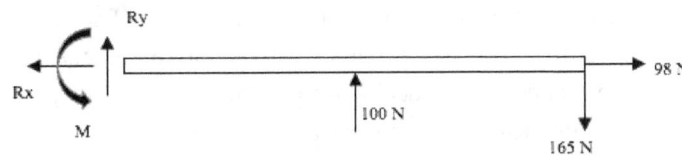

Solución 98 N, 65 N, 345 N·m

Se plantea un diagrama de solido libre, donde se sitúan las fuerzas, así como unas reacciones genéricas del empotramiento Rx, Ry, M. En el diagrama se coloca la fuerza expresada en kg en Newton para que haya concordancia en las unidades.

Se plantean las ecuaciones de equilibrio
$\Sigma Fx = 0;\ \Sigma Fy = 0$ y $\Sigma M = 0$

Para el eje X: Rx = 98 N
Para el Eje Y: Ry + 100 = 165, de donde se obtiene Ry = 65 N
Para el equilibrio de momentos, el momento en el empotramiento debe compensar los momentos que se producen en la barra. La fuerza horizontal no ejerce momento de giro.

$$M = 165 \cdot (1.5 + 1.5) - 100 \cdot 1.5 = 345 \, N \cdot m$$

Teniendo los valores de las reacciones, se puede plantear ya los diagramas de cortantes y de flectores.

Para el diagrama de cortantes, empezando desde el extremo libre de la barra, se observa una fuerza cortante de 165 N, que al llegar al centro se compensa con los 100 N en sentido contrario, lo cual hace disminuir el cortante. Este cortante se transmite hasta el empotramiento, con el valor ya obtenido de 65 N. Por lo tanto, el punto más desfavorable para el cortante se sitúa en el extremo libre con un valor de 165 N.

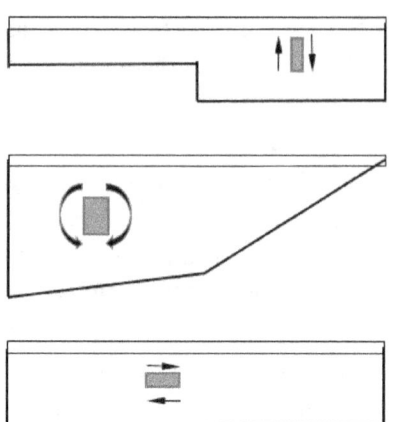

Para el diagrama de momentos, se sabe que en el extremo libre el momento es nulo, y en el empotramiento es máximo con un valor de 345 N·m. Al tener un cortante constante, los momentos seguirán una distribución lineal, donde habrá una disminución de la pendiente a partir del centro porque la fuerza central ejerce un momento contrario al de la fuerza del extremo.

Con respecto a la fuerza horizontal, esta provoca un cortante como el representado, constante a lo largo de la barra, de valor 98 N.

126.   Elemento biapoyado

> Para el esquema mostrado, obtener las reacciones en los apoyos y dibujar los diagramas de cortantes y flectores

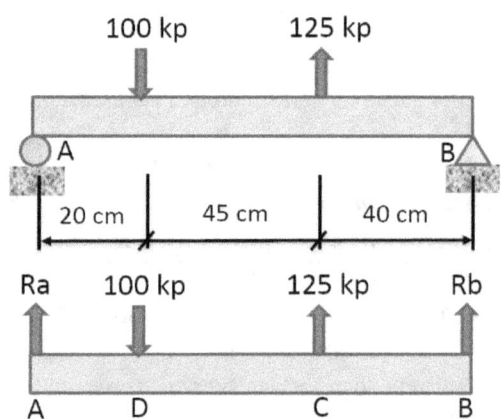

Solución

Se colocan unas reacciones supuestas en los apoyos, y con el diagrama de sólido libre, se plantean ecuaciones de equilibrio:

Para el apoyo B, en horizontal, se plantearía ΣFx = 0, pero puesto que no hay ninguna fuerza horizontal que actúe sobre la barra, la reacción horizontal en B será nula.

Para las reacciones en vertical: ΣFy = 0

$$R_A + R_B + 125 = 100$$

Se necesita otra ecuación para poder obtener las reacciones. Se plantea la suma de momentos respecto de un apoyo, que será: $\Sigma M_A = 0$.

$100 \cdot 0.2 = 125 \cdot 0.5 + R_B \cdot 1.05 \rightarrow R_B = -58.33 \ kp$

Sustituyendo en la ecuación de $\Sigma Fy = 0$, se obtiene $R_A = 33.33 \ kp$

Se obtiene el punto más desfavorable en el diagrama de momentos. Para eso, se calcula el valor de dicho momento tanto en el punto "C" como en el "D", para establecer cual es peor de los dos.

Para el punto "C", calculando por la derecha

$M_B = R_B \cdot 0.4 = 58.33 \cdot 0.4 = 23.332 \ kp \cdot m$

Para el punto "D", calculando desde la izquierda:

$M_C = R_A \cdot 0.2 = 33.33 \cdot 0.2 = 6.66 \ kp \cdot m$

Claramente, el momento más desfavorable se sitúa en el punto "C" con un valor de 23.332 kp·m

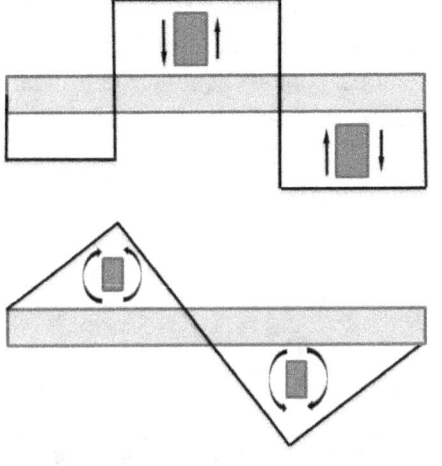

127. Reacciones en viga apoyada

Para el esquema mostrado, obtener las reacciones en los apoyos y dibujar los diagramas de cortantes y flectores

Solución.

Se realiza un diagrama de sólido libre, en el que se sitúan las reacciones, y se plantean las ecuaciones de equilibrio.

Para las reacciones en vertical: $\Sigma Fy = 0$

$R_A + R_B = 1000 + 1500$

Se necesita otra ecuación para poder obtener las reacciones. Se plantea la suma de momentos respecto de un apoyo. Se toma el extremo izquierdo, por lo que $\Sigma M_A = 0$.

$1000 \cdot 1 + 1500 \cdot 3 = R_B \cdot 5 \rightarrow R_B = 1100 \ kp$

Sustituyendo en la ecuación de $\Sigma Fy = 0$, se obtiene $R_A = 1400 \ kp$, con lo que se puede realizar el diagrama de cortantes.

Obtenido el diagrama de cortantes, se sabe que el de momentos debe ser nulo en los extremos, al no haber empotramiento. También se sabe que en el punto "C" hay un cambio de sentido.

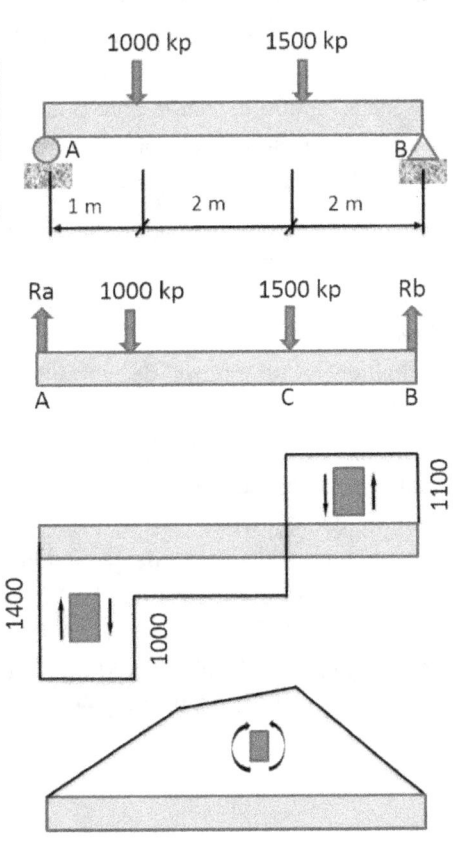

Con esta información se determina la forma del diagrama de momentos, y se dimensiona el punto más desfavorable, que es el "C".

Para el punto "C", se puede realizar el cálculo desde la derecha y desde la izquierda.
Desde la izquierda:
$$M_C = 1400 \cdot (1 + 2) - 1000 \cdot 2 = 2200 \; kp \cdot m$$
Se comprueba desde la derecha:
$$M_C = 1100 \cdot 2 = 2200 \; kp \cdot m$$

128.   Combinación de cargas

Para el esquema mostrado, obtener las reacciones en los apoyos y dibujar los diagramas de cortantes y flectores

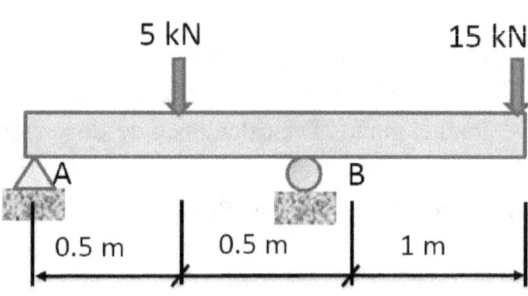

Solución

Se realiza un diagrama de sólido libre, en el que se sitúan las reacciones, y se plantean las ecuaciones de equilibrio.

Para las reacciones en vertical: $\Sigma Fy = 0$
$$R_A + R_B = 5000 + 15\,000$$

Se necesita otra ecuación para poder obtener las reacciones. Se plantea la suma de momentos respecto de un apoyo, que será: $\Sigma M_A = 0$.

$5000 \cdot 0.5 - R_B \cdot 1 + 15\,000 \cdot 2 = 0 \rightarrow R_B = 32\,500 \; N$

Sustituyendo en la ecuación de $\Sigma Fy = 0$, se obtiene $R_A = -12\,500 \; N$, lo que indica que la fuerza tiene el sentido inverso al supuesto.

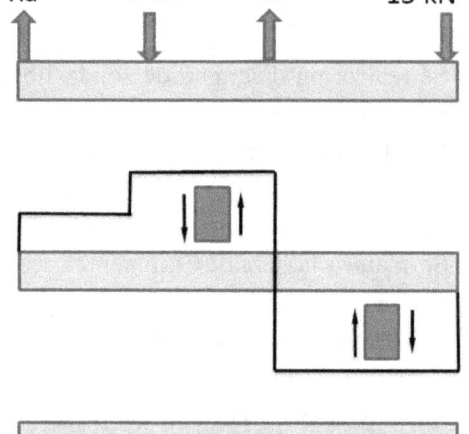

Obtenido el diagrama de cortantes, se sabe que el de momentos debe ser nulo en los extremos, al no haber empotramiento. También se sabe que en el punto "B" hay un cambio de sentido, y en el punto de aplicación de los 5kN un cambio de pendiente.

Con esta información se determina la forma del diagrama de momentos, y se dimensiona el punto más desfavorable, que es el "B".

Para el punto "B", calculado desde la derecha:
$$M_B = 15\,000 \cdot 1 = 15\,000 \; N \cdot m$$

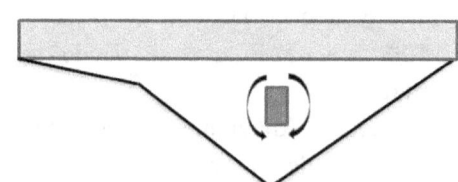

Capítulo 4
Elementos sometidos a esfuerzo directo.

Contenido	Pág.
4.1 Tracción y compresión	98
4.2 Cortante	114
4.3 Apoyo de elementos.	116
4.4 Concentración de esfuerzos	120
4.5 Problemas mixtos	123
4.6 Formulario y tablas	132

En este capítulo se aborda el comportamiento de los materiales incluyendo circunstancias que acercan los modelos de cálculo a la realidad bajo cargas directas, que pueden provocar esfuerzos de tracción, compresión o cortante. Así, en función del tipo de cargas, el tipo de material, y las geometrías, se aplican distintos coeficientes de seguridad, criterios de limitación de cargas, o factores de corrección a las ecuaciones. En todos los casos, se trata de establecer márgenes de seguridad que permita juzgar si un material y una geometría es apta para soportar las cargas establecidas.

Al final del capítulo se recogen tablas de características específicamente tratadas en este capítulo, y a lo largo de la introducción teórica, las distintas tablas con coeficientes de seguridad.

4 Elementos sometidos a esfuerzos directos.

De forma elemental, para un material sometido a un esfuerzo directo, se utiliza en función del tipo de carga directa, el siguiente modelo de cálculo:

$$\sigma = \frac{F}{A} \ (tracción - compresión) \ ó \quad \tau = \frac{F}{A} \ (cortante).$$

Sin embargo, estos modelos de cálculo representan situaciones ideales, en las cuales, las cargas están perfectamente repartidas sobre la superficie, el material es totalmente homogéneo y tiene las mismas propiedades en cualquier punto, entre otras circunstancias, lo cual no siempre se cumple.

Por otra parte, muchas veces se establece límites para el esfuerzo, basados en el límite elástico o el esfuerzo máximo del material, cuyos valores se obtienen a partir de tablas de referencia. Sin embargo, el propio método de obtención y la geometría de las probetas de material utilizadas para obtener esos valores, hacen que no sean constantes, por lo que aparece una incertidumbre en la exactitud de esos valores de referencia en tablas.

Por tanto, es necesario establecer un valor del esfuerzo, denominado "de diseño", que representa un valor que puede desarrollar un material de forma segura. Para ello, se utiliza un coeficiente de seguridad "N", que se utiliza para corregir el valor de referencia del esfuerzo que se puede admitir en el material.

El factor de seguridad N debe recoger aspectos tales como:
- Criterio de referencia de resistencia de un material, según si se toma como referencia el límite elástico o la resistencia última del material.
- Tipo de material, es dúctil o frágil.
- El tipo de carga, identificándose cargas estáticas, a fatiga y de impacto.
- Reparto uniforme del esfuerzo, puesto que puede haber hay agujeros, o elementos concentradores de esfuerzo.
- Normativas, como puede ser los reglamentos de construcción, para elementos estructurales.

De esta forma, el esfuerzo de trabajo (que representa la situación instantánea que está soportando el material de una pieza) deberá ser siempre menor que el de diseño, para respetar el coeficiente de seguridad establecido. Por tanto, se aplica:

$$\sigma_{trabajo} \leq \sigma_{diseño}$$

Partiendo de esta premisa, las situaciones habituales son:
- Conocida la fuerza y el área, se obtiene $\sigma_{trabajo}$ y se debe buscar un material que cumpla con el criterio de tener una $\sigma_{diseño}$ mayor.
- Conocido el material y el área, se obtener cual es la fuerza máxima que se puede soportar dentro de los criterios establecidos de seguridad.
- Conocido el material y la fuerza, se determina el área mínima necesaria para cumplir el criterio.

Elementos sometidos a esfuerzos directos.

Esfuerzos normales directos

Para cargas perpendiculares a la superficie, que provocan tracción / compresión, cuando no se tiene una referencia de obligado cumplimiento para el factor de seguridad, se puede aplicar la siguiente tabla.

Tabla 4.1 Criterios para esfuerzos de diseño, en esfuerzos normales directos

Tipo de carga	Material dúctil	Material frágil
Estática	Sy/2	Su/6
Repetida (fatiga)	Su/8	Su/10
Impacto	Su/12	Su/15

Su= tensión máxima, Sy= límite elástico

Según el tipo de material, dúctil ó frágil, y el tipo de carga, se establece cómo ha de calcularse el esfuerzo de diseño. En todos los casos, se aplica:

$$\sigma_{diseño} = \frac{\sigma_y}{N} \text{ ó } \frac{\sigma_u}{N}$$

En los casos concretos de que se utilice acero de tipo estructural con una carga estática, se recomienda aplicar el criterio establecido por el AISC:

$$\sigma_{diseño} = Min\{0.6 \cdot \sigma_y \; ; 0.5 \cdot \sigma_u\}$$

De esta forma, se obtienen ambos valores, y se toma el menor de los dos como esfuerzo de diseño.

Para los casos en que el material sea aluminio, en tal caso, se aplica análogamente:

$$\sigma_{diseño} = Min\{\sigma_y/1.65 \; ; \sigma_u/1.95\}$$

Esfuerzos cortantes

Para cargas que provocan cortante, cuando no se tiene una referencia de obligado cumplimiento para el factor de seguridad, se puede aplicar la siguiente tabla.

Tabla 4.2 Criterios para esfuerzos de diseño, en esfuerzos cortantes

Tipo de carga	Factor de seguridad	Esfuerzo de diseño Sy/2N
Estática	N=2	Sy/4
Repetida (fatiga)	N=4	Sy/8
Impacto / choque	N=6	Sy/12

Si se conoce el límite elástico a cortante, Sys, se puede aplicar directamente el criterio de tomar como referencia ese esfuerzo, y aplicar el factor de seguridad N, según el tipo de carga. Sin embargo, no es habitual conocer Sys, por lo que se suele utilizar como estimación que Sys = 0.5 Sy. En ese caso, se obtiene la columna de "esfuezo de diseño Sy/2N", que se aplica de forma equivalente.

Esfuerzos de apoyo

En los elementos que la carga es de tipo estático, y trabajan a compresión, como apoyos, se aplican otros criterios para introducir los coeficientes de seguridad.

Si se trata de apoyos en acero, para cargas puntuales, según el AISC, se puede aplicar:

$$\sigma_{bd} = 0.90 \cdot S_y \quad \text{donde}$$

σ_{bd} es el valor del esfuerzo máximo permisible para la situación de apoyo.

Concentradores de esfuerzos

Una de las principales hipótesis al aplicar esfuerzos directos es que el esfuerzo se reparte de forma uniforme sobre toda la sección. Cuando hay elementos geométricos que alteran la sección, la experiencia demuestra que en determinadas partes de la sección el esfuerzo que ha de soportar el material es mayor que el esfuerzo promedio calculado como F/A. Estos elementos actúan como concentradores de esfuerzos, haciendo que el material en esa zona esté sobrecargado, y por tanto, son los lugares con mayor solicitación mecánica.

Los elementos habituales son cambios de sección bruscos (poco redondeo), taladros – agujeros, grietas y chaveteros. La influencia de estos concentradores es distinta en función de
- La geometría, variando si se trata de redondos (ejes), o chapas planas de pequeño espesor.
- El tipo de carga: torsión, flexión, tracción/compresión
- El tamaño, a partir de diversas relaciones geométricas en función de la configuración concreta que se de en el elemento a calcular.

La forma de aplicar el efecto del concentrador de esfuerzos es a través de un coeficiente Kt, que mayora la fuerza, para establecer el esfuerzo de trabajo en esa zona más solicitada del material.

Por lo tanto, se aplica:

$$\sigma_{trabajo} = \frac{Kt \cdot F}{A}$$

Para conocer el valor de Kt, y eventualmente el área a considerar, se deben aplicar las tablas existentes en el formulario final del capítulo. Normalmente el área se corresponde con la zona más pequeña, pero en algunos casos, como en los elementos con taladros, la propia fórmula de la tabla ya tiene en cuenta el tamaño del taladro respecto de la cota general, por lo que se recomienda aplicar fielmente la fórmula existente en cada una de las gráficas.

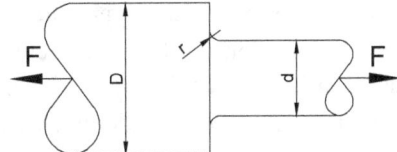

Figura 1 Ejemplo de geometría con un concentrador de esfuerzos en el cambio de sección brusco, para esfuerzos de tracción.

Finalmente, obtenido el esfuerzo de trabajo para la zona del concentrador, se aplica el criterio general de $\sigma_{trabajo} \leq \sigma_{diseño}$

Elementos sometidos a esfuerzos directos.

4.1 Tracción y compresión.

129. Altura de tabique

> *El material cerámico de un ladrillo cara vista, teóricamente, puede soportar un esfuerzo de 240 kgf/cm². Si se quiere trabajar con un coeficiente de seguridad de 2, y la densidad de los ladrillos es de 1200 kg/m³, determinar la altura máxima de un tabique que soporte su propio peso.*

Solución. 1000 metros.

Se determina la tensión de diseño

$$\sigma_d = \frac{\sigma_{adm}}{N} = \frac{240}{2} = 120 \; \frac{kgf}{cm^2}$$

La fuerza es el peso de la propia pared: F = m·g = ρ·área·altura·g = ρ·A·h·g. Como se va a trabajar en unidades de kgf, la fuerza quedará expresada como F=ρ·A·h

Se aplica σ = F/A

$$120 \frac{kgf}{cm^2} = \frac{A \cdot \rho \cdot h}{A} = 0.012 \cdot h$$

Usando la equivalencia para la densidad de 1200 kg/m³ = 1.2 kg/dm³ = 0.0012 kg/cm³
Se obtiene un valor para la altura de h = 100 000 cm, por lo que la altura máxima será de 1000 metros.

130. Tornillo de unión

> *Dos chapas se encuentran unidas mediante tornillos M20x50 DIN 931-8.8, que han sido apretados de forma que trabajan con 40 000 N a tracción. Indicar el significado del valor 8.8 en la nomenclatura, determinar la tensión a la que está sometida la sección del núcleo del tornillo y el coeficiente de seguridad existente.*

Solución N=4.9

El primer número en la nomenclatura de calidad del tornillo, representa la resistencia del tornillo a rotura. El valor se obtiene multiplicando por 100 en unidades de N/mm². El segundo número indica el porcentaje del valor anterior que se corresponde con el límite elástico. Así, un 8 como segundo número representa un 80 %, y sucesivamente.

Por lo tanto, un tornillo 8.8 se caracterizará por una tensión de rotura de 800 N/mm² (800 MPa), y un valor de límite elástico de 0.8 · 800 = 640 N/mm² ó 640 MPa.

Consultando tablas, el área del núcleo de un tornillo de métrica 20 en rosca gruesa es de 245 mm². Se toma rosca gruesa puesto que el área es menor que la de rosca fina, por lo que representa la situación más desfavorable.

La tensión de trabajo en el núcleo del tornillo será:

$$\sigma_{trab} = \frac{F}{A} = \frac{40000}{245} = 163.26 \; MPa$$

El coeficiente de seguridad será, respecto del límite elástico (sería el punto que considerar como límite de trabajo en condiciones normales)

$$N = \frac{\sigma_{adm}}{\sigma_{trab}} = \frac{640}{163.26} = 3.92$$

El coeficiente de seguridad si se obtiene frente a la rotura será de:
$$N = \frac{\sigma_{adm}}{\sigma_{trab}} = \frac{800}{163.26} = 4.90$$

131. Diámetro de cable de acero

Se desea determinar el diámetro mínimo de un cable de acero (Tensión de rotura 800 MPa), para una grúa que ha de levantar 10000 kg. Considerar cargas repetitivas.

Solución   36 mm

Se toma como criterio de diseño: $\sigma_d = \frac{S_u}{8}$, por lo tanto $\sigma_d = \frac{800}{8}$

Aplicando $\sigma = F/A$, se sustituye:

$$\frac{800}{8} = \frac{98\,100}{A} \rightarrow A = 981\ mm^2$$

Se trabaja desde el área para obtener el diámetro:

$$A = \frac{\pi}{4}\emptyset^2 \rightarrow \emptyset = \sqrt{\frac{4 \cdot A}{\pi}} = \sqrt{\frac{4 \cdot 981}{\pi}} = 35.34\ mm$$

Se necesita un cable de diámetro 36 mm, o el inmediatamente superior del que se disponga.

132. Soporte de máquina

Un soporte de una maquina debe poder recibir una carga estática estimada de 16 kN. Se dispone de diversas barras cuadradas en acero AISI 1020 laminado en caliente. Determinar las dimensiones mínimas a respetar en la elección de la barra a utilizar.

Solución. 9.84 mm

Por tablas, se obtienen las propiedades del material: $S_u = 448\ MPa; S_y = 331\ MPa$

Para esfuerzos normales, estáticos, tomamos un factor de diseño por seguridad de 2, al ser un material dúctil, respecto del límite elástico S_y

$$\sigma_d = \frac{16\,000}{Area} \rightarrow \frac{331}{2} = \frac{16\,000}{Area}$$

Se obtiene un área de 96.68 mm², que al ser una sección cuadrada se corresponde con un lado de 9.84 mm. Se puede elegir la barra inmediatamente superior de que se disponga.

Elementos sometidos a esfuerzos directos.

133. Barra a tracción

> Se utiliza una barra de acero F1140 estirado en frio, con σ_{adm} = 3900 kg/cm², E = 207 GPa para soportar una carga de 6000 kp a tracción. Se desea conocer la tensión de trabajo, el coeficiente de seguridad con el que se está trabajando, y el alargamiento de la barra. Datos: 200 mm de longitud, diámetro 30 mm.

Solución. N = 4.59

Se aplica la expresión de la tensión, trabajando en esta ocasión en kp:

$$\sigma_{trab} = \frac{6000}{\frac{\pi}{4} \cdot 30^2} \frac{kp}{mm^2} = 8.488 \frac{kp}{mm^2}$$

La tensión admisible, según el enunciado es de σ_{adm} = 3900 kg/cm² = 39 kp/mm².

Se obtiene el coeficiente de seguridad como la relación entre la tensión de trabajo y la admisible.

$$N = \frac{\sigma_{adm}}{\sigma_{trab}} = \frac{39}{8.4883} = 4.59$$

El alargamiento se calcula como

$$\sigma = E \cdot \varepsilon = E \cdot \left(\frac{\Delta l}{L_0}\right) \to 8.488 \cdot 9.81 \, MPa = 207\,000 \, MPa \cdot \left(\frac{\Delta l}{200}\right)$$

Se obtiene un incremento de longitud de 0.08045 mm, por lo que la barra apenas se deforma.

134. Elemento con cargas cíclicas

> Un elemento de una máquina empacadora se somete a una carga de tensión de 36.6 kN que se repetirá varios miles de veces durante la vida de la máquina. La sección transversal del elemento es de 12 mm de espesor y 20 mm de ancho. Especificar un material adecuado para hacer el elemento.

Solución AISI 1080 OQT700 y otras opciones.

Se tiene una tensión de 36.6 KN con ciclos (fatiga), en un área de: Área = 12·20mm = 240 mm².

Para elementos con fatiga, se aplica $\sigma_d = S_u/8$ (dúctil) ó $\sigma_d = S_u/10$ (frágil)

$$\sigma = \frac{F}{A} \to \sigma = \frac{36\,600}{240} = 152.5 \, MPa$$

Se busca un material dúctil con $\sigma_u = 8 \cdot 152 = 1220 \, MPa$ ó un material frágil con $\sigma_u = 1525 \, MPa$. En tablas, un AISI 1080 OQT700 tiene $\sigma_u = 1303 \, MPa$, que ya sería una opción válida, y un AISI 1080 OQT900 tiene $\sigma_u = 1234 \, MPa$ y ambos son materiales dúctiles.

Otros materiales también validos son:
AISI 1141 OQT700 ($\sigma_u = 1331 \, MPa$).
AISI 4140 OQT 700 / 900 (cualquiera de los dos).
AISI 5160 OQT 700 / 900 (cualquiera de los dos).

135.   *Calzo soporte de máquina*

Se utilizan piezas con la geometría de la figura como soporte para una máquina pesada. La pieza está fabricada en hierro colado gris, grado 20. Determinar la carga permisible para cada soporte, si la carga es el propio peso de la máquina (carga estática). Medidas en pulgadas.
Solución   **138 746 lb**

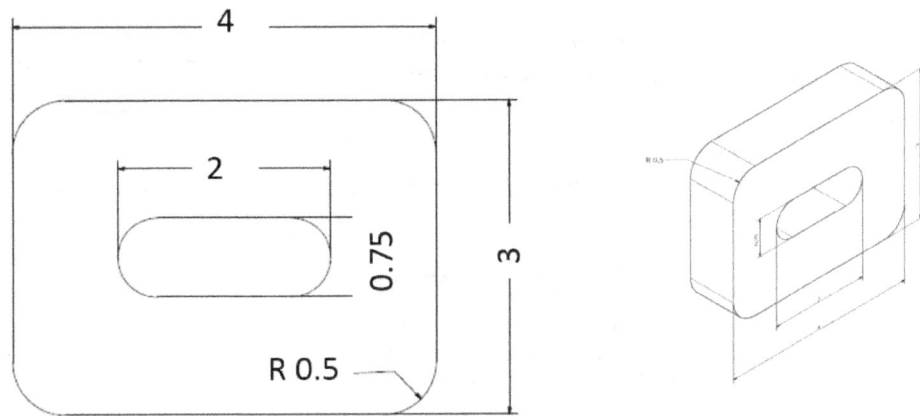

Se obtiene en primer lugar el área de la figura. Se descompone como un rectángulo exterior, al que hay que quitarle la ranura interior, y el sobrante de las cuatro esquinas redondeadas. La ranura interior es, a su vez, un rectángulo más dos semicírculos de diámetro 0.75. El sobrante de cada esquina se obtiene como un cuadrado de 15x15, menos ¼ de círculo de diámetro 1.

$$\text{Área} = 4 \cdot 3 - 1.25 \cdot 0.75 - \frac{\pi}{4} \cdot 0.75^2 - \left(4 \cdot 0.5^2 - \frac{\pi}{4} \cdot 1^2\right) = 10.406 \ in^2$$

Para el material, por tablas, solo se dispone como dato de la tensión de rotura a compresión de S_{uc}=80 ksi

Al tratarse de fundición, se considera frágil, y la carga es de tipo estático, por lo que se toma como hipótesis de cálculo:

$$\frac{\sigma}{N} = \frac{S_u}{6} = \frac{F}{A}$$

Sustituyendo:

$$\frac{80}{6} = \frac{F}{10.406} \rightarrow F = 138.746 \ klb = 138 \ 746 \ lb$$

136. Elemento a tracción con cambio de sección.

> Una pieza con la geometría de la figura está hecha de un acero de alta resistencia, templado y revenido, con límite elástico de 62 kN/cm². Se somete a una fuerza axial estática. Calcular el máximo valor admisible de la fuerza F y el alargamiento total que se producirá en esas condiciones. Se considera que el radio de transición entre secciones es suficientemente grande para no producir concentración de esfuerzos. Aplicar un coeficiente de seguridad de 3, y E=207 GPa.
> Cotas en mm.

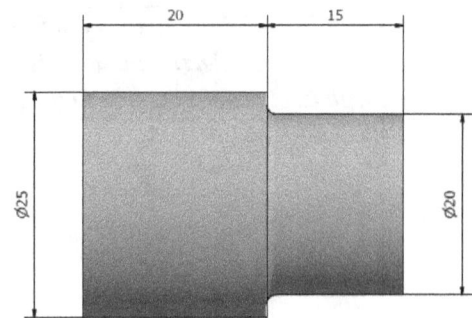

Solución. 64 927 N y 0.1382 mm

La zona crítica, si no se considera concentración de tensiones, será la sección menor. Esta sección tiene un área:

$$A = \frac{\pi}{4}20^2 = 314.16 \; mm^2$$

La tensión de diseño será la máxima que se puede pedir a la sección:

$$\sigma_d = \frac{\sigma_y}{N} = \frac{62\,000}{3} = 20\,667 \frac{N}{cm^2} \cong 206.7 \; MPa$$

En el caso extremo de alcanzar la tensión de diseño, la fuerza sería:

$$\sigma_d = \frac{F}{A} \rightarrow 206.7 = \frac{F}{314.16} \rightarrow F = 64\,927 \; N \; (6500 \; kgf \; aprox)$$

Para la fuerza máxima obtenida, se determina el alargamiento total como la suma de cada tramo, considerando el correspondiente diámetro de cada uno:

$$\sigma = E \cdot \varepsilon = E \cdot \frac{\Delta L}{L_0} = \frac{F}{A} \rightarrow \Delta L = \frac{L_0 \cdot F}{A \cdot E}$$

Se plantea esta expresión para cada uno de los tramos, sumándolos:

$$\Delta L = \frac{L_1 \cdot F}{A_1 \cdot E} + \frac{L_2 \cdot F}{A_2 \cdot E} = \frac{F}{E} \cdot \left(\frac{L_1}{A_1} + \frac{L_2}{A_2}\right)$$

$$\Delta L = \frac{64\,927}{207\,000} \cdot \left(\frac{60}{\frac{\pi}{4} \cdot 25^2} + \frac{100}{\frac{\pi}{4} \cdot 20^2}\right) \cong 0.028 mm$$

137. Cable de la noria de Londres

> Los cables de anclaje que ayudan a soportar la noria de Londres están hechos de barras cilíndricas de acero AISI 1141, con una sección total de 210 mm de diámetro. La fuerza máxima estimada que soporta cada cable es de 3.4 MN. Determinar el factor de seguridad que tienen los cables frente a una deformación plástica.

Solución. N=3.59

Dado que no se especifica el tratamiento del material, al buscar las características del AISI 1141, se toma el caso más desfavorable, que corresponde con el estado del material con menor resistencia. Por lo tanto, por tablas, se toma Sy = 352 MPa.

Se determina la tensión de cada cable, aplicando la conversión de 1MN = 10^6 N

$$\sigma_{trab} = \frac{F}{A} = \frac{3400000}{\frac{\pi}{4} \cdot 210^2} = 98.16 \, MPa$$

Se compara con la tensión máxima que se ha considerado buscando las propiedades del material.

$$N = \frac{\sigma_y}{\sigma_{trab}} = \frac{352}{98.16} = 3.59$$

El coeficiente de seguridad es superior al que se estima para una carga estática (2), por lo que se considera correcto.

138. *Puntales para sostener losa.*

Para soportar el peso del hormigón de una losa de 12x10x0.4 m, se coloca un encofrado plano sobre varios puntales. Éstos son tubos de acero de 52 mm de diámetro exterior y 3 mm de espesor. El esfuerzo máximo permitido en el material de los puntales es de 290 MPa. Si la carga del hormigón se considera estática, calcular el número de puntales necesarios. Dato: densidad del hormigón 2400 kg/m³.

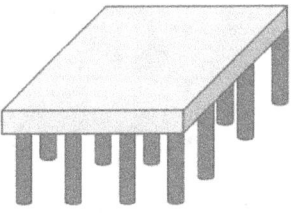

Solución   9 puntales

Se calcula en primer lugar el peso del hormigón que se ha de soportar:

$$Vol = 12 \cdot 10 \cdot 0.4 = 48 \, m^3$$

El peso será: $Peso = 2400 \cdot 48 = 115\,200 \, kp$

Cada puntal tiene un área:

$$A = \frac{\pi}{4}(D^2 - d^2) = \frac{\pi}{4}(52^2 - 46^2) = 461.81 \, mm^2$$

si se toma como tensión de diseño $\sigma_d = 290 \, MPa$, se puede calcular el área total necesaria.

$$290 = \frac{115\,200 \cdot 9.81}{A} \rightarrow A = 3897 \, mm^2$$

A partir del área total, se obtiene el número de puntales necesarios:

$$Puntales = \frac{3897}{461.81} = 8.43 \rightarrow 9 \, puntales$$

Elementos sometidos a esfuerzos directos.

139. Puente grúa

> Un puente grúa de una empresa indica el valor "10Tm" pintado en su estructura, lo cual indica la masa máxima que puede levantar. El tipo de cable que lleva tiene una resistencia Su = 1100 MPa. Si se considera que no hay cargas de impacto, determinar el diámetro requerido del cable si se quiere cambiar tras varios años de uso.

Solución. Diámetro mayor de 30.2 mm

Dado que 1 "Tm" = 1000 kgf, la carga máxima serán 98 100 N. Según el enunciado, S_u= 1100 MPa para el material descrito.

Si no hay cargas de impacto, y se considera por tanto cargas cíclicas, el coeficiente de seguridad que se recomienda es N=8, con la tensión de rotura como referencia. Por lo tanto, la tensión máxima admisible o de diseño es:

$$\sigma_{max} = \frac{\sigma_u}{N} = \frac{1100}{8} = 137.5 \, MPa$$

Se plantea la expresión de la tensión para esas condiciones límite:

$$137.5 = \frac{98\,100}{A} \rightarrow A = 713.45 \, mm^2$$

Para esa sección, el diámetro será:

$$A = \frac{\pi}{4}\emptyset^2 \rightarrow \emptyset = \sqrt{\frac{4 \cdot A}{\pi}} = \sqrt{\frac{4 \cdot 713.45}{\pi}} = 30.2 \, mm$$

Por lo tanto, se necesitará el siguiente cable con mayor diámetro disponible, posiblemente 35 mm.

140. Eje con cambio de sección.

> Una barra de acero AISI 1040 recocido está sometida a tracción. Determinar la sección mínima (diámetro "X") que debe tener para soportar una carga de trabajo de 2500 N con un coeficiente de seguridad de 2.5. No considerar la concentración de esfuerzos en los cambios de sección. Longitud total 120 mm.

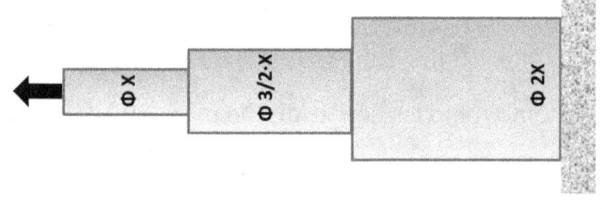

Solución. Diámetro menor, 4 mm.

Se toma como sección de cálculo la de menor diámetro, puesto que será donde se generará un esfuerzo mayor.

Para un material AISI 1040 recocido, Su= 517 MPa.

Si se aplica un coeficiente de seguridad de 2.5:

$$\sigma_d = \frac{\sigma_{adm}}{N} = \frac{517}{2.5} = 206.8 \, MPa$$

Se plantea la tensión de diseño, con el valor obtenido como máximo:

$$\sigma_d = \frac{F}{A} \rightarrow \quad 206.8 = \frac{2500}{\frac{\pi}{4} \cdot \phi^2}$$

Se obtiene un diámetro de 3.923 mm, lo que implica que el diámetro en la sección menor se puede considerar de 4 mm. El resto de secciones pueden tener las proporciones indicadas en la acotación, puesto que tendrán esfuerzos menores al tener mayor área.

141. Vástago de cilindro hidráulico

> *El vástago de un cilindro hidráulico de una atracción de feria es una barra de acero F-1140, y tiene una longitud de 100 mm y un radio de 5 mm. El límite elástico del acero se estima en Sy= 400 MPa. Durante el funcionamiento de la atracción, el pistón hidráulico tiene que hacer una fuerza de 20kN. Calcular la tensión de trabajo en esas condiciones, el coeficiente de seguridad existente, y el alargamiento que se produce en el vástago. Eac=210 GPa.*

Solución. 254.6 MPa, N=1.57, 0.121 mm

El cilindro trabaja con una tensión de trabajo, en el momento de recibir los 20 kN de:

$$\sigma_{trab} = \frac{F}{A} = \frac{20\,000}{\frac{\pi}{4} \cdot 10^2} = 254.66 \, MPa$$

Dado que el límite elástico se considera en 400 MPa, respecto de ese valor, el coeficiente de seguridad que se tiene es:

$$N = \frac{400}{254.65} = 1.57$$

Se observa que es un coeficiente de seguridad insuficiente para cargas estáticas. Si además se tiene en cuenta que realmente el cilindro trabajará con cargas repetitivas, el coeficiente de seguridad es claramente insuficiente, puesto que aunque se utilice en ese caso Su como referencia, el coeficiente debe ser 8.

El alargamiento que se produce es:

$$\sigma = E \cdot \varepsilon = E \cdot \frac{\Delta L}{L_0} \rightarrow 254.66 = 210\,000 \cdot \frac{\Delta L}{100} \rightarrow \Delta L = 0.121 \, mm$$

142. Puente levadizo.

> *Un puente levadizo se levanta a través de un conjunto de cables que tiran de la estructura para levantar cada lado. Cada cable, está compuesto de 16 cordones. Cada cordón a su vez está formado por 56 alambres de diámetro 1.5 mm. Cada cable tiene que hacer una fuerza en el peor momento de 25 Tm. El material es acero AISI 1141. Determinar el factor de seguridad que tienen los cables frente a deformación plástica.*

Solución. N=2.27

Se obtiene el área del cable:

$$A = \frac{\pi}{4} \cdot 1.5^2 \cdot 16 \cdot 56 = 1583.36 \, mm^2$$

La tensión de trabajo del cable será:

Elementos sometidos a esfuerzos directos.

$$\sigma_{trab} = \frac{F}{A} = \frac{25\,000 \cdot 9.81}{1583.36} = 154.90\ MPa$$

Dado que no se especifica el tratamiento del material, al buscar las características del AISI 1141, se toma el caso más desfavorable, que corresponde con el estado del material con menor resistencia. Por lo tanto, por tablas, se toma S_y = 352 MPa.

Se compara con la tensión máxima que se ha considerado buscando las propiedades del material.

$$N = \frac{\sigma_y}{\sigma_{trab}} = \frac{352}{154.90} = 2.27$$

El coeficiente de seguridad es ligeramente superior al que se estima para una carga estática (2), por lo que se considera correcto.

143. Barra de acero de construcción con carga cíclica.

Una barra de acero de radio 8 mm se somete a una fuerza de tracción de 12.5 KN. Calcular el esfuerzo normal, y la fuerza máxima admisible si trabaja a tracción cíclica. Datos: Su =400 MPa, Sy = 248 MPa.

Solución 50 MPa, 10 053 N.

Se obtiene la tensión de trabajo de la barra, con las condiciones descritas:

$$\sigma_{trab} = \frac{F}{A} = \frac{12\,500}{\frac{\pi}{4} \cdot 16^2} = 62.17\ MPa$$

El material tiene una tensión de rotura de 400 MPa según tablas, y para cargas cíclicas, el criterio a aplicar es:

$$\sigma_d = \frac{\sigma_u}{8} \rightarrow \sigma_d = \frac{400}{8} = 50\ MPa$$

El cable, por tanto, trabaja por encima de la tensión de diseño, lo cual no es recomendable, y se considera una carga excesiva. Mantenimiento el cable constante, la carga máxima que puede admitirse como tensión de trabajo es de 50 MPa. A partir de la tensión de trabajo, se puede obtener la fuerza máxima aplicable, para el mismo diámetro de cable:

$$\sigma_{trab} = \frac{F}{A} \rightarrow 50 = \frac{F}{\frac{\pi}{4} \cdot 16^2} \rightarrow F = 10\,053\ N$$

144. Barra de acero inoxidable.

Una barra de acero inoxidable AISI 301 recocido, de sección cuadrada debe soportar 80 kN. Determinar el tamaño de la sección de la barra para que el esfuerzo de trabajo no supere 120 MPa. Analizar la solución desde el punto de vista de carga estática y también como cíclica.

Solución. N=2.3 y N=6.31

Los datos del material, según tablas son Su = 758 MPa, Sy = 276 MPa.
Se aplica la expresión del esfuerzo para las condiciones pedidas:

$$\sigma_{trab} = \frac{F}{A} \rightarrow 120 = \frac{80\,000}{L^2} \rightarrow L = 25.82\ mm$$

En condiciones estáticas, el valor de referencia que se toma es el límite elástico (Sy=276 MPa), por lo que el coeficiente de seguridad es:
$$N = \frac{\sigma_y}{\sigma_{trab}} = \frac{276}{120} = 2.3$$
El valor obtenido es ligeramente superior a 2, que es el recomendado como mínimo en condiciones habituales.

Si se consideran que son cargas cíclicas, en tal caso, el valor de referencia es respecto de la tensión de rotura (Su=758 MPa)
$$N = \frac{\sigma_u}{\sigma_{trab}} = \frac{758}{120} = 6.31$$
En este caso, el valor es inferior al recomendado de 8 por lo que se consideraría un diseño pobre o inválido para condiciones cíclicas.

145.   Cable de grúa estirado en frío

Se ha cambiado el motor de una grúa, de forma que pueda levantar más peso. Con el nuevo motor, la grúa puede levantar 10 toneladas. Determinar el diámetro mínimo del cable para la situación límite de rotura y compararlo con el nuevo diámetro si se utiliza un coeficiente de seguridad de 5. Utilizar cable de acero, con contenido en carbono medio (0.4%) estirado en frío.

Solución.   33.55 mm

Un acero al carbono, con 0.4% es un AISI 1040, que estirado en frío ofrece Su=669 MPa y Sy=565 MPa. Con respecto a la carga, 10000 kp = 98100 N.

Si se realiza el cálculo con respecto a la rotura del cable, se aplica directamente la expresión de la tensión con respecto a la rotura:
$$\sigma = \frac{F}{A} = \frac{F}{\frac{\pi}{4} \cdot D^2} \rightarrow 669 = \frac{98\,100}{\frac{\pi}{4} \cdot D^2} \rightarrow D = 13.7 \; mm$$

Si se aplica el coeficiente de seguridad, teniendo en cuenta cargas repetitivas, se utiliza:
$$\frac{\sigma_u}{N} = \frac{F}{A} \; con \; N = 8$$
Por tanto, el nuevo diámetro del cable es:
$$\frac{669}{8} = \frac{98\,100}{\frac{\pi}{4} \cdot D^2} \rightarrow D = 38.64 \; mm$$

Como realmente una grúa no llega a realizar un número excesivo de ciclos como para requerir vida infinita a fatiga, se aplica el coeficiente de N=5 propuesto:
$$\frac{669.8}{5} = \frac{98\,100}{\frac{\pi}{4} \cdot D^2} \rightarrow D = 33.55 \; mm$$

Elementos sometidos a esfuerzos directos.

146.   *Eje con varias secciones*

> Un eje tiene tres secciones distintas, con diámetros de 20, 25 y 30 mm. Si se quiere trabajar con un coeficiente de seguridad de N=4, determinar la máxima fuerza estática a tracción que puede soportar, y el alargamiento que se produce.
> Datos del material: Acero de alta resistencia, templado y revenido con Sy=7000 kg/cm². E = 210 GPa.

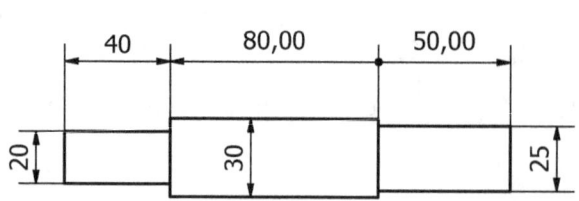
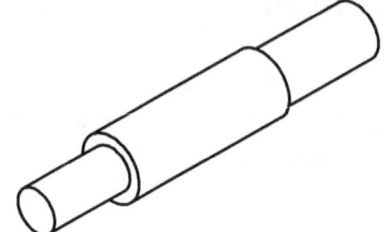

Solución. 53957 N, 0.088 mm

Se obtiene el área de cada sección:

Para el diámetro de 20 mm. $A = \frac{\pi}{4} \cdot \emptyset^2 = \frac{\pi}{4} \cdot 20^2 = 314.16 \ mm^2$. Análogamente, para el diámetro de 25 mm, se obtienen 490.875 mm², y para el diámetro de 30 mm, se obtienen 706.86 mm².

Con respecto al límite elástico del material, se realiza el cambio de unidades:

$$\sigma = 7000 \frac{kp}{cm^2} = 7000 \frac{kp}{cm^2} \cdot 9.81 \frac{N}{kp} \cdot \frac{1 \ cm^2}{100 \ mm^2} = 686.7 \frac{N}{mm^2} \cong 687 \ MPa$$

Al valor máximo de tensión se dará en la sección más pequeña, al tener que repartirse la fuerza en un área menor. Por tanto, la sección de diámetro 20 mm será la crítica y la que condiciona el diseño. Aplicando también el coeficiente de seguridad pedido:

$$\frac{\sigma}{N} = \frac{F}{A} \rightarrow \frac{687}{4} = \frac{F}{314.16} \rightarrow F = 53 \ 957 N$$

El alargamiento total se obtendrá como la suma de los alargamientos de cada tramo, y cada tramo a su vez, se obtiene a partir de la expresión general $\sigma = E \cdot \varepsilon$, que desarrollada es:

$$\sigma = E \cdot \varepsilon \rightarrow \frac{F}{A} = E \cdot \frac{\Delta L}{L_0} \rightarrow \Delta L = \frac{L_0 \cdot F}{E \cdot A}$$

Siendo el módulo de Young, E= 210 GPa = 210 000 MPa
Para el tramo de diámetro 20 mm:

$$\Delta L = \frac{40 \cdot 53 \ 957}{210 \ 000 \cdot 314.16} = 0.0327 \ mm$$

Para el tramo de diámetro 25 mm:

$$\Delta L = \frac{50 \cdot 53 \ 957}{210 \ 000 \cdot 490.875} = 0.0262 \ mm$$

Para el tramo de diámetro 30 mm:

$$\Delta L = \frac{80 \cdot 53\,957}{210\,000 \cdot 707.86} = 0.029 \; mm$$

La suma total permite obtener un incremento de 0.0879 mm.

147. Alargamiento de cables.

Mediante un cable de 1.5 m de longitud, hecho en acero inoxidable AISI 301 recocido, con un diámetro de 5.5 mm, se cuelga un peso de 20 kg. A su vez, sobre este peso se cuelga con otro cable idéntico otro de 15 kg. Determinar las tensiones existentes en los cables, y el alargamiento total que se produce. Determinar el coeficiente de seguridad existente, y el peso máximo que se puede colgar en condiciones normales de seguridad.

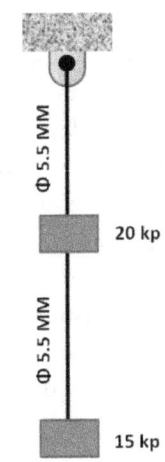

Solución. N=19.1; F=334.4 kp

El área del cable es:
$$A = \frac{\pi}{4} \cdot D^2 = \frac{\pi}{4} \cdot 5.5^2 = 23.758 \; mm^2$$

El cable inferior solo está sometido al esfuerzo del peso inferior:
$$\sigma = \frac{F}{A} = \frac{15 \cdot 9.81}{23.758} = 6.19 \; MPa$$

El cable superior recibe los dos pesos:
$$\sigma = \frac{F}{A} = \frac{(15 + 20) \cdot 9.81}{23.758} = 14.45 \; MPa$$

El alargamiento total que se produce es la suma de ambos tramos de cable. Considerando E= 193 GP para el acero inoxidable seleccionado, se obtiene el alargamiento de cada tramo de cable.

En el tramo superior:
$$\sigma = E \cdot \varepsilon = E \cdot \frac{\Delta L}{L_0} \rightarrow \Delta L = \frac{L_0 \cdot \sigma}{E} \rightarrow \Delta L = \frac{1500 \cdot 14.45}{193\,000} = 0.112 \; mm$$

Aplicando la misma expresión para el tramo de cable inferior:
$$\Delta L = \frac{L_0 \cdot \sigma}{E} \rightarrow \Delta L = \frac{1500 \cdot 6.19}{193\,000} = 0.048 \; mm$$

La suma de ambos alargamientos es 0.160 mm por lo que es despreciable.

El coeficiente de seguridad se determina con respecto al límite elástico, al considerarse cargas estáticas. El acero seleccionado tiene, por tabla, Sy= 276 MPa. Por tanto, en el tramo superior, que es el más desfavorable, el coeficiente de seguridad es:
$$N = \frac{276}{14.45} = 19.1$$

El valor obtenido es muy superior al mínimo exigido de N=2.

El peso máximo que se puede colgar respetando N=2 en estático es:
$$\frac{\sigma}{N} = \frac{F}{A} \rightarrow \frac{276}{2} = \frac{F}{23.758} \rightarrow F = 3278.6 \; N = 334.2 \; kp$$

Elementos sometidos a esfuerzos directos.

148. Polea montacargas.

> *Para una empresa de mudanzas nos encargan mecanizar una polea, que se utilizará para subir cargas por la fachada. Queremos determinar la sección mínima del cable a usar, si este tendrá que soportar 5000 N de carga máxima cíclica.*
>
> *Nota: se dispone de cables de acero AISI 1020 y 1040, ambos estirados en frío, pero no están identificados.*
>
> *Si no se dispone de un cable del diámetro calculado, y se coloca uno que se tiene disponible de 15 mm de diámetro, sin saber de qué acero es, determinar cuál sería el peso máximo (en N o en kg), que se puede permitir levantar con la polea.*

Solución 1164 kp

Al desconocer el material de cada cable, se utiliza la hipótesis de que se cogerá el de menores características mecánicas. Así, para el AISI 1020 estirado en frio, la tensión de rotura es de 517 MPa, y para el AISI 1040 es de 669 MPa. Por lo tanto, se procederá como si el material fuese el AISI 1020.

Al tratarse de cargas cíclicas, se obtiene la tensión de diseño:

$$\sigma_{dis} = \frac{S_u}{8} = \frac{517}{8} = 64.625 \, MPa$$

Se aplica esta tensión a las condiciones del problema, para obtener el área del cable:

$$\sigma_{dis} = \frac{F}{A} \rightarrow 64.625 = \frac{5000}{A} \rightarrow A = 77.37 \, mm^2$$

A partir del área se obtiene el diámetro del cable:

$$A = \frac{\pi}{4}\emptyset^2 \rightarrow \emptyset = \sqrt{\frac{4 \cdot A}{\pi}} = \sqrt{\frac{4 \cdot 77.37}{\pi}} = 9.925 \, mm \rightarrow 10 \, mm$$

Se deberá utilizar como mínimo un cable de 10 mm.

Si según se indica, se monta un cable de 15 mm de diámetro, el área de éste es:

$$A = \frac{\pi}{4}\emptyset^2 = \frac{\pi}{4}15^2 = 176.71 \, mm^2$$

Aplicando las condiciones de diseño, se obtiene la fuerza máxima admisible:

$$\sigma_{dis} = \frac{F}{A} \rightarrow 64.625 = \frac{F}{176.71} \rightarrow F = 11\,419.88 \, N = 1164 \, kp$$

Se ha considerado que al no conocer cuál de los dos aceros se corresponde con el material del cable, se utiliza la opción más desfavorable, que es el material menos resistente.

149. Cabina ascensor

> *La cabina de un ascensor de 450 kgf de peso en vacío, se soporta mediante un cable compuesto por 114 alambres de 128 centésimas de diámetro cada uno. El material tiene una resistencia máxima a rotura de 1000 N/mm². Calcular el número de personas que, simultáneamente, pueden utilizar el ascensor si queremos trabajar con un coeficiente de seguridad de 18. Por normativa, se considera que una persona pesa 75 kg.*

Solución. 5 personas
Si se trabaja con un coeficiente de seguridad impuesto de 18, la tensión de diseño se va a obtener como la máxima permisible antes de la rotura, respetando dicho coeficiente de seguridad. Por tanto:

$$\sigma_d = \frac{1000}{18} = 55.55 \, MPa$$

El área total que proporciona el cable es la suma de todos los alambres de 1.28 mm de diámetro:

$$A = \frac{\pi}{4} \cdot 1.28^2 \cdot 114 = 146.695 \, mm^2$$

En la situación límite, la tensión de trabajo del alambre será la de diseño, por lo que:

$$\sigma_{trab} = \frac{F}{A} \rightarrow 55.55 = \frac{F}{146.695} \rightarrow F = 8148.91 \, N$$

La fuerza obtenida equivale a 830.67 kgf. Esta fuerza se debe utilizar para equilibrar el peso de la cabina y el de los pasajeros. Por tanto, la capacidad de carga del cable para transportar pasajeros es de

$$Peso \, pasajeros = 830.67 - 450 = 380.67 \, kgf$$

Este peso, según normativa equivale a 380.67 / 75 = 5.07 pasajeros, por lo que el aforo máximo del ascensor es de 5 personas.

Nota: actualmente, no obstante, multitud de ascensores modernos están equipados con una célula de carga que mide el peso total, de forma que independientemente del número de personas que se monten, si la carga supera el máximo permitido, el ascensor no se pone en marcha y avisa de la existencia de sobrepeso.

150. Mordaza hidráulica

Se quiere utilizar un cilindro hidráulico para accionar una mordaza de una fresadora, de forma que se libere al operario de tener que hacer excesiva fuerza en el amarre de piezas. Se va a utilizar un cilindro con un vástago de diámetro externo 40 mm, y espesor de pared 10 mm, que es capaz de hacer 6000 kp de fuerza de empuje para la mordaza. Se desea conocer para el vástago:
Tensión de diseño, si se considera que debe aguantar cargas repetidas.
Tensión de trabajo.
Validez del cilindro.
El material es acero sin alear AISI 1040 estirado en frío para la construcción de tubo.

Solución. Diseño 83.62 MPa, trabajo 62.45 MPa, se considera válido.
Los datos del material, según tablas, son Su=669 MPa y Sy=565 MPa.
El vástago trabajara a compresión, por lo que la carga es de tipo axial. Al ser de carácter cíclico:

$$\sigma_{dis} = \frac{S_u}{8} = \frac{669}{8} = 83.625 \, MPa$$

Se obtiene en primer lugar el área de trabajo, que vendrá dado por el diámetro exterior (40 mm) y el diámetro interior (20 mm):

Elementos sometidos a esfuerzos directos.

$$A = \frac{\pi}{4}(D^2 - d^2) = \frac{\pi}{4}(40^2 - 20^2) = 942.47 \ mm^2$$

La tensión de trabajo será:

$$\sigma_{trab} = \frac{F}{A} = \frac{6000 \cdot 9.81}{942.47} = 62.45 \ MPa$$

El cilindro, con respecto a las medidas del vástago, sería válido para usarlo como mordaza.

151.   Columna de garaje

Se plantea colocar columnas en un garaje de forma que la parte inferior sean circulares de hormigón 3000 con un diámetro de 500 mm y 1.2 m de altura, y sobre esta, la sección sea cuadrada de acero A36, de 20 x 20 cm, y 1.3 metros de altura. La carga que debe soportar cada columna es de 80 000 kp. Calcular:
a) El esfuerzo en cada uno de los materiales.
b) El coeficiente de seguridad que resultaría en cada tramo de columna.
c) Determinar si se debe aumentar la sección en alguno de los tramos por falta de seguridad, y a cuánto.
d) La compresión total en mm que se producirá al recibir la carga.

Solución. Ver desarrollo.
Antes de comenzar el problema, se obtienen de tablas los datos relativos a los materiales:
Para el acero A36, S_u=400 MPa, S_y = 248 MPa, E=200 GPa
Para el hormigón 3000, $S_{compresión \ máxima}$ = 7.24 MPa, E = 22 GPa

a) La carga, con la aproximación indicada, serán 80 000 kp = 784 800 N.
El esfuerzo de trabajo a compresión en el acero será:

$$\sigma_{acero} = \frac{F}{A} = \frac{784\ 800}{200 \cdot 200} = 19.62 \ MPa$$

En el hormigón será:

$$\sigma_{horm} = \frac{F}{A} = \frac{784\ 800}{\frac{\pi}{4}500^2} = 4 \ MPa$$

b) Para el acero, al estar trabajando como apoyo se toma

$$\sigma_{bd} = 0.9 \cdot \sigma_y = 0.9 \cdot 248 = 223.3 \ MPa$$

El coeficiente de seguridad que se tiene en el tramo de acero es de:

$$N = \frac{\sigma_{adm}}{\sigma_{trab}} = \frac{223.3}{20} = 11.38$$

Para el hormigón, procediendo de la misma forma:

$$N = \frac{\sigma_{adm}}{\sigma_{trab}} = \frac{7.24}{4} = 1.81$$

c) Al ser ambos coeficientes de seguridad superior a 1, con respecto al esfuerzo admisible, no es necesario aumentar la sección.

d) La compresión total que se produce al aplicar la carga será la suma de la compresión en el tramo de acero y en el tramo de hormigón. Para cada tramo, se cumple:

$$\Delta L = \frac{\sigma \cdot L_0}{E}$$

Para el tramo de acero:

$$\Delta L = \frac{19.62 \cdot 1300}{200\,000} = 0.1275\ mm$$

Para el tramo de hormigón

$$\Delta L = \frac{4 \cdot 1200}{22\,000} = 0.2182\ mm$$

La compresión provocará una disminución de longitud total de 0.1275 + 0.2182 = 0.3457 mm

152.   Cargas repetitivas

> *Se desea determinar el diámetro mínimo de un cable de acero (tensión de rotura 290 MPa), para una grúa móvil que ha de levantar 5000N (500 kg aprox), como peso máximo. Considerar cargas repetitivas.*

Solución. 13.25 mm

Para cargas repetitivas, el criterio a aplicar será en función de la tensión de rotura y un coeficiente de seguridad de valor 8. Por tanto:

$$\sigma_d = \frac{\sigma_u}{N} = \frac{290}{8} = 36.25\ MPa$$

A partir de la tensión de diseño, se obtiene el área:

$$\sigma_d = \frac{F}{A} \rightarrow 36.25 = \frac{5000}{A} \rightarrow A = 137.93\ mm^2$$

A partir del área, se determina el diámetro del cable

$$A = \frac{\pi}{4}\emptyset^2 \rightarrow \emptyset = \sqrt{\frac{4 \cdot A}{\pi}} = \sqrt{\frac{4 \cdot 137.93}{\pi}} = 13.25\ mm$$

A partir del diámetro obtenido, se utilizar el siguiente mayor disponible.

Elementos sometidos a esfuerzos directos.

4.2 Cortante.

153. Hélice de amasadora industrial

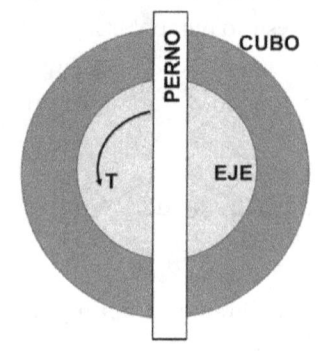

> Una hélice de una máquina de amasar industrial recibe el movimiento de giro del motor a través de un perno de transmisión cilíndrico insertado a través del cubo y el eje. El par de torsión máximo a trasmitir es de 1575 lb·in, y el diámetro del eje dentro del cubo es de 3.00 in. El par de torsión que comunica el motor es constante y es deseable diseñar un perno que sea seguro en esta condición. Especifique el diámetro del perno. El material utilizado será acero AISI 1020 estirado en frío.

Solución. 0.204 in.

Se produce un cortante doble, puesto que hay dos secciones en el perno. Aplicando que Par torsor = Fuerza · distancia, se conoce el par, y la distancia, que es el radio.
Así, Fuerza = Par / distancia = 1575 /1.5 = 1050 lb
Aplicando la condición del enunciado que el par es constante, se acude a recomendaciones en tablas para obtener la recomendación del factor de seguridad. En este caso, se recomienda N= 2. Así mismo, para el material descrito no se conoce por tablas la tensión de fluencia a cortante, Sus, pero si se dispone de la tensión de fluencia normal, Sy. Siguiendo la recomendación habitual, se aplica Sys = Sy/2. Para el AISI 1020 se toma Sy = 64 ksi = 64000 psi.
Por lo tanto, se puede establecer:

$$\tau_{dis} = \frac{F}{A} = \frac{Sys}{N} = \frac{\frac{Sy}{2}}{2} \to \frac{64\,000/2}{2} = \frac{1050}{2 \cdot \frac{\pi}{4} \cdot \emptyset^2}$$

Se opera la igualdad, despejando el diámetro del perno, $\emptyset = 0.204\ in$.
Se tomará por tanto un perno disponible con un diámetro superior al obtenido.

154. Rotura de perno a cortante.

> Calcule el par de torsión que se requiere para romper el perno diseñado en el problema de la hélice de amasadora.

Solución. 6054 lb·in

Para obtener la rotura del perno, se aplica la ecuación del cortante en la condición límite a cortante:

$$Sus = \frac{F}{A}$$

Para el material descrito en la tabla existente no se indica el valor de tensión de rotura a cortante, por lo que, al tratarse de acero, se aplica la estimación:

$$Sus = 0.82 \cdot Su \to Sus = 0.82 \cdot 75\,000 = 61\,500\,psi.$$

El valor de Su = 75 ksi se obtiene de tablas.

Suponiendo el valor del diámetro del perno obtenido en el problema anterior, de 0.2044 in, puesto que se desconoce la elección real final, se puede plantear la ecuación mencionada:

$$S_{us} = \frac{F}{A} \rightarrow 61\,500 = \frac{F}{2 \cdot \frac{\pi}{4} \cdot 0.2044^2} \rightarrow F = 4036 \ lb$$

A partir de la fuerza, se obtiene el par:

$$M = F \cdot r = 4036 \cdot 1.5 = 6054 \ lb \cdot in$$

155. Horquilla.

La figura representa una unión estática de una horquilla con un bulón de diámetro 10 mm. La fuerza F vale 1500 kp. Considerando únicamente el bulón, hecho de acero AISI 1020 recocido, determinar si el esfuerzo a cortante es adecuado frente a lo recomendado, y el factor de seguridad con el que trabaja. Indicar si el diseño se considera correcto. Plantear alternativas al mismo.

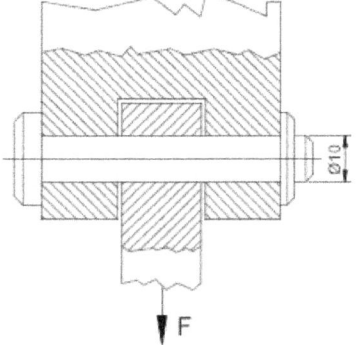

Solución. No es correcto. Aumentar el diámetro o elegir otro material.

El bulón trabaja a cortante doble, por lo que la superficie total a considerar será:

$$A = 2 \cdot \frac{\pi}{4} 10^2 = 157.08 \ mm^2$$

La tensión a cortante de trabajo será

$$\tau_{trab} = \frac{F}{A} = \frac{1500 \cdot 9.81}{157.08} = 93.678 \ MPa$$

Aplicando la condición de carga de tipo estática, se acude a recomendaciones en tablas para obtener la recomendación del factor de seguridad. Así mismo, para el material descrito no se conoce por tablas la tensión de fluencia a cortante, Sus, pero si que se dispone de la tensión de fluencia normal, Sy. Siguiendo la recomendación habitual, se aplica Sys = Sy/2. Para el AISI 1020 se toma Sy = 296 MPa. Por tanto:

$$\tau_{dis} = \frac{Sy}{N} = \frac{296}{4} = 74 \ MPa$$

Como se observa, el bulón trabaja con una tensión superior a la máxima recomendada. Concretamente, estará trabajando con un coeficiente de seguridad de:

$$N = \frac{296}{93.678} = 3.16$$

Este valor obtenido, 3.16, es bastante inferior al valor de 4 recomendado, por lo que no se considera correcto el diseño. Sin realizar ninguna modificación en la geometría, una opción es cambiar el material del perno por otro con mayores prestaciones mecánicas. Si no es posible, en tal caso se debería aumentar el diámetro.

Elementos sometidos a esfuerzos directos.

156.   Viga en voladizo

> El apoyo de una viga está hecho como se muestra en la figura. Calcular el espesor requerido del apoyo en "L", si el máximo esfuerzo cortante debe ser de 6000 psi. La carga en el apoyo es de 21 000 lb.

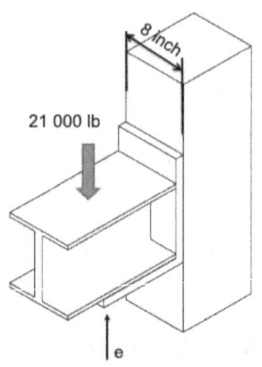

Solución. 0.44 pulgadas.

Si toda la fuerza trata de cortar la pletina, se tiene un cortante cuyo valor no debe superar los 6000 psi.

$$\tau = \frac{F}{A} \rightarrow 6000 = \frac{21\,000}{8 \cdot e} \rightarrow e = 0.4375\ pulgadas$$

4.3   Apoyo de elementos.

157.   Apoyo plano de viga.

> Una viga maciza de acero, de 1.25 in de espesor y 4.50 in de alto, apoya sobre unas placas 2 in en cada extremo. Si tanto la barra como las placas son de acero estructural ASTM A36, calcule la máxima carga permisible que podría soportar la viga, teniendo en cuenta solo la carga soportable en los apoyos. Suponer la carga puntual en el centro.

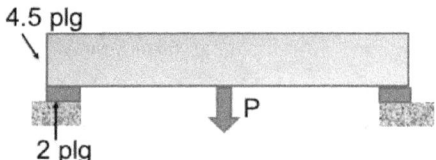

Solución 162 000 lb

En los apoyos se produce una fuerza que será la mitad en cada uno de ellos: W/2

El área de cada apoyo es un rectángulo:

$$\text{Área} = 2 \cdot 1.25 = 2.5\ in^2$$

Para cargas en apoyos puntuales, que es como se considera este caso, según el AISC, se aplica como criterio $\sigma_{bd} = 0.90 \cdot S_y$.

En este caso, por tablas, Sy = 36 ksi, por lo que la tensión admisible en el apoyo será:

$$\sigma_{bd} = 0.90 \cdot 36 = 32.4\ ksi = 32\,400\ psi$$

Aplicando esta tensión máxima en uno de los apoyos:

$$\sigma_{bd} = \frac{F}{A} \rightarrow 32\,400 = \frac{P/2}{2.5} \rightarrow P = 162\,000\ lb$$

Esta fuerza obtenida está calculada solo con respecto a los apoyos. Para un diseño correcto, habría que hacer otras comprobaciones, tal como la rotura a cortante o la rotura por flexión (en el centro de la pieza).

158. Columna a compresión en aluminio.

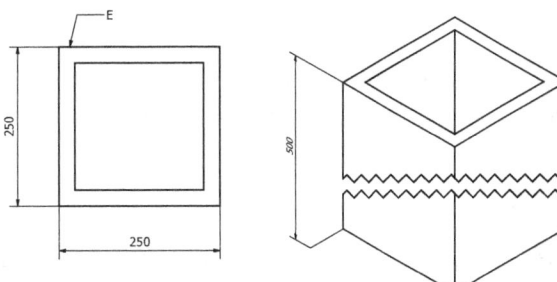

La columna de la figura es de aluminio estructural 1100-H12 y soporta una carga axial de 440 kN uniformemente repartidas sobre la sección, de forma estática. Se desea calcular el espesor de la columna y el acortamiento total.

Solución. *Espesor 8.1 mm, acortamiento 0.41 mm.*

Se obtienen los datos del material, por tablas: Sy = 103 MPa; Su = 110 MPa; E=69 GPa.
Dado que el perfil es de aluminio, y trabaja como un apoyo, se determina el criterio de cálculo a cumplir:

$$\sigma_d = Min\{0.61 \cdot \sigma_y \; ; 0.51 \cdot \sigma_u\} = Min\{62.83 \; ; 56.1\} = 56.1 \; MPa$$

Se toma el criterio más desfavorable, que es en función de la tensión máxima.

$$\sigma_{bd} = 0.51 \cdot \sigma_u = 0.51 \cdot 110 = 56.1 \; MPa$$

Se plantea una situación en la que la fuerza repartida sobre la sección genere ese esfuerzo:

$$\sigma_{trab} = \frac{F}{A} \rightarrow 56.1 = \frac{440\,000}{250^2 - (250 - 2 \cdot e)^2} \rightarrow e = 8.1 \; mm$$

El acortamiento que se produce en la barra, si tiene una longitud de 500 mm es:

$$\Delta L = \frac{F \cdot L_0}{A \cdot E} = \sigma \cdot \frac{L_0}{E} = 56.1 \cdot \frac{500}{69\,000} = 0.41 \; mm$$

Nota: Dado que no habrá perfiles con ese espesor, se podría tomar el inmediatamente superior, y recalcular el acortamiento con el dato del espesor disponible.

159. Elección de perfil angular.

Un elemento de carácter estructural debe soportar una carga de tensión axial estática de 19 800 lb. Se propone el uso de un ángulo de acero estructural estándar de aletas iguales, en acero estructural ASTM A36. Utilice el código AISC. Determinar el menor perfil posible según tablas.

Solución. *L2x2x1/4*

Para el material solicitado, según tablas, Sy = 36 Ksi = 248 MPa y Su = 58 Ksi = 400 MPa.
Según la recomendación de la norma, se toma como esfuerzo:

$$\sigma_d = Min\{\sigma_y/1.67 \; ; \sigma_u/2\} = Min\{21.56 \; ; 29\} = 21.56 \; ksi$$

Se plantea el área que corresponde a un perfil que tenga ese esfuerzo para la fuerza F indicada a soportar:

$$\sigma = \frac{F}{A}$$

Elementos sometidos a esfuerzos directos.

Sustituyendo valores:

$$21.56 = \frac{19.8}{A} \rightarrow A = 0.916\ in^2$$

Revisando en las tablas un perfil de este tipo, se encuentra que el perfil L2x2x1/4 tiene un área justo mayor, de 0.938 in², por lo que será el adecuado.

160. Silo.

> Se dispone de un silo como el de la figura, con un peso propio de 10 000 kg, que se reparte uniformemente sobre cuatro apoyos. El silo es capaz de almacenar hasta 120 Tn de arena.
> Utilizando un acero estructural A36, determinar:
> A) El tamaño mínimo de las patas de apoyo si se utiliza una sección cuadrada maciza, considerando que existen medidas de 5 en 5 mm.
> B) La variación de longitud que se provoca por cada 10 Tn de peso que tiene el depósito, si la altura de la pata es de 3 metros.

Solución 46x46 mm = 50x50 mm, 0.14 mm

a) El peso que ha de soportar cada pata será una cuarta parte del total, por lo que la fuerza a considerar es:

$$F = \frac{10\ 000 + 120\ 000}{4} = 32\ 500\ kp = 318\ 825\ N$$

Se considera una carga estática, que hace que las patas trabajen a compresión. Por lo tanto, se aplica la recomendación de tensión para elementos sometidos a apoyo en carga estática:

$$\sigma_{max} = 0.6 \cdot \sigma_y \quad \text{ó} \quad \sigma_{max} = 0.5 \cdot \sigma_u$$

Los datos del material se obtienen de tablas: Su = 400 MPa, Sy=248 MPa.
Se comparan ambos valores para trabajar con el menor de ambos, por ser la situación más desfavorable:

$$0.6 \cdot 248 = 148.8 < 0.5 \cdot 400 = 200\ MPa$$

Se trabaja por tanto considerando un esfuerzo máximo de 148.8 MPa
Se plantea la situación en que la columna trabaje a la tensión de diseño:

$$\sigma_{dis} = \sigma_{trab} = \frac{F}{A} \rightarrow 148.8 = \frac{318\ 825}{A} \rightarrow A = 2142.64\ mm^2$$

Se despeja el área de la pata, que será de 2142.64 mm², lo cual equivale a una sección cuadrada de 46.28 mm de lado. Dado que no existen perfiles cuadrados de ese lado, se tomaría el siguiente mayor disponible, que será de 50 x 50 mm si están disponibles de 5 en 5 mm.

b) Para averiguar cuanto se contrae cada pata, con respecto a una longitud de referencia de 3 metros (3000 mm), se aplica: σ = E·ε

Se obtiene la tensión correspondiente a 10 toneladas (10 000 kp = 98 100 N) para la sección obtenida (tomando 50x50 mm), teniendo en cuenta que se repartirá sobre cada pata a razón de ¼.

$$\sigma = \frac{98\,100/4}{50 \cdot 50} = 9.81\ MPa$$

Aplicándolo a la ecuación que permite obtener la longitud: $9.81 = 200\,000 \cdot \varepsilon$

Se obtiene una deformación de valor $\varepsilon = 4.905 \cdot 10^{-5}$ que, al multiplicarse por la longitud inicial de 3000 mm, permite obtener la variación de longitud:

$$\Delta L = 4.905 \cdot 10^{-5} \cdot 3000 = 0.147\ mm$$

Por lo tanto, por cada 0.147 mm de variación de longitud que se detecte en las patas, implicará que la cantidad de material existente dentro del depósito ha cambiado 10 Tm.

161.   Columna a compresión en acero.

La columna de la figura, es de carácter estructural en acero A36 y soporta una carga axial de compresión de 44 toneladas uniformemente repartidas sobre la sección, de forma estática. Se desea calcular el espesor de la columna y el acortamiento total. Medidas 250 x 250 x 500 mm altura.

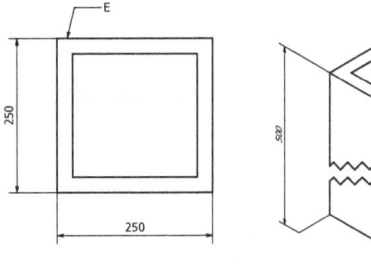
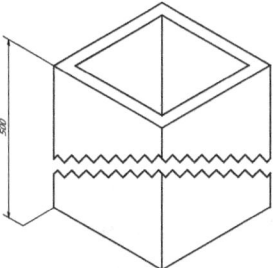

Solución. Espesor 3 mm; 0.364 mm.

Para el acero pedido Su = 400 MPa y Sy = 248 MPa.

Se considera una carga estática, que hace que las patas trabajen a compresión. Por lo tanto, se aplica la recomendación de tensión para elementos de acero sometidos a apoyo en carga estática, con carácter estructural:

$$\sigma_d = Min\{0.6 \cdot \sigma_y\ ; 0.5 \cdot \sigma_u\} = Min\{148.8\,; 200\} = 148.8\ MPa$$

Se trabaja por tanto considerando un esfuerzo máximo de 148.8 MPa

Se plantea la situación en que la columna trabaje a la tensión de diseño:

$$\sigma_{dis} = \sigma_{trab} = \frac{F}{A} \rightarrow 148{,}8 = \frac{44\,000 \cdot 9.81}{A} \rightarrow A = 2900.8\ mm^2$$

Conocido el área, se puede obtener el espesor necesario.

$$A = 250^2 - (250 - 2 \cdot e)^2 = 2900.8 \rightarrow e = 2.935\ mm$$

Por lo tanto, es necesario un espesor mínimo de 3 mm

El acortamiento total que se producirá, para 3 mm es:

$$\sigma = E \cdot \varepsilon = E \cdot \frac{\Delta L}{L_0} = \frac{F}{A}$$

$$\Delta L = \frac{L_0 \cdot F}{A \cdot E} = \frac{500 \cdot 44\,000 \cdot 9.81}{(250^2 - 244^2) \cdot 200\,000} = 0.364\ mm$$

Elementos sometidos a esfuerzos directos.

4.4 Concentración de esfuerzos.

162.   Tracción en tirante.

Una chapa de acero AISI 1020 Laminado en caliente, de 5 mm de espesor, con la forma de la figura, se encuentra sometida a 300 kp de fuerza cíclica. Las anchuras son 30 y 15 mm, y el radio de empalme 2 mm. Determinar si el diseño es correcto.

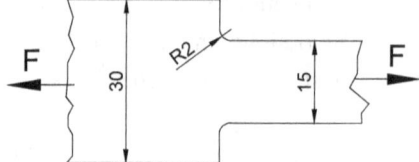

Solución. No es correcto.

La carga de 300 kp es equivalente a 300·9.81 = 2943 N.
Se obtiene en primer lugar el valor del coeficiente concentrador de tensiones, Kt, a través de la gráfica. Para ello, se entra en la gráfica con r/h = 2/15 = 0.133. Se alcanza la curva de H/h = 30/15 = 2, y se sale de la gráfica, obteniéndose un Kt=2.22 aproximadamente.
Por tanto, se obtiene la tensión máxima debido al efecto concentrador de tensiones:

$$\sigma_{max} = \frac{K_t \cdot F}{A} \rightarrow \sigma_{max} = \frac{2.22 \cdot 2943}{15 \cdot 5} = 87.113 \, MPa$$

La tensión de diseño en el material, considerando carga cíclica, y un valor de Su=448 MPa por tablas, es:

$$\sigma_{dis} = \frac{S_u}{8} = \frac{448}{8} = 56 \, MPa$$

El diseño por tanto NO es correcto. En la zona de concentración de tensiones se supera la tensión máxima admisible, lo que puede originar la formación de grietas que originen la fractura.

Se debe destacar que, en caso de no haber considerado el efecto del concentrador de tensiones, es decir, considerar Kt = 1, el diseño SI habría sido considerado correcto. Sin embargo, la realidad demuestra que si la carga no esta perfectamente repartida, se debe considerar la concentración de tensiones. Una vez que, en un punto, debido a esa concentración de tensiones provoca la rotura local del material, la grieta puede ser capaz de propagarse hasta la rotura total del mismo

---

163.   Eje con cambio de sección

La barra circular de la figura soporta una fuerza de tensión axial de 12500 lb. Calcular el esfuerzo máximo existente. Dimensiones: D =1.50 plg, d=0.75 plg, radio de empalme en el cambio de sección de 0.060 plg

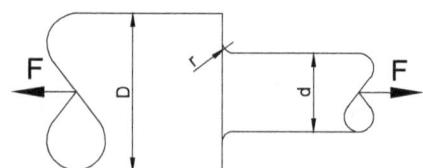

Solución 59.4 ksi

En el caso de una barra circular con escalón, trabajando a tracción, se dispone de una tabla de factores de concentración de tensión en la zona de cambio de sección. Según la acotación de esa tabla, trasladando a las medidas de la barra:

$$Ratio\ diámetros = \frac{D}{d} = \frac{1.5}{0.75} = 2$$

Se obtiene el valor necesario para seleccionar la curva:
$$Ratio\ redondeo = \frac{r}{d} = \frac{0.06}{0.75} = 0.08$$

Entrando en la tabla se obtiene aproximadamente un valor de Kt = 2.1

El punto de esfuerzo más desfavorable estará en la sección menor aplicando el factor concentrador de tensión:
$$\sigma_{max} = \frac{K_t \cdot F}{A} = \frac{2.1 \cdot 12\,500}{\frac{\pi}{4} \cdot 0.75^2} = 59\,418\ psi = 59.418\ ksi$$

164. *Eje perforado*

La barra de la figura soporta 25 kN de carga axial repetida. Si el material es un acero AISI 4140 OQT 1100, calcular el coeficiente de seguridad existente en el agujero y el redondeo

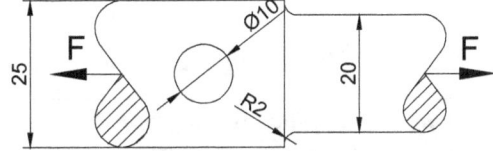

Solución. N=7.2; N=4

Para el material solicitado, según tablas, se dispone de unos valores de resistencia: Su=1014 MPa, Sy = 1193 MPa.

La pieza presenta dos zonas problemáticas. Una con un cambio de sección, y otra más ancha, pero con una perforación.

<u>Zona de cambio de sección.</u>

Se analiza la zona de cambio de sección con el redondeo indicado. Para utilizar la tabla correspondiente de factores de concentración de tensiones, se debe utilizar:
$$Ratio\ diámetros = \frac{D}{d} = \frac{25}{20} = 1.25$$

Se obtiene el valor necesario para seleccionar la curva:
$$Ratio\ redondeo = \frac{r}{d} = \frac{2}{20} = 0.1$$

Entrando en la tabla se obtiene aproximadamente un valor de Kt = 1.77

El punto de esfuerzo más desfavorable estará en la sección menor aplicando el factor concentrador de tensión:
$$\sigma_{max} = \frac{K_t \cdot F}{A} = \frac{1.77 \cdot 25\,000}{\frac{\pi}{4} \cdot 20^2} = 140.85\ MPa$$

Por tanto, el factor de seguridad existente es
$$N = \frac{1014}{140.85} = 7.2$$

El valor obtenido es algo inferior al recomendado (N=8), por lo que el redondeo es escaso. Se debe reducir la concentración de tensiones, aplicando un redondeo algo mayor.

Elementos sometidos a esfuerzos directos.

Zona con taladro.
Para la zona con taladro se busca el coeficiente de concentración de tensiones:
$$\frac{d}{D} = \frac{10}{25} = 0.4$$
Entrando en la curva tipo "A", se obtiene un coeficiente de concentración de tensiones de Kt = 5. La tensión, aplicando este coeficiente:
$$\sigma_{max} = \frac{K_t \cdot F}{A} = \frac{5 \cdot 25\,000}{\frac{\pi}{4} \cdot 25^2} = 254.6 \, MPa$$
Por tanto, el factor de seguridad existente es en esa zona:
$$N = \frac{1014}{254.6} = 3.98 \cong 4$$
Se ha obtenido un coeficiente de seguridad demasiado escaso nuevamente, puesto que se recomienda N=8 para carga cíclica.

165. *Placa con taladro central concentrador de tensiones.*

Se dispone de una placa rectangular de 50 mm de ancho y 5 mm de grosor, con un taladro en el centro de 5 mm de diámetro. Se le aplica un esfuerzo de tracción de forma uniforme. Para el material de la placa, se establece una tensión máxima admisible de 700 MPa, debido al tipo de uso. Comparar la fuerza máxima que se puede aplicar, con y sin taladro.

Solución.   5946 kp; 17 839 kp

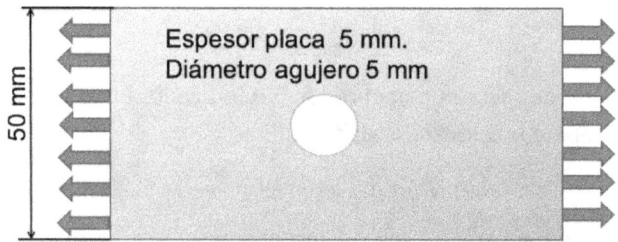

Teniendo en cuenta el agujero, la sección donde éste se encuentra será la más desfavorable. Además del efecto concentrador de tensiones del agujero, se debe considerar la reducción del área resistente.
Se aplicará, por tanto:
$$\sigma_{max} = K_t \cdot \sigma_{nom} = \frac{K_t \cdot F}{A}$$
Se obtiene en primer lugar el factor concentrador de tensiones.
Con la relación entre el diámetro y el tamaño de la chapa (5/50 = 0.1), se entra en la curva "A" correspondiente a tracción, y se obtiene un coeficiente de K_t=2.7 aproximadamente.
Se aplica la expresión anterior, restando el área del agujero a la sección total, para obtener la fuerza máxima admisible:
$$\sigma_{max} = \frac{K_t \cdot F}{A} \rightarrow 700 = \frac{2.7 \cdot F}{5 \cdot (50-5)} = \frac{2.7 \cdot F}{225} \rightarrow F = 58\,333\,N \cong 5946\,kp$$

En el caso de no existir el agujero, no habría concentrador de tensiones, y además, se dispondría de más superficie, por lo que la fuerza admisible será mucho mayor.

$$\sigma_{max} = \frac{K_t \cdot F}{A} \rightarrow 700 = \frac{1 \cdot F}{5 \cdot 50} = \frac{F}{250} \rightarrow F = 175\,000\,N \cong 17\,839\,kp$$

4.5 Problemas mixtos.

166. *Modos de rotura de un bulón.*

Para la unión de la figura, determinar todos los modos de rotura posible en cada elemento. Considerar carga estática de 20kN, y material AISI 1040 laminado en caliente para el elemento central, y el pasador, y hierro gris ASTM A48 grado 40 para la horquilla. Tomar 20 mm para la placa central, tanto en ancho como en fondo.

Solución. Ver desarrollo.

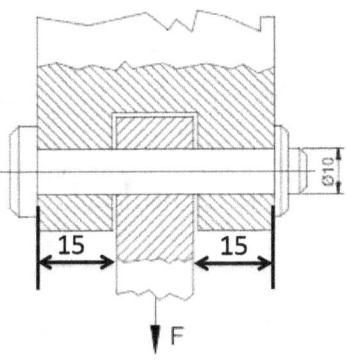

Se buscan las características del material en tablas. Para el AISI 1040 laminado, Su=621 MPa, Sy=414 MPa.
Se revisan cada uno de los posibles modos de rotura que se observan.

Opción 1. Rotura a cortante del bulón.
Para carga estática:

$$\tau_{dis} = \frac{S_y}{2N} = \frac{S_y}{4} = \frac{414}{4} = 103.5\,MPa$$

En cortante doble, el pasador trabaja a una tensión de:

$$\tau_{trab} = \frac{F}{A} = \frac{F}{2 \cdot \frac{\pi}{4} \emptyset^2} = \frac{20\,000}{2 \cdot \frac{\pi}{4} 10^2} = 127.32\,MPa$$

Realmente, el bulón trabaja por encima de la tensión máxima deseada, por lo que esta fuera de diseño.

Opción 2. Aplastamiento del pasador.
La placa central es el elemento crítico por tener menor zona de apoyo.

$$\sigma_{bd} = 0.90 \cdot \sigma_y = 0.90 \cdot 414 = 372.6\,MPa$$

El pasador trabaja con:

$$\sigma_{tra} = \frac{F}{A} = \frac{20\,000}{10 \cdot 20} = \frac{20\,000}{200} = 100\,MPa$$

La tensión de trabajo (100 MPa) es menor que la máxima permisible (372.6 MPa), por lo que el diseño es correcto según este modo de rotura.

Elementos sometidos a esfuerzos directos.

Opción 3. Rotura de la placa central por tracción.
La geometría es similar a una placa con un taladro. El criterio es:
$$\sigma_{max} = \frac{S_y}{2} = \frac{414}{2} = 207 \; MPa$$
Realmente hay una concentración de esfuerzos debido al agujero. Se acude a gráficos, con una configuración que corresponde a curva "B", y d/w=10/20=0.5, para obtener Kt=2.6, por lo que la tensión de trabajo es:

$$\sigma_{trab} = \frac{K_t \cdot F}{A} = \frac{2.6 \cdot 20\,000}{(20-10) \cdot 20} = 260 \; MPa$$

En teste modo, la tensión de diseño o máxima es inferior a la de trabajo, por lo que no se considera válido el diseño.

Opción 4. Rotura de la horquilla por apoyo del bulón.
El material es hierro gris ASTM A48 grado 40. En este material, son distintas las propiedades entre tracción y compresión. Según tablas, para tracción Su=276 MPa, y para compresión Suc=965 MPa.
En la zona del agujero, se trabaja a compresión como apoyo. La tensión de diseño será:
$$\sigma_{bd} = 0.90 \cdot \sigma_y = 0.90 \cdot 965 = 868.5 \; MPa$$

La tensión a compresión, si los dos lados de la horquilla trabajan igual, es:
$$\sigma_{tra} = \frac{F}{A} = \frac{20\,000}{2 \cdot 10 \cdot 15} = 66.6 \; MPa$$
Con este valor de tensión de trabajo, la horquilla apenas tiene que soportar esfuerzo frente a la tensión de diseño.

Opción 5. Rotura de la horquilla por tracción.
La horquilla trabaja como si fueran dos chapas con un agujero, del cual se tira. Esto provoca concentración de tensiones como sucedía con la placa central en la opción 3. Aplicando el mismo procedimiento, se obtiene un factor concentrador de tensiones Kt=2.6, puesto que son las mismas circunstancias geométricas. El esfuerzo de trabajo es:
$$\sigma_{trab} = \frac{K_t \cdot F}{A} = \frac{2.6 \cdot 20\,000}{(20-10) \cdot 15 \cdot 2} = 173.33 \; MPa$$
La tensión de diseño a tracción es:
$$\sigma_{max} = \frac{S_y}{2} = \frac{276}{2} = 138 \; MPa$$
Nuevamente se esta fuera de diseño en este modo de rotura.
Como conclusión, la horquilla, bulón o chapa, no rompen o deforman plásticamente, pero varios posibles modos de fallo están fuera de seguridad, por lo que el riesgo es elevado.

167. Eslabón de cadena

Una cadena de eslabones cuadrados de 10x10 mm de sección de perfil recibe una fuerza de 10 kN. Determinar la tensión que soporta el material, si la fuerza se reparte uniformemente, en la zona marcada.

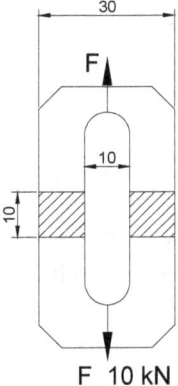

Solución. 50 Mpa

Si la cadena es de sección cuadrada de 10 x 10 mm, el área total es de:
$$A = 2 \cdot 10 \cdot 10 = 200\ mm^2$$
La tensión existente en la cadena, por tanto, será:
$$\sigma_{trab} = \frac{F}{A} = \frac{10\ 000}{200} = 50\ MPa$$

168. Eslabón de cadena

La figura ilustra un tipo de cadena que se utiliza para bandas transportadoras. Todos los componentes son de acero estirado en frio AISI 1040. Determinar la fuerza cíclica permisible en la cadena, según cada elemento:
a) Fuerza cortante del perno.
b) Esfuerzo de apoyo del perno en las placas laterales.
c) Tensión en las placas laterales.

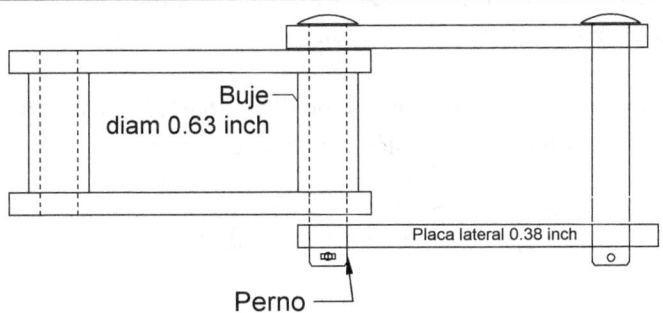

Solución. Ver desarrollo

Se buscan en tablas las propiedades del material AISI 1040 estirado en frio, obteniéndose Su = 97 ksi, Sy = 82 ksi

Para el perno, se observa que trabaja a cortante doble, por lo que el área de trabajo es el doble de la sección del propio perno.

Elementos sometidos a esfuerzos directos.

$$A = 2 \cdot \frac{\pi}{4} \cdot 0.63^2 = 0.623 \ in^2$$

Al tratarse de una carga repetida, se aplica el criterio de seguridad para cortante τ=Sy/8 = 82/8= 10.25 ksi = 10 250 psi
Se plantea el esfuerzo a cortante

$$\tau = \frac{F}{A} \rightarrow 10\,250 = \frac{F}{0.623} \rightarrow F = 6390.35 \ lb$$

Para evaluar el apoyo, se podría pensar en utilizar el criterio de σ$_{bd}$=0.90·Sy, pero al tratarse de una carga cíclica en lugar de una estática, se va a aplicar el criterio general de Su/8.
El área de apoyo son dos rectángulos de 0.38 x 0.63 pulgadas:

$$A = 2 \cdot 0.38 \cdot 0.63 = 0.4788 \ in^2$$

Se plantea la tensión conforme al coeficiente de seguridad.

$$\frac{97\,000}{8} = \frac{F}{0.4788} \rightarrow F = 5805 \ lb$$

Para las placas laterales, que trabajan a tracción, se observa que existe una concentración de tensiones en la zona del agujero donde está en perno. Se aplicará el criterio

$$\sigma_{adm} = \frac{\sigma_U}{8} = \frac{K_t \cdot F}{A}$$

El área es   A = 2·(w-d)·t = 2·(1.5 – 0.63)·0.38 = 0.6612 in².
Nótese que el "2" hace referencia a que hay dos placas.

Se busca el concentrador Kt, sabiendo que el perno tiene d/w=0.63/1.5 = 0.42. Entrando en la gráfica B del juego de graficos con concentradores de tensión, se obtiene Kt = 2.85
Así, se plantea

$$\frac{97\,000}{8} = \frac{2.85 \cdot F}{0.6612} \rightarrow F = 2833 \ lb$$

La fuerza obtenida claramente es el menor de los valores en los distintos puntos calculados, por lo que las placas laterales en la zona del perno son la sección crítica.

169. Cable en polipasto.

Un polipasto tiene un gancho que cuenta con una única polea. La tensión de rotura del cable de acero es de 140 kgf/mm². Dado que el motor no tiene variador, comunica ciertos tirones a la carga, por lo que se utiliza un coeficiente de seguridad de N=4. El cable está formado por seis cordones y cada cordón por 12 alambres de 8 décimas (de milímetro) de diámetro. Determinar la carga que se puede levantar. Nota: el alma interior del cable no se considera a efectos de resistencia.

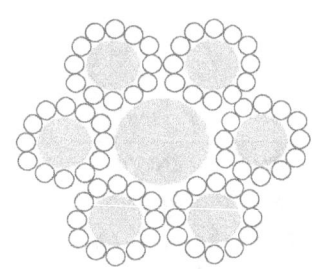

Solución. 1266 kp

La tensión de rotura, expresada en otras unidades será:

$$\sigma = 140 \frac{kgf}{mm^2} = 140 \cdot 9.81 \frac{N}{mm^2} = 1373.4 \; MPa$$

El cable está formado por un total de 6·12 = 72 alambres de diámetro 0.8 mm
El área total es:

$$A = \frac{\pi}{4} \cdot \emptyset^2 \cdot 72 = \frac{\pi}{4} \cdot 0.8^2 \cdot 72 = 36.19 \; mm^2$$

Por el tipo de aplicación se aplica un coeficiente de seguridad de N=4, por lo que la tensión admisible o de trabajo es:

$$\sigma_{adm} = \frac{\sigma}{N} = \frac{1373.4}{4} = 343.35 \; MPa$$

Relacionando con la fuerza y el área:

$$\sigma_{adm} = \frac{F}{A} = \frac{F}{36.19} \rightarrow F = 12\,425.8 \; N = 1266.6 \; kp$$

170. Tensión admisible en eslabón de cadena.

Una cadena de sección cuadrada de 10x10 mm de perfil está hecha con un material con tensión de rotura Su=50 kp/mm². Si se quiere trabajar con un coeficiente de seguridad de N=4, determinar la máxima fuerza a la que se le puede someter.

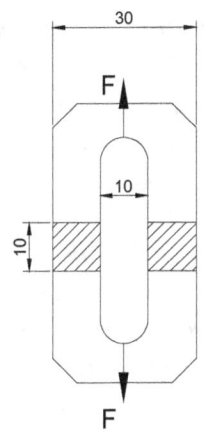

Solución   2500 kp

Se determina la tensión admisible o de diseño en el eslabón, aplicando el coeficiente de seguridad solicitado:

$$\sigma_d = \frac{\sigma_u}{N} = \frac{50 \cdot 9.81}{4} = 122.625 \; MPa$$

Elementos sometidos a esfuerzos directos.

A partir de ahí, se puede obtener la fuerza que provoca esa tensión, y que representará la máxima fuerza que se puede admitir por parte del eslabón, aunque esto no suponga la rotura.

$$\sigma = \frac{F}{A} \rightarrow 122.625 = \frac{F}{2 \cdot 10 \cdot 10} \rightarrow F = 24\,525\,N = 2500\,Kp$$

171. Brida

Una brida de cierre de una tubería soporta una fuerza de 24 kN, debido a la presión interior y la superficie. La brida se sujeta mediante 6 tornillos, de un material que admite un esfuerzo máximo de 200 N/mm². Determinar la métrica mínima necesaria de tornillo.

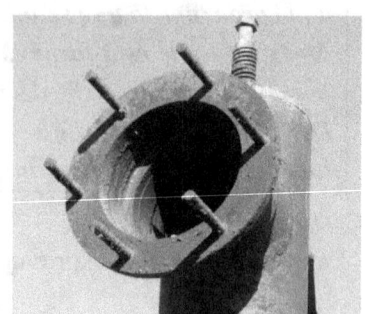

Solución M20

La fuerza que debe soportarse es F= 24 kN = 24 000 N. Al haber 6 tornillos, repartiendo la fuerza entre todos, cada uno de ellos deberá soportar 1/6, es decir, 4000 N.

Aplicando la expresión de la tensión, se obtiene el área mínima necesaria para un tornillo:

$$\sigma = \frac{F}{A} \rightarrow 200 = \frac{4000}{A} \rightarrow A = 20\,mm^2$$

Consultando tablas, los tornillos M6 ya tiene los 20 mm² necesarios de sección.

Observación: se ha considerado que el dato de 200 MPa de tensión admisible ya incluye el coeficiente de seguridad.

172. Casquillo de latón

Para mantener dos chapas separadas entre sí se coloca un casquillo entre las mismas que actúa como separador. A continuación, se fija todo mediante tornillos de métrica M8 rosca fina, apretados a 50 MPa en el núcleo. El casquillo tiene un diámetro interior de 8.6 mm y en el exterior de 16 mm. Determinar el esfuerzo de compresión sobre el casquillo, y determinar si se puede utilizar un latón como material.

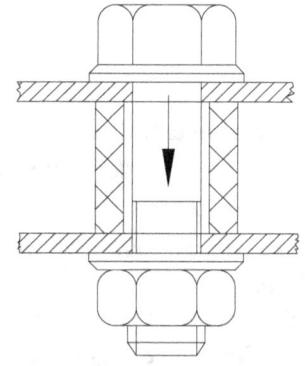

Solución. 12.8 MPa, se puede usar.

A partir de tablas, se obtiene el área del núcleo de un tornillo de métrica M8, rosca fina, que es de 36.6 mm².

La fuerza que realiza el tornillo es:

$$\sigma = \frac{F}{A} \rightarrow 50 = \frac{F}{36.6} \rightarrow F = 1830\,N$$

El área del casquillo es:

$$A = \frac{\pi}{4}(D^2 - d^2) = \frac{\pi}{4}(16^2 - 8.6^2) = 142.97 \ mm^2$$

La tensión que soporta el casquillo es:

$$\sigma = \frac{F}{A} \rightarrow \sigma = \frac{1830}{142.97} = 12.799 = 12.8 \ MPa$$

Si se busca en tablas, un latón C36000 soporta una tensión Sy=124 MPa. Aplicando un coeficiente de seguridad de N=2, la tensión de diseño es:

$$\sigma_{dis} = \frac{124}{2} = 62 \ MPa$$

La tensión de trabajo es muy inferior a la de diseño, por lo que el latón comercial elegido no tiene problema.

173.   Soporte con pasador

Se utiliza una barra rectangular como soporte colgante, según el esquema de la figura. Tanto la barra como la horquilla son de aluminio 6061— T6. Determinar la carga permisible máxima considerando que el perno se realizará en un material más resistente

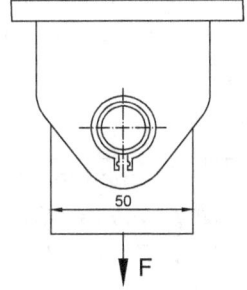
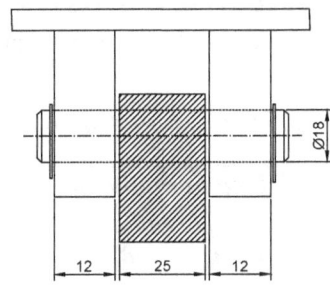

Solución. Ver desarrollo.

Se debe determinar la fuerza capaz de aguantar la horquilla y la barra, de forma que después para el perno mantenga la geometría, y se juegue eligiendo el material. De esta forma, el elemento limitante, será el más débil.

Para el aluminio seleccionado, Al 6061-T6, se conocen los siguientes valores: Su = 45 ksi = 310 MPa; Sy=40 ksi=276 MPa; Sus = 30 ksi = 207 MPa

Tanto la horquilla como la barra trabaja con un esfuerzo de apoyo, por lo que se obtiene la tensión de diseño aplicando la recomendación:

$$\sigma_{bd} = 0.65 \cdot \sigma_y = 0.65 \cdot 276 = 179.4 \ MPa$$

$$\sigma = \frac{F}{A} \rightarrow 179.4 = \frac{F}{25 \cdot 18} \rightarrow F = 80\ 730 \ N \cong 8230 \ kp$$

Para la horquilla, se supone que la carga F se reparte la mitad a cada lado. Aplicando la tensión de diseño obtenida:

$$179.4 = \frac{F/2}{12 \cdot 18} \rightarrow F = 77\ 501 \ N \cong 7900 \ kp$$

La horquilla es el elemento más débil de los dos, con lo cual será el primero en romperse. Otra alternativa es que se diseñe la unión para que el perno sea lo primero en romperse, puesto que es un elemento de fácil sustitución.

Elementos sometidos a esfuerzos directos.

Para finalizar el problema, falta comprobar que sucede con el esfuerzo a tracción en la pieza central, teniendo en cuenta que es una placa con un orificio.

La tensión máxima en la placa se obtiene del valor mínimo:

$$\sigma_{max} = Min\{0.61 \cdot \sigma_y \;;0.51 \cdot \sigma_u\} = Min\{0.61 \cdot 276 \;;0.51 \cdot 310\} = 158.1$$

Acudiendo a tablas de concentración de tensiones, para una placa con agujero, se determina que es la curva "B"

Con la relación entre el diámetro y el tamaño de la chapa (18/50 = 0.36), se entra en la curva "B", y se obtiene un coeficiente de K_t=3.2 aproximadamente.

Se aplica la expresión anterior, restando el área del agujero a la sección total, para obtener la fuerza máxima admisible:

$$\sigma_{max} = \frac{K_t \cdot F}{A} \rightarrow 158.1 = \frac{3.2 \cdot F}{25 \cdot (50-18)} \rightarrow F = 39\,525\,N \cong 4029\,kp$$

Se observa que ésta es la opción más restrictiva, la que menor fuerza soporta. Por tanto, la carga máxima serán 4000 kp aproximadamente, y la zona de rotura sería por la pieza central.

174. Conjunto con pasador

> *Una horquilla dispone de una unión que soporta una carga de 20kN a tracción, de forma estática. La horquilla es de aluminio 6061-T4; la placa central es de aluminio 2014-T4; el perno o pasador es de aluminio 2014-T6. Analizar:*
> *a) La seguridad de la horquilla en la zona perforada por el perno.*
> *b) La seguridad de la horquilla en la zona de apoyo del perno.*
> *c) La seguridad de la placa central en la zona de apoyo del perno.*
> *d) La seguridad del perno a cortante.*
> *e) La seguridad del perno en la zona de apoyo.*

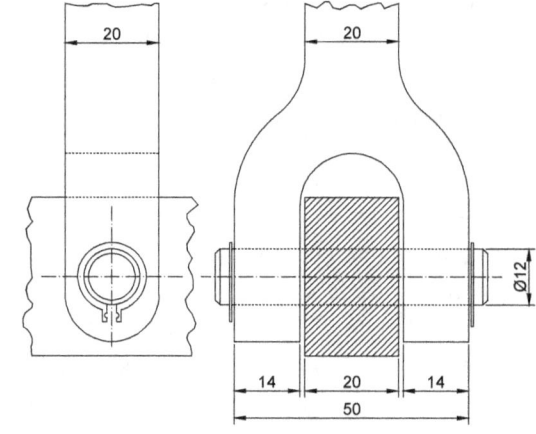

Solución

Se busca en tablas los valores de resistencia de cada uno de los materiales involucrados:

Aluminio 6061-T4: Su = 241 MPa; Sy = 145 MPa; Sus = 165 MPa.

Aluminio 2014-T4: Su=427 MPa; Sy = 290 MPa; Sus=262 MPa.

Aluminio 2014 –T6: Su = 483 MPa; Sy = 414 MPa; Sus = 290 MPa.

a) El esfuerzo de trabajo en esa zona, a tracción, ha de tener en cuenta que se produce además una situación de concentración de tensiones, puesto que cada lado de la horquilla se comporta como una chapa con un agujero.

Acudiendo a tablas de concentración de tensiones, para una placa con agujero, se determina que es la curva "B"

Con la relación entre el diámetro y el tamaño de la chapa (12/20 = 0.6), se entra en la curva "B", y se obtiene un coeficiente de K_t=2.3 aproximadamente.

Se aplica la expresión anterior, restando el área del agujero a la sección total, para obtener la fuerza máxima admisible:

$$\sigma_{trab\ max} = \frac{K_t \cdot F}{A} \rightarrow 158.1 = \frac{2.3 \cdot 20\ 000}{2 \cdot 14 \cdot (20 - 12)} = 205.3\ MPa$$

Se debe comparar con el esfuerzo admisible por diseño para conocer el coeficiente de seguridad. El aluminio, admite como tensión de diseño:

$$\sigma_{dis} = Min\ \{0.61 \cdot \sigma_y\ ; 0.51 \cdot \sigma_u\} = Min\ \{0.61 \cdot 145\ ; 0.51 \cdot 241\} = 88.45\ MPa$$

Dado que la tensión de trabajo es mucho que la de diseño, la horquilla no es válida. Se debería cambiar el material, o redimensionar sus cotas.

b) En la zona de apoyo del perno, el área es: $A = 2 \cdot 12 \cdot 20 = 480\ mm^2$

El esfuerzo de trabajo en esa zona, de apoyo, es:

$$\sigma_{bd} = \frac{20\ 000}{480} = 41.67\ MPa$$

La recomendación de esfuerzo máximo o de diseño es: $\sigma_{bd\ max} = 0.65 \cdot Sy = 0.65 \cdot 145 = 94.25\ MPa$

Se observa que el esfuerzo es inferior al máximo permisible, por lo que el coeficiente de seguridad existente es:

$N = 94.25/41.67 = 2.26$

c) La placa central tiene un área de apoyo en el perno de $A = 12 \cdot 20 = 240\ mm^2$

El esfuerzo de trabajo en esa zona, de apoyo, es:

$$\sigma_{bd} = \frac{20\ 000}{240} = 83.33\ MPa$$

Para este material (Al 2014-T4), el valor de diseño es:

$$\sigma_{dis} = Min\ \{0.61 \cdot \sigma_y\ ; 0.51 \cdot \sigma_u\} = Min\ \{0.61 \cdot 290\ ; 0.51 \cdot 427\} = 176.9\ MPa$$

Se obtiene el coeficiente de seguridad existente: $N = 176.9/83.33 = 2.12$

d) El perno tiene un área de apoyo de: $A = 12 \cdot (14 + 14) = 336\ mm^2$

El esfuerzo de trabajo en esa zona, de apoyo, es:

$$\sigma_{bd} = \frac{20\ 000}{336} = 59.52\ MPa$$

Para este material el valor de diseño en apoyo es:

$$\sigma_{dis} = Min\ \{0.61 \cdot \sigma_y\ ; 0.51 \cdot \sigma_u\} = Min\ \{0.61 \cdot 414\ ; 0.51 \cdot 483\} = 246.33\ MPa$$

Se obtiene el coeficiente de seguridad existente: $N = 246.33/59.52 = 4.16$

E) En cortante, el perno trabaja a cortante doble.

El área es:

$$A = 2 \cdot \frac{\pi}{4} \emptyset^2 = 2 \cdot \frac{\pi}{4} 12^2 = 226.2\ mm^2$$

La tensión a cortante de trabajo es:

Elementos sometidos a esfuerzos directos.

$$\tau_{trab} = \frac{20\,000}{226.2} = 88.41\ MPa$$

A cortante, el valor de diseño viene dado por

$$\tau_{diseño} = \frac{S_{ys}}{N} = \frac{290}{2} = 145\ MPa$$

Por tanto, la seguridad existente es: 145/88.41=1.6

El diseño en correcto en todos los casos, salvo en la primera opción, que debido a la concentración de tensiones por el agujero en la horquilla para el pasador, se está fuera de diseño.

4.6 Formulario y tablas.

Resumen de fórmulas básicas y datos tabulados específicos de este capítulo:

Criterio general de diseño: $\sigma_{trabajo} \leq \sigma_{diseño}$

Cargas a tracción/compresión:

$$\sigma_{diseño} = \frac{\sigma_y}{N}\ \acute{o}\ \frac{\sigma_u}{N}$$

Acero de tipo estructural con una carga estática,

$$\sigma_{diseño} = Min\{\sigma_y/1.67\ ;\sigma_u/2\}$$

Aluminio de tipo estructural con una carga estática:

$$\sigma_{diseño} = Min\{\sigma_y/1.65\ ;\sigma_u/1.95\}$$

Esfuerzos cortantes:

$$\tau_{dis} = \frac{Sy}{2N}$$

Esfuerzos de apoyo: $\sigma_{bd} = 0.90 \cdot S_y$

Concentradores de esfuerzo:

$$\sigma_{trabajo} = \frac{Kt \cdot F}{A}$$

Para concentradores de esfuerzo, véase anexo final con gráficos.

Capítulo 5
Análisis de esfuerzos y deformaciones por flexión.

Contenido	Pág.
5.1 Esfuerzos en vigas a flexión.	139
5.2 Cortante en vigas.	157
5.3 Deformaciones en vigas	160
5.4 Formulario y tablas	162

Siguiendo con el análisis de tipos de cargas que afectan a los elementos de máquinas, se aborda en este capítulo las situaciones en las que las cargas provocan flexión. Se aplicarán todos los conceptos estudiados anteriormente, como es el uso de coeficientes de seguridad, concentración de esfuerzos, etc.

Concretamente, las situaciones a comprobar son:
- Esfuerzos derivados de la flexión. Se estudia cual es el esfuerzo máximo que se produce debido a la flexión, identificando la sección donde hay mayor solicitación.
- Esfuerzos cortantes. Se analiza cómo es el cortante que se produce por la carga de flexión, y en qué zona se produce, a efectos de comprobar si puede influir en el cálculo del esfuerzo.
- Deformaciones. Se realiza una introducción al cálculo de deformaciones, teniendo en cuenta que aunque en ocasiones la pieza puede soportar el esfuerzo que se le solicita, la deformación que se produce puede no ser aceptable, o mayor que la permitida por normativa, reglamentos, etc.

Al final del capítulo se recogen tablas de características específicamente tratadas en este capítulo, y a lo largo de la introducción teórica, las distintas tablas con coeficientes de seguridad.

5 Análisis de esfuerzos y deformaciones por flexión.

En capítulos anteriores se ha realizado el estudio de las situaciones de equilibrio, obteniéndose los diagramas de cortantes y flectores en diversas configuraciones y situaciones. En particular, cuando existen cargas que generan flexión, el diagrama de momentos cobra una especial relevancia. La existencia de un momento flector genera en un elemento esfuerzos de tracción y compresión, en función de varios factores:
- El valor del momento existente en una sección del elemento.
- La geometría, que determina el momento de inercia de la sección
- La posición del centro de masas, que determina si el valor del esfuerzo de tracción es equivalente al de compresión.
- La naturaleza del material, puesto que no todos los materiales tienen la misma resistencia a tracción que a compresión.
- La longitud, puesto que, para elementos muy cortos, el cálculo a cortante puede ser más restrictivo que el de flexión.

Fórmula de flexión.

Un elemento sometido a flexión desarrolla esfuerzos de tracción en una de sus caras, y de compresión en la otra. Teniendo en cuenta cómo se tiende a deformar el elemento, la cara que se acorta estará sometida a compresión, y la que se alarga, a tracción.

El hecho de que en una cara exista un esfuerzo de tracción (positivo), y en la opuesta un esfuerzo de compresión (negativo), implica que debe haber un punto de la sección en la que no existe esfuerzo. Este punto coincide con el centro de masas, y recibe el nombre de línea neutra, o fibra neutra.

El esfuerzo que se produce en un determinado punto de la sección se obtiene aplicando:

$$\sigma_{nom} = \frac{M \cdot c}{I}$$

σ_{nom} = esfuerzo en el punto de cálculo de la sección, en MPa.
M = momento flector en la sección, en N· mm
C = distancia del punto de cálculo a la línea neutra o centroide (centro de masas) en mm.
I = inercia de la sección en mm^4. Véase formulario para distintas geometrías.

La aplicación de esta fórmula queda sujeta a toda una serie de condicionantes e hipótesis que, si bien no son objeto de estudio detenido de este texto, se pueden resumir fundamentalmente en:

- El elemento sea recto o casi recto.
- El elemento no se tuerza al aplicar la carga. (por lo que perfiles abiertos no son adecuados).
- La aplicación de las cargas es perpendicular.
- No hay zonas que fallen a pandeo (secciones esbeltas).
- Homogeneidad del material.
- El elemento es tipo viga, es decir, la longitud es muy superior a las otras dos dimensiones transversales.
- La sección debe ser lo más constante posible.

En los casos, muy habituales, de desear conocer el peor punto de la sección, este se corresponderá con el exterior del perfil, y la cara que esté más alejada del centro de masas. Si la sección es simétrica, las caras superior e inferior estarán a la misma distancia, por lo que el valor del esfuerzo será el mismo a tracción que a compresión. En estos casos, se debe considerar si la resistencia del material es la misma para ambos tipos, o bien tomar como referencia de cálculo el tipo de menor resistencia.

En los casos de perfiles huecos (tubos y perfilería hueca en el interior), el punto más desfavorable será siempre sobre la superficie exterior.

Se observa, analizando la ecuación, que para un momento flector M concreto, interesa que la geometría de la sección maximice la inercia, y minimice la distancia al centro de gravedad. Esta premisa se suele lograr con perfiles huecos, que para cumplir con las condiciones de aplicación de la fórmula, deberán ser cerrados

Coeficientes de seguridad

De cara a la determinación del esfuerzo de diseño, que no se recomienda sobrepasar, se puede aplicar con carácter general las mismas recomendaciones que para esfuerzos directos de tracción/compresión. Estos coeficientes, ya se estudiaron en el capítulo 4.

Tabla 5.1 Criterios para esfuerzos de diseño, en esfuerzos de flexión

Tipo de carga	Material dúctil	Material frágil
Estática	Sy/2	Su/6
Repetida (fatiga)	Su/8	Su/10
Impacto	Su/12	Su/15

Su= tensión máxima, Sy= límite elástico

Según el tipo de material, dúctil ó frágil, y el tipo de carga, se establece cómo ha de calcularse el esfuerzo de diseño. En todos los casos, se aplica:

$$\sigma_{diseño} = \frac{\sigma_y}{N} \text{ ó } \frac{\sigma_u}{N}$$

En los casos concretos de que se utilice acero de tipo estructural con una carga estática, se recomienda aplicar el criterio establecido por el AISC:

$$\sigma_{diseño} = \sigma_y/1.5$$

Para los casos en que el material sea aluminio, en tal caso, se aplica análogamente:
$$\sigma_{diseño} = Min\{\sigma_y/1.65\ ; \sigma_u/1.95\}$$

Concentración de esfuerzos

En el estudio de la flexión, se aplica el efecto de situaciones concentradoras de esfuerzos de la misma forma que se estudia en el capítulo 4. Para ello, se introduce un factor Kt, que representa el valor del concentrador de esfuerzos.

$$\sigma_{max} = Kt \cdot \sigma_{nom} = \frac{Kt \cdot M \cdot c}{I}$$

Los distintos valores que puede tomar el coeficiente Kt se obtienen de tablas en el anexo final.

Fórmula del cortante

Cualquier elemento sometido a flexión también está sometido a una carga cortante. Sin embargo, al igual que el esfuerzo derivado de la flexión no era uniforme, y tiene su máximo en la cara más alejada, el cortante tampoco es uniforme en toda la sección, y el valor máximo se encuentra sobre la línea neutra. Este hecho hace que el punto más desfavorable de la sección sea o bien debido al cortante, o bien debido al flector.

Sin embargo, la práctica demuestra que salvo para elementos muy cortos, donde la flexión que se produce es pequeña, el valor más limitante suele ser el esfuerzo derivado de la flexión, por lo que en muchas ocasiones no se calcula el cortante, o si se hace, es solo a efectos de comprobación por seguridad. En el caso de elementos de madera, es aconsejable hacer siempre la comprobación a cortante.

Si se quiere realizar la comprobación por cortante, la fórmula a aplicar depende de la geometría.
La fórmula general es:

$$\tau = \frac{V \cdot Q}{I \cdot t}$$

V = valor de la fuerza cortante en la sección. Se obtiene del diagrama de cortantes.
I = inercia de la sección.
T = espesor de la sección en el punto de cálculo.
Q= momento estático. Por definición, es el área de la parte de la sección transversal alejada del eje de cálculo, multiplicado por la distancia al centroide de la sección general.

Para las geometrías más habituales, y teniendo en cuenta que se busca conocer el valor máximo del esfuerzo cortante, se puede particularizar la expresión anterior, y aplicar otras equivalentes:
Para secciones rectangulares:

$$\tau_{max} = \frac{3 \cdot V}{2 \cdot A}$$

En secciones rectangulares el punto de cortante máximo estará en el centro de la sección

Para tubos huecos, de pared delgada:
$$\tau_{max} = \frac{2 \cdot V}{A}$$
El punto de cortante máximo estará en el centro de la sección

Para tubos macizos
$$\tau_{max} = \frac{4 \cdot V}{3 \cdot A}$$
El punto de cortante máximo estará en el centro de la sección
Para perfiles tipo IPN, H, o de alma delgada en general.
$$\tau_{max} = \frac{V}{t \cdot h}$$

Para vigas de acero laminado, el AISC recomienda $\tau_{dis} = 0.4 \cdot S_y$

Para aluminio, la Aluminum Association : $\tau_{dis} = 0.25 \cdot S_y$

Deformaciones

Además de no superar el esfuerzo de diseño, en muchas ocasiones, se establecen también restricciones en cuando a la deformación máxima admisible en un elemento. Así, hay situaciones particulares, como ejes, donde la deformación máxima no debe superar un porcentaje del valor de la longitud. O en elementos de moldes y matricería, donde, aunque se pueda soportar el esfuerzo, la deformación producida sea excesiva y genere marcas en el producto fabricado.

El cálculo de la deformación generada por esfuerzos de flexión es matemáticamente complejo, y requiere de conocimientos propios de elasticidad y resistencia de materiales a nivel de ingeniería. Sin embargo, para ciertas configuraciones de cargas, existen formularios que permiten determinar la deformación máxima producida a partir de la aplicación de una fórmula, como son cargas puntuales en vigas en voladizo, o cargas puntuales en vigas biapoyadas.

En el formulario existe un conjunto de situaciones descritas con sus correspondientes ecuaciones, que permiten obtener la flecha o deformación en el punto más desfavorable, para ser contrastada con la limitación por diseño que se aplique según la situación concreta.

5.1 Esfuerzos en vigas a flexión

175. Carga puntual centrada

En una viga rectangular de 25 x 100 de sección, de 3.4 metros de longitud, se aplican 1500 N en su punto central. Si la viga esta simplemente apoyada, el esfuerzo en el lugar más desfavorable debido al momento. Calcular el esfuerzo máximo.
Dato: se dispone de los diagramas adjuntos.

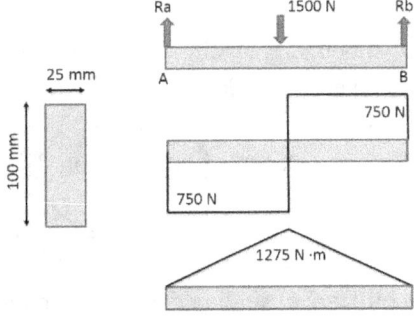

Solución. 30.6 MPa.

Se dispone ya en el enunciado del valor de las reacciones (750 N), y los diagramas de cortantes y flectores. Por lo tanto, se busca el punto más desfavorable, que en este caso se produce donde se aplica la carga, y se tiene un momento flector máximo. Para obtener el valor del esfuerzo se aplica la ecuación.

$$\sigma = \frac{M \cdot c}{I}$$

Los puntos más desfavorables se sitúan en la cara superior e inferior del perfil, por lo que el parámetro "c" es la mitad de la altura del perfil (distancia del centroide o fibra neutra al punto más alejado).
La inercia del perfil, de sección rectangular, se obtiene como

$$I = \frac{1}{12} \cdot b \cdot h^3$$

siendo "b" el ancho, y "h" la altura.
Así pues, sustituyendo en la expresión del esfuerzo:

$$\sigma_{max} = \frac{M \cdot \frac{h}{2}}{\frac{1}{12} \cdot b \cdot h^3} = \frac{1\,275\,000 \cdot \frac{100}{2}}{\frac{1}{12} \cdot 25 \cdot 100^3} = 30.6\,MPa$$

Obsérvese que se han introducido los valores del flector en N·mm y las cotas del perfil en mm, para obtener MPa.

176. Polea de montacargas.

Un eje de 2 metros de longitud se apoya en sus extremos. En el centro del eje, hay una polea, cuyos ramales ejercen una fuerza total de 2200 kp en vertical. Se desea limitar el esfuerzo de trabajo en el eje a 600 kp/cm². Determinar el diámetro mínimo del eje.

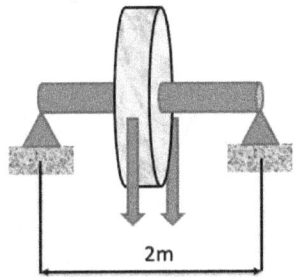

Solución. 12.3 cm

Se considera que el eje gira libremente en los extremos, por lo que no se dan condiciones de empotramiento. Así, se busca el punto sometido a mayor esfuerzo, que se obtendrá del diagrama de momentos.

Se entiende por el enunciado que la polea hace una fuerza total de 2200 kp hacia abajo. Se plantean las ecuaciones de equilibrio, considerando reacciones R_A y R_B en los extremos:
$$\Sigma F_y = 0 \rightarrow 2200 = R_A + R_B$$
Por simetría, $R_A = R_B = 1100$ kp. Se obtiene el momento máximo, que será en el centro del perfil, donde se aplica la fuerza de la polea:
$$M = 1100 \cdot 1 = 1100 \; kp \cdot m = 110\,000 \; kp \cdot cm$$
Por último, se aplica la expresión del esfuerzo a flexión:
$$\sigma_{max} = \frac{M \cdot c}{I} \rightarrow 600 = \frac{110\,000 \cdot \frac{D}{2}}{\frac{\pi}{64} \cdot D^4} \rightarrow D = 12.31 \; cm$$
Se utilizará el siguiente diámetro mayor disponible.

177. IPE en voladizo

Una viga IPE-30 en acero A42 está empotrada, con 2 metros en voladizo. En el extremo libre, soporta una carga de 2.3 toneladas. Si el acero admite una tensión máxima de 1780 kp/cm², determinar si el diseño es correcto.
Nota: Consultando el prontuario se obtienen los siguientes datos:
Ixx = 8360 cm⁴ (momento de inercia); A= 53.8 cm² (área de la sección transversal), altura del perfil = 300 mm.

Solución. Si, es correcto.
Se aplica la expresión que permite calcular el esfuerzo en la zona más solicitada del perfil, que son las caras superior e inferior:
$$\sigma_{max} = \frac{M \cdot c}{I}$$
El momento es máximo en la zona empotrada, con un valor:
$$M = F \cdot d = 2300 \; kp \cdot 2 \; m = 4600 \; kp \cdot m = 460\,000 \; kp \cdot cm$$

El valor de "c" es la distancia de la cara más alejada a la fibra neutra, que está en el centro del perfil. Por tanto, c = 300/2 = 150 mm = 15 cm.

Dado que la inercia se conoce por ser un dato extraído de prontuario, se puede obtener la tensión máxima:
$$\sigma_{max} = \frac{460\,000 \cdot 15}{8360} \cong 825.36 \; kp/cm^2$$
El valor máximo en el perfil es muy inferior a la tensión máxima permitida, por lo que es válido sin problema.

178. Diámetro de viga circular empotrada

Una viga circular maciza se encuentra empotrada en un extremo, con una carga de 5000 kp en el otro extremo. La longitud es de 2 metros y la tensión de trabajo es de 1700kgf/cm². Determinar el diámetro necesario mínimo.

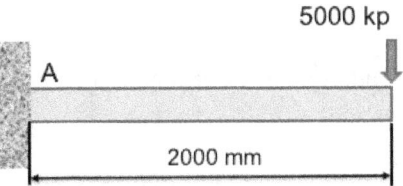

Solución. Diámetro mayor de 18.2 cm

Se obtiene el valor del momento máximo al que estará sometida la viga, que se corresponderá en el empotramiento, con un valor de:

$$M = F \cdot d = 5000 \; kp \cdot 2 \; m = 10\,000 \; kp \cdot m = 1\,000\,000 \; kp \cdot cm = 10^6 \; kp \cdot cm$$

Si se desea obtener la situación límite en la cual la viga trabaje a 1700 kp/cm², se considera esa como la tensión máxima. Por tanto, planteando la ecuación de la tensión, considerando la inercia del perfil como I = π/64 · D⁴

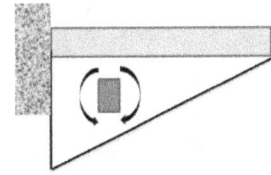

$$\sigma_{max} = \frac{1 \cdot 10^6 \cdot \frac{D}{2}}{\frac{\pi}{64} \cdot D^4} = 1700 \; kp/cm^2$$

Se despeja D= 18.16 cm, por lo que se deberá usar la siguiente medida mayor disponible.

179. Perfil IPE 30 en voladizo.

Una viga IPE-30 de acero estructural A-42, empotrada, admite una tensión máxima de 1780 kgf/cm2 y recibe una carga de 2300 kgf, aplicada en el extremo de esta con una longitud de 4 m.
a) Calcular las tensiones en la zona de empotramiento, y determinar si la viga es correcta.
b) Si se pudiese sustituir por una viga maciza manteniendo la misma altura (300 mm), determinar qué anchura mínima debería tener para cumplir.
c) Determinar la anchura que debería tener la viga maciza que sustituye a la actual, pero en esta ocasión, para que trabaje en igualdad de condiciones que el perfil IPE
Nota: el valor de tensión máxima ya incluye el coeficiente de seguridad. Valor de la inercia I=8360 ·10⁴ mm⁴ con E= 210 GPa.

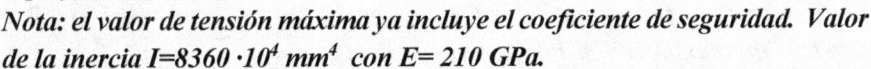
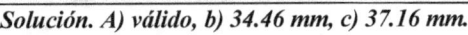
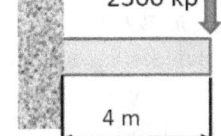

Solución. A) válido, b) 34.46 mm, c) 37.16 mm.

a) Se plantea el diagrama de solido libre, y se obtienen las reacciones en el empotramiento, tanto en vertical como el momento generado:

$$R_y = 2300 \; kp = 22\,563 \; N$$

$$M = F \cdot d = 2300 \; kp \cdot 4 \; m = 9200 \; kp \cdot m = 90.252 \; 10^6 \; N \cdot mm$$

El valor límite permitido es de 1780 kgf/cm² = 174.62 MPa (aproximando).

El valor del esfuerzo máximo generado por ese momento, en el empotramiento:

$$\sigma_{max} = \frac{M \cdot c}{I} = \frac{90.252 \cdot 10^6 \cdot 300/2}{8360 \cdot 10^4} = 161.93 \; MPa$$

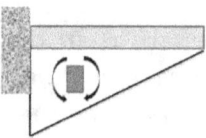

Dado que el valor máximo es inferior al límite permitido, el perfil se considera válido.

b) Para una viga rectangular, de la misma altura, únicamente cambia el valor de la inercia:
I =1/12 · b ·h³ = 1/12 · b ·300³ mm⁴, siendo "b" la anchura.
Para la situación límite de 174.62 MPa permitidos:

$$\sigma_{max} = \frac{M \cdot c}{I} \rightarrow 174.62 = \frac{90.252 \cdot 10^6 \cdot 300/2}{\frac{1}{12} \cdot b \cdot 300^3} \rightarrow b = 34.46 \; mm$$

Por lo tanto, con que la viga tuviese 35 mm de anchura, sería suficiente. Sin embargo, una viga de esa anchura no tendría mucho sentido, puesto que aunque cumpliría el requerimiento de resistencia, en caso de aparecer cualquier carga transversal (horizontal), tendría muy poca inercia, y el perfil apenas presentaría resistencia.

c) Si en lugar de buscar la viga rectangular más pequeña que aguante la misma carga, se buscase una que estuviese sometida a la misma tensión que la existente, en tal caso sería igualando con la tensión actual en lugar del límite:

$$\sigma_{max} = \frac{M \cdot c}{I} \rightarrow 161.931 = \frac{90.252 \cdot 10^6 \cdot 300/2}{\frac{1}{12} \cdot b \cdot 300^3} \rightarrow b = 37.16 \; mm$$

Se obtiene en tal caso una viga algo mayor, de ancho b = 37.16 mm, que estaría trabajando en condiciones equivalentes a la actual para la carga establecida, pero que presentaría el mismo problema de falta de rigidez para cargas horizontales que tiene la obtenida en el apartado b).

180. Viga simplemente apoyada

Una viga simplemente apoyada por los extremos de luz 4 metros, está sometida a una carga puntual en su punto medio. La viga es un perfil IPN, con I = 9800·10⁴ mm⁴, altura del perfil = 30 cm. Determinar el valor máximo de P que puede aplicarse para una tensión máxima admisible de 1223 kgf/cm².

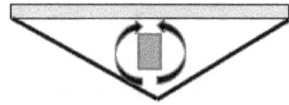

Solución 7991 kp.
Se plantean las ecuaciones de equilibro para obtener las reacciones y posteriormente el momento en el peor punto:
Por equilibrio de fuerzas: $R_A + R_B = P$
Por equilibrio de momentos, respecto del extremo A: $P \cdot 2 = R_B \cdot 4$
Se obtiene $R_A = R_B = P/2$, lo cual es lógico puesto que existe simetría.

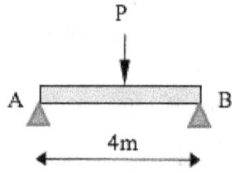

Así, el peor lugar respecto del momento será el centro de la viga, donde hay un momento de valor M = 2·P/2 = P en N·m = 1000 P en N·mm
Se plantea el esfuerzo máximo, considerando que el límite son 1223 kgf/cm² = 120 MPa

$$\sigma_{max} = \frac{M \cdot c}{I} = \frac{1000\, P \cdot 300/2}{9800 \cdot 10^4} = 120\, MPa$$

Se despeja un valor de la carga de P= 78400 N = 7992 kgf.

181. Viga con varias cargas

Una viga correspondiente a la estructura de una máquina de grandes dimensiones tiene una longitud de 25 pies. En el peor punto, tiene un momento máximo de 91 113 lb·ft. Se propone que la viga se fabrique con un perfil W14 x 43 de acero. Calcular el esfuerzo máximo provocado por flexión en la viga.

Solución. 17.9 ksi

Antes de comenzar a resolver el problema, se busca el valor de la inercia del perfil en tablas, obteniéndose I = 428 in⁴.
Para aplicar la expresión $\sigma = (M \cdot c)/I$, se necesitan considerar algunos datos:
M_{max} = 91113 lb·ft, tomándose el momento máximo como el punto más desfavorable..
C = 14/2 = 7 in, que representan la distancia entre el centroide y la sección más alejada del mismo.

Sustituyendo en la expresión del esfuerzo, introduciendo el momento en lb·in (1 ft = 12 in), se obtiene el valor más desfavorable.

$$\sigma = \frac{91113 \cdot 12 \cdot 7}{428} = 17882\, psi \approx 17.9\, ksi$$

182. Cargas puntuales simétricas

Se pretende utilizar una viga en acero estructural ASTM A 36 para sostener dos cargas según el croquis adjunto. Si se disponen de varias medidas de ancho 1.5 in, determinar la altura mínima de la viga a elegir.

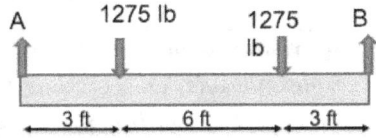

Solución

La inercia de la sección depende de la altura ("h") y el ancho ("b") de la misma:

$$I = \frac{1}{12} \cdot b \cdot h^3 = \frac{1}{12} \cdot 1.5 \cdot h^3$$

Se busca el punto de máxima tensión:

$$\sigma_{max} = \frac{M_{max} \cdot C}{I}$$

Siendo Cmax = h/2.   En una cara se producirá esfuerzo de tracción y en la otra de compresión.

$$\sigma_{max} = \frac{M_{max} \cdot \frac{h}{2}}{\frac{1}{12} \cdot b \cdot h^3} = \frac{M_{max}}{\frac{1}{6} \cdot b \cdot h^2} = \frac{M_{max}}{\frac{1}{6} \cdot 1.5 \cdot h^2}$$

Se necesita conocer el momento máximo. Para ello, se obtienen los diagramas de cortantes, y a partir de este, el de momentos.

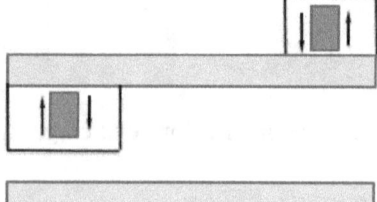

Las reacciones en los apoyos cumplen equilibrio de fuerzas en vertical: Ra + Rb = 1275 ·2

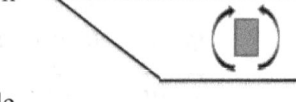

Por simetría, Ra = Rb, por lo que cada reacción tiene un valor de 1275 lb.

Se obtienen los diagramas de cortantes y el de flectores, y se observa que el tramo central tiene el momento máximo, con un valor:

$$M = 1275 \cdot 3 \text{ lb} \cdot \text{ft} = 1275 \cdot 3 \cdot 12 \text{ lb} \cdot \text{in} = 45\,900 \text{ lb} \cdot \text{in}$$

Para sustituir en la expresión del esfuerzo, se debe determinar el esfuerzo de diseño. Al tratarse de un A36, por tablas, Su = 58 ksi, y Sy = 36 ksi.

En los casos concretos de que se utilice acero de tipo estructural con una carga estática, se recomienda aplicar el criterio establecido por el AISC:

$$\sigma_{diseño} = Min\{\sigma_y/1.67\; ; \sigma_u/2\} = Min\,\{36\,000/1.67\; ; 58\,000/2\} = 21\,557\,psi$$

Sustituyendo en la expresión inicial:

$$21\,557 = \frac{45\,900}{\frac{1}{6} \cdot 1.5 \cdot h^2} \rightarrow h \cong 2.92\, in$$

Al no existir una viga con esa altura, la medida necesaria es una viga de 1.25 x 3 in, o la siguiente con una mayor altura (mejor que incrementar el ancho).

183.   Cargas puntuales

Una viga de apoyo que soporta una plataforma soporta las cargas indicadas en el croquis adjunto. Las cargas de apoyo son de tipo repetitivo, y se repiten miles de veces. Si se disponen de perfiles redondos de 50 mm de diámetro, en distintos tipos de aceros, especificar varias opciones de aceros válidos. Cargas en kN. Distancias en cm.

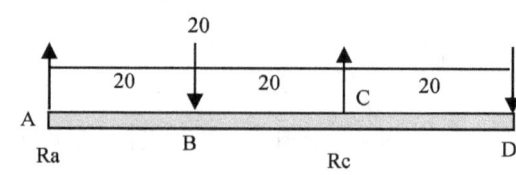

Solución

Para dimensionar la barra, se busca el punto más desfavorable, que será el punto de momento máximo del diagrama.

Se plantea una situación de equilibrio para obtener las reacciones en los apoyos, y posteriormente los diagramas de cortantes y de momentos:
$$\Sigma F_y = 0 \rightarrow R_A + R_C = 20 + 10 = 30 \; kN$$
$$\Sigma M_A = 0 \rightarrow 20 \cdot 20 + 10 \cdot 60 = R_C \cdot 40 \rightarrow R_C = 25 \; kN$$

Utilizando el equilibrio de fuerzas en vertical, se obtiene Ra = 5 kN
Se plantea el diagrama de cortantes y momentos.
Utilizando el diagrama de cortantes, se sabe que los puntos máximos en el de flectores estarán en las secciones B y C. Se calcula el momento en cada una de esas secciones.

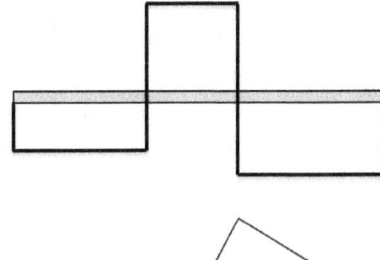
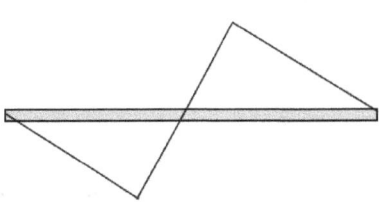

Para la sección B, calculando desde la izquierda:
Mb = 5·0.2 = 1 kN · m = 1000 N·m
Para la sección C, calculando desde la derecha:
Mc = 10·0.2 = 2 kN·m = 2000 N·m
Por lo tanto, el momento más desfavorable se sitúa en la sección C, donde el cortante es nulo.
Se calcula la tensión máxima debida al flector, siendo:
M = Momento máximo = 2000 N·m = 2 000 000 N·mm
C = distancia máxima a la fibra neutra = radio = 25 mm
I= Inercia = $\pi \phi^4/64$ = 306 796 mm^4
Sustituyendo en la fórmula:

$$\sigma_{max} = \frac{M \cdot c}{I} = \frac{2\,000\,000 \cdot 25}{306\,796} = 162.97 \; MPa$$

Se busca por tanto un acero que permita ese esfuerzo, teniendo en cuenta que la carga es fluctuante, lo que supone aplicar un coeficiente de seguridad de 8 frente a la tensión de rotura.
Así, la tensión a buscar en el material será Su = 162.97 ·8 = 1303.80 MPa
Buscando propiedades de aceros, se observa que se debe acudir a un acero AISI 1080 OQT 700, un AISI 1141 OQT 700, un AISI 4140 OQT 700 o un AISI 5160 OQT 900.

184.   Ménsula en voladizo

Una ménsula recibe una carga distribuida a lo largo de una parte gruesa de su sección, y una carga puntual en el extremo libre, tal cual se muestran en el diagrama. La resistencia a rotura del material son 70 ksi, y se quiere trabajar aplicando un coeficiente de seguridad de 8. Se considera que en la sección del empotramiento no se produce concentración de esfuerzos. De acuerdo con las cargas y la geometría indicadas, determinar si el diseño cumple los requerimientos de seguridad. Si en alguna sección no los cumple, indicar alguna alternativa.

Análisis de esfuerzos y deformacones por flexión

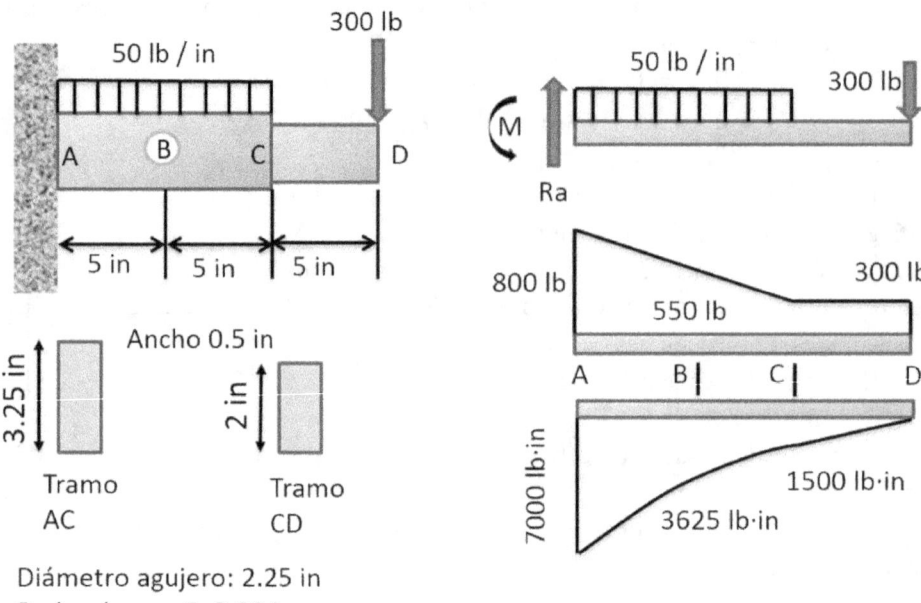

Diámetro agujero: 2.25 in
Redondeo en C: 0.08 in

Solución. Ver desarrollo.
Conociéndose el valor de cortantes y flectores en las secciones más representativas, A, B y C, se debe calcular la tensión en cada una de ellas, considerando el efecto de concentración de tensiones que las circunstancias producen en cada una de ellas. De esta forma, se obtendrá la sección necesaria para cada uno de los tramos.

Sección A.
Se tiene una fuerza cortante de 800 lb y un momento de 7000 lb·in. Por tanto, se calcula:

$$\sigma_A = \frac{K_t \cdot M \cdot c}{I}$$

siendo M = 7000 lb·in, c = 0.5·3.25 = 1.625 in, y el módulo de inercia, I, se obtiene para una sección rectangular como I = (1/12) ·b·h³ = (1/12) ·0.5·3.25³=1.4303 in⁴

Se sustituye en el valor del esfuerzo, con Kt = 1, puesto que según se indica, el empotramiento se puede considerar que no concentra tensiones.
Se obtiene

$$\sigma_A = 7962.66 \frac{lb}{in^2} = 7962.66 \, psi$$

Sección B.
Se deben repetir los pasos de la sección anterior, pero considerando que ahora si existe concentración de tensiones debido al taladro.
El coeficiente de concentración de tensiones se obtiene a través de la curva C del gráfico. Se obtiene el parámetro d/w que relaciona el tamaño del taladro frente a la altura de la viga.

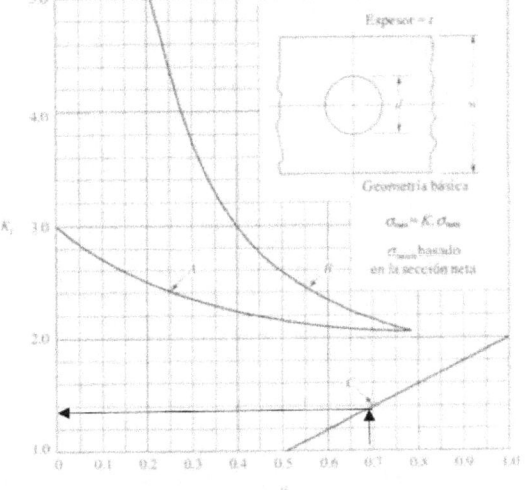

$$\frac{d}{w} = \frac{2.25}{3.25} = 0.692$$

Entrando en la gráfica, sobre la línea C, se obtiene un factor de concentrador de tensiones estimado de Kt = 1.39
Siguiendo la recomendación de la gráfica, se obtiene la tensión nominal como:

$$\sigma_{nom} = \frac{M \cdot c}{I_{neta}} = \frac{6 \cdot M \cdot w}{(w^3 - d^3)t} = \frac{6 \cdot 3625 \cdot 3.25}{(3.25^3 - 2.25^3)0.5} = 6163.49 \, psi$$

Aplicando el coeficiente de concentración de tensiones, se obtiene un esfuerzo máximo en la sección B de $\sigma_B = 6163.49 \cdot 1.39 \frac{lb}{in^2} = 8567.25 \, psi$

Sección C.
Se dispone de un nuevo concentrador de tensiones, debido al cambio de sección. También se debe tener en cuenta que los datos geométricos a usar se corresponden con el de la sección menor.
Se obtiene el parámetro r/h para poder entrar en el gráfico mostrado y obtener el concentrador:

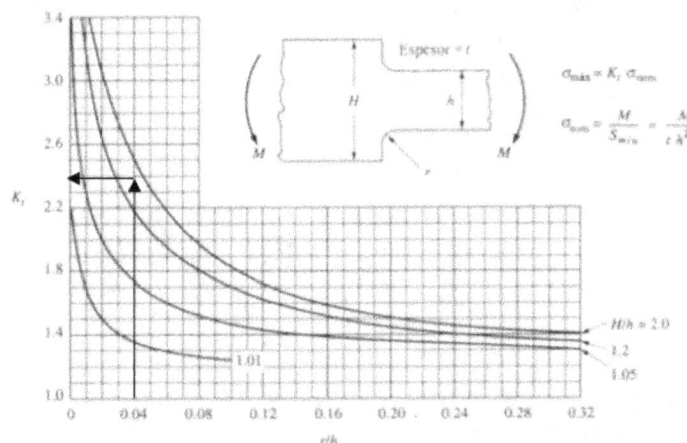

$$\frac{r}{h} = \frac{0.08}{2} = 0.04$$

Se obtiene también la relación entre alturas:

$$H/h = \frac{3.25}{2} = 1.625$$

Entrando en el gráfico, aproximadamente se obtiene un factor de concentrador de Kt = 2.4.
Se obtiene el esfuerzo:

$$\sigma_{max} = \frac{Kt \cdot M}{t \cdot h^2/6} = \frac{2.4 \cdot 1500}{0.5 \cdot 2^2/6} = 10\,800 \, psi$$

Por lo tanto, la sección más desfavorable es la C, puesto que es donde se produce un esfuerzo máximo. Para evaluar si alguna sección no cumple las condiciones de trabajo máximas admitidas por el material, se aplica el coeficiente de seguridad para obtener la tensión de diseño. Por tanto, el límite a considerar serán 70000/8=8750 psi

Se realiza una tabla comparativa donde se muestran los resultados obtenidos para cada sección.

Sección	Tensión	Límite	Recomendación
A	7963 psi	8750 psi	cumple
B	8567	8750 psi	cumple
C	10800 psi	8750 psi	Aumentar el radio de empalme de las dos secciones.

185. Eje con cambios de sección

El croquis adjunto se corresponde con un eje circular en el que se monta un engranaje mediante una chaveta. En esa zona, el eje recibe un momento de 30 N·m (sección 3), que es constante en toda la pieza. Calcular el esfuerzo en la zona de cambio de sección, chavetero y en la ranura.

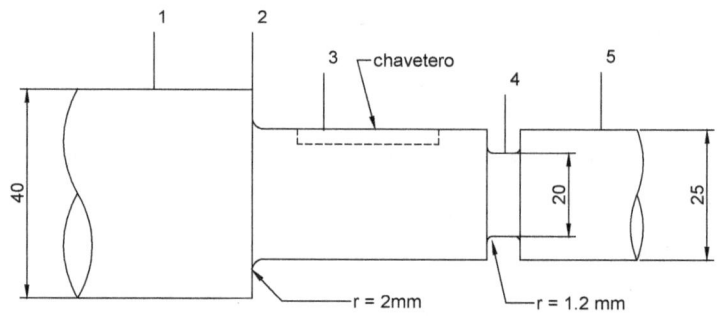

Solución. Ver desarrollo.

En las zonas 2, 3, y 4 se considera que existe un momento de valor M = 30 N·m = 30 000 N· mm
Para obtener el esfuerzo en cada una de ellas, se aplica la expresión del esfuerzo:

$$\sigma_{max} = \frac{M \cdot c}{I}$$

Este esfuerzo, debido al momento, no incluye el efecto de concentrador de esfuerzos que se produce por las anomalías en la sección. En cada sección a analizar, se deberá obtener y aplicar el correspodiente factor de corrección Kt.

Los concentradores existentes son:
- Sección 2. Existe un cambio de sección brusco de la sección 2 a la sección 3, con un bajo redondeo.
- Sección 3. Existe un chavetero.
- Sección 4. Al tratarse de una ranura, hay un cambio de sección brusco, también con un redondeo pequeño.

Se procede a realizar los correspondientes ajustes en cada sección, con el uso de tablas.

Al tratarse de una sección circular, "C" equivale al radio, $I = \pi/64 \cdot D^4$ y debido a la geometría, al valor del momento, se le debe aplicar un coeficiente multiplicador Kt, que expresa la concentración de esfuerzos. Este coeficiente se obtiene por tablas, y por tanto la ecuación queda:

$$\sigma_{max} = \frac{K_t \cdot M \cdot c}{I}$$

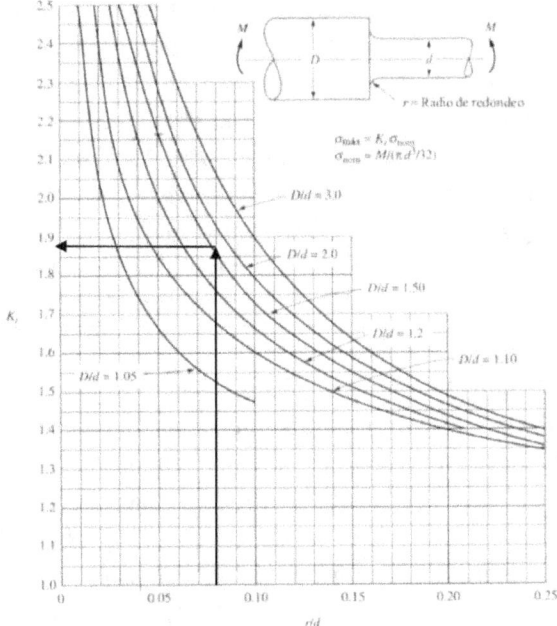

Sección 2. Para obtener el coeficiente según tablas, se usa r/d = 2/25 = 0.08 y D/d = 40/25 = 1.6 Entrando en tablas, se obtiene Kt = 1.88

Sustituyendo:

$$\sigma_2 = \frac{1.88 \cdot 30\,000 \cdot 25/2}{\frac{\pi}{64} \cdot 25^4} = 36.77\ MPa$$

Sección 3. Al tratarse de un chavetero, se asume de forma generalizada Kt = 2. En tal caso, el esfuerzo en esta sección es:

$$\sigma_3 = \frac{2 \cdot 30\,000 \cdot 25/2}{\frac{\pi}{64} \cdot 25^4} = 39.11\ MPa$$

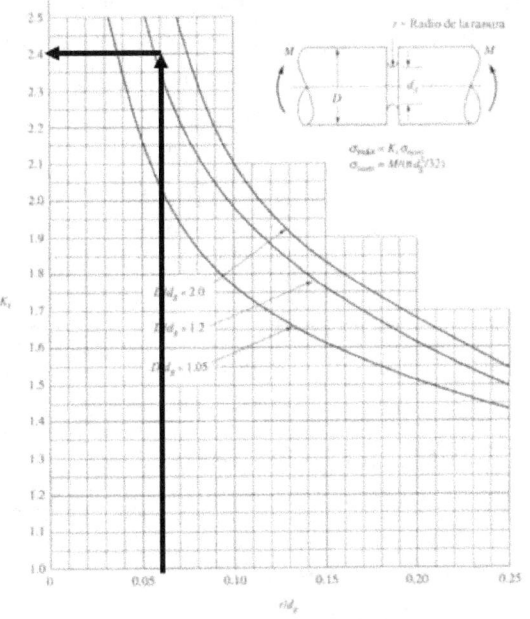

Sección 4. En esta sección hay una ranura. Para utilizar las tablas, es necesario obtener ciertos parámetros que dependen de la geometría:
r/dg = radio entalla / diámetro entalla = 1.2/20 = 0.06
D/dg = diámetro exterior / diámetro entalla = 25/20 = 1.25

Entrando con estos parámetros en la tabla, se obtiene Kt = 2.4, lo que permite sustituir en la expresión del esfuerzo y calcularlo:

$$\sigma_4 = \frac{2.4 \cdot 30\,000 \cdot 20/2}{\frac{\pi}{64} \cdot 20^4} = 91.67\ MPa$$

Se observa como la entalla influye muy negativamente en el esfuerzo máximo, convirtiéndose en la zona más crítica desde el punto de vista de análisis de esfuerzos.

186. Cargas simétricas

Se desea comparar distintas geometrías para construir una barra que ha de soportar las cargas simétricas del esquema adjunto. El esfuerzo máximo permisible en el material, debido a la flexión, se debe limitar a 80 MPa. Utilizar el área de la sección como factor de comparación entre las siguientes propuestas: barra circular, barra cuadrada, barra rectangular con altura cuádruple frente a la base, y viga American Standard.

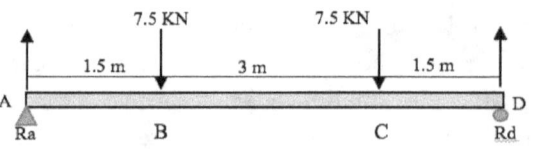

Solución. Ver desarrollo.

El flujo de procesos para resolver el problema será primero plantear ecuaciones de equilibrio para obtener las reacciones. Seguidamente se obtendrán los diagramas de cortantes y flectores para obtener la sección más desfavorable, y finalmente utilizar los datos de esa sección para obtener los perfiles.

Se plantea la situación de equilibrio para la suma de reacciones

$$R_a + R_d = 7.5 \cdot 2 = 15 \; kN$$

El equilibrio de momentos, respecto del extremo A:

$$0 = 7.5 \cdot 1.5 + 7.5 \cdot (1.5 + 3) - R_d \cdot (1.5 + 3 + 1.5)$$

Este equilibrio permite obtener la reacción Rd = 7.5 kN, y sustituyendo en el de reacciones Ra = 7.5 kN

Se plantean los diagramas de cortantes y flectores, observándose que el mayor momento flector se produce en el tramo B-C, con un valor de

M_{b-c} = 7.5·1.5=11.25 kN·m = 11 250 000 N·mm

Según se limita por el enunciado, el esfuerzo máximo debido a la flexión debe ser 80 MPa, y se obtiene como:

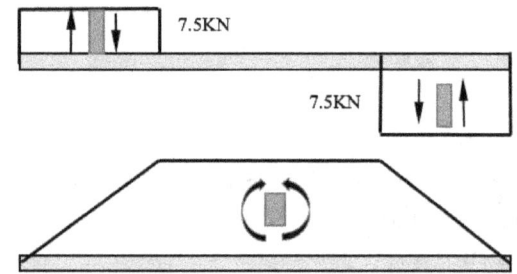

$$\sigma_{max} = \frac{M \cdot c}{I}$$

Se prueba para cada perfil:

a) Barra circular con diámetro "D"

Se utiliza c= D/2   e $I = \frac{\pi}{64} \cdot D^4$

Sustituyendo

$$\sigma_{max} = \frac{11\,250\,000 \cdot D/2}{\frac{\pi}{64} \cdot D^4} = 80 \; MPa$$

Se obtiene un diámetro D= 112.73 mm

b) Barra cuadrada de lado "L"

Se utiliza c= L/2   e $I = \frac{1}{12} \cdot L^4$

Sustituyendo

$$\sigma_{max} = \frac{11\,250\,000 \cdot L/2}{\frac{1}{12} \cdot L^4} = 80\, MPa$$

Se obtiene valor de lado L= 94.49 mm

c) Barra rectangular de base "b" y altura "h" con b=h/4
Se utiliza c= h/2 e $I = \frac{1}{12} \cdot b \cdot h^3 = \frac{1}{48} \cdot h^4$
Sustituyendo
$$\sigma_{max} = \frac{11\,250\,000 \cdot h/2}{\frac{1}{48} \cdot h^4} = 80\, MPa$$

Se obtiene un valor de altura h= 150 mm y una base por tanto de 37.5 mm

d) Viga American Standard más ligera
Se debe buscar la viga menor que cumpla la especificación solicitada.
$$\sigma_{max} = \frac{11\,250\,000 \cdot c}{I} = 80\, MPa$$

Considerando que el módulo de sección se define como S=I/c, sustituyendo en la expresión anterior:
$$\sigma_{max} = \frac{11\,250\,000}{S} = 80\, MPa$$

Se obtiene S= 1 406 250 mm^3, que es por tanto el valor mínimo para buscar en las tablas de vigas. Al tratarse de vigas American Standard, los valores de S están en in^3, por lo que se debe hacer previamente la conversión de unidades:
$$S = 1\,406\,250\, mm^3 = 1\,406\,250/(25.4)^3 = 85.81\, in^3$$

Según tablas, para ese valor de 85.81 se obtiene:
W18x55, con un área de 16.2 in^2.
S18x70, con un área de 20.6 in^2.

Se compara el área de cada caso, puesto que se establece que el precio del perfil será proporcional al área transversal del mismo:
Redondo: $A = \frac{\pi}{4} \cdot 112.72^2 = 9979.1\, mm^2$
Cuadrado: $A = 94.49^2 = 8928.4\, mm^2$
Rectangular: $A = 150 \cdot \frac{150}{4} = 5625\, mm^2$
Perfil American Standard W18x55, con área 16.2 in^2 = 10451 mm^2
Por tanto, como conclusión, el mejor perfil es el rectangular.

187. Columpio en árbol

Se utiliza una rama de un árbol para construir un columpio. Considerando el tronco como una pared, de la cual sale una rama en voladizo, con tres secciones según el esquema, determinar si es seguro que una persona de 135 kg se siente. Considerar que la resistencia a flexión de la madera son 4.3MPa

Tramo AB. Φ =180 mm
Tramo BC. Φ =140 mm
Tramo CD. Φ =90 mm

Solución. No es seguro.

Se interpreta la situación del árbol según el diagrama adjunto, aplicando que las cuerdas del columpio actúan como fuerzas que reparten el peso del mismo.

La reacción cortante en el empotramiento (tronco) es de R_A=135 Kp, en la sección A.

El valor del flector, en la sección "A" del empotramiento:

$$M_A = \frac{135}{2} \cdot (0.8 + 0.8) + \frac{135}{2} \cdot (0.8 + 0.8 + 0.5) = 249.75 \, kp \cdot m$$

Para el inicio de la sección "B", el momento flector valdrá:

$$M_B = \frac{135}{2} \cdot 0.8 + \frac{135}{2} \cdot (0.8 + 0.5) = 141.75 \, kp \cdot m$$

Para el inicio de la sección "C", el momento flector valdrá:

$$M_C = \frac{135}{2} \cdot 0.5 = 33.75 \, kp \cdot m$$

Lógicamente, el mayor flector está en el empotramiento, pero también la rama tiene un mayor diámetro. Por tanto, se deberá calcular el esfuerzo en cada sección para poder evaluar realmente el lugar más desfavorable.

En el empotramiento:

$$\sigma_A = \frac{M \cdot c}{I} = \frac{249.75 \cdot 100 \cdot \frac{18}{2}}{\frac{\pi}{64} \cdot 18^4} = 43.620 \frac{kp}{cm^2}$$

En la mitad de la rama:

$$\sigma_B = \frac{M \cdot c}{I} = \frac{141.75 \cdot 100 \cdot \frac{14}{2}}{\frac{\pi}{64} \cdot 14^4} = 52.618 \frac{kp}{cm^2}$$

En la parte final:

$$\sigma_C = \frac{M \cdot c}{I} = \frac{33.75 \cdot 100 \cdot \frac{9}{2}}{\frac{\pi}{64} \cdot 9^4} = 47.157 \frac{kp}{cm^2}$$

La sección más desfavorable es la "B", con un esfuerzo máximo de 52.618 kp/cm² .

No sería seguro porque en las tres secciones se supera el valor permitido.

Por tablas, se conoce que la tensión de rotura para el tipo de madera especificado es de 4.3 MPa = 43.83 kp/cm², por lo que realmente, en todas las secciones se supera el valor de rotura.

Como conclusión, el columpio NO es viable.

188. Cargas puntuales asimétricas

Se quiere utilizar una viga comercial de aluminio, con un ancho de 16 mm y 60 mm de altura, para soportar las cargas del diagrama. Determinar el esfuerzo cortante máximo que ha de soportar, así como el causado por la flexión. Indicar si es necesario solicitar algún aluminio en concreto para que pueda soportar las cargas, si se quiere trabajar con un coeficiente de seguridad de 3 en cualquiera de los casos. Medidas en mm.

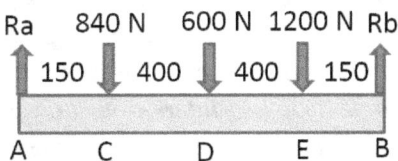

Solución

Se realiza un diagrama con las reacciones, y se aplica equilibrio de fuerzas y de momentos para obtener la resultante en los apoyos:

$$\Sigma F_y = 0 \rightarrow 840 + 600 + 1200 = R_A + R_B$$

Se aplica equilibrio de momentos respecto del apoyo izquierdo A:

$$\Sigma M_A = 0 \rightarrow 840 \cdot 150 + 600 \cdot 550 + 1200 \cdot 950 = R_B \cdot 1100 \rightarrow R_B = 1450.91 \, N$$

Sustituyendo en la primera ecuación, se obtiene

$$R_A = 1189.01 \, N$$

Una vez se conocen las reacciones, se obtiene el diagrama de cortantes, y a partir de éste, el de momentos.

Se observa que el peor punto para los cortantes es el apoyo B, y para los momentos flectores es el centro, en el punto de aplicación de la carga de 600 N.

El valor del momento máximo es:

$$M_{max} = 1189.01 \cdot (400 + 150) - 840 \cdot 400 \cong 318\,005 \, N \cdot mm$$

El cortante, dado que la sección es rectangular con una altura de 60 mm y un ancho de 16mm:

$$\tau_{max} = \frac{3 \cdot V}{2 \cdot A} = \frac{3 \cdot 1450.91}{2 \cdot 16 \cdot 60} = 2.267 \, MPa$$

Se obtiene la tensión debida al flector en el peor de los casos:

$$\sigma_{max} = \frac{M \cdot \frac{h}{2}}{\frac{1}{12} \cdot b \cdot h^3} = \frac{318\,005 \cdot \frac{60}{2}}{\frac{1}{12} \cdot 16 \cdot 60^3} = 33.12 \, MPa$$

Por tanto, dado que tiene un valor mucho más elevado la tensión debida al flector, éste es el elemento crítico.

Dado que se solicita un factor de diseño con un coeficiente de seguridad N=3, el límite de fluencia mínimo debe ser:

$$\sigma_y = 33.12 \cdot 3 = 99.36 \, MPa$$

En la práctica, hay muchos aluminios capaces de satisfacer ese límite elástico,

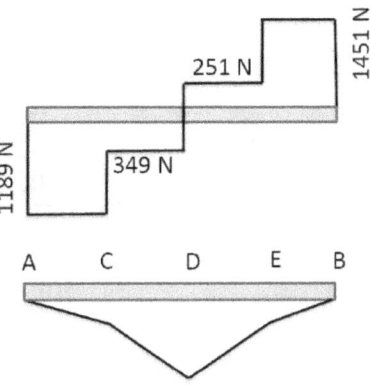

189.   Viga en T.

> Una sección en forma de T, con las medias del croquis adjunto, soporta un flector máximo de 105 lb.in, producido por una carga sobre su cara superior. El área de la sección es 18.16 in2. El centro de masas de la sección está a 3.25 in desde la parte inferior de la viga. Calcular el esfuerzo producido por flexión en la viga a las distintas medidas indicadas en la figura, obteniendo una gráfica del esfuerzo en función de la posición dentro del perfil.

Solución. Ver desarrollo.

Se aplica la expresión que permite obtener el esfuerzo en cualquier punto de la sección

$$\sigma = \frac{M \cdot c}{I}$$

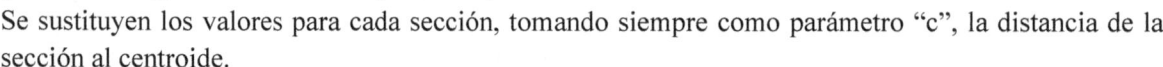

Se toman como datos del enunciado tanto el momento M (100000 lb·in), como la inercia I (18.16 in4)

Se sustituyen los valores para cada sección, tomando siempre como parámetro "c", la distancia de la sección al centroide.

Sección A:

$$\sigma_a = \frac{100\,000 \cdot 3.25}{18.16} = 17\,896\,psi \approx 17.90\,ksi$$

Sección B:

$$\sigma_b = \frac{100\,000 \cdot (3.25 - 1)}{18.16} = 12\,389.9\,psi \approx 12.39\,ksi$$

Sección C:

$$\sigma_c = \frac{100\,000 \cdot (3.25 - 2)}{18.16} = 6883.26\,psi \approx 6.88\,ksi$$

Sección D:

$$\sigma_d = \frac{100\,000 \cdot (3.25 - 3.25)}{18.16} = 0\,ksi$$

El resultado es lógico puesto que el centroide no trabaja.

Sección E

$$\sigma_e = \frac{100\,000 \cdot (3.25 - 4)}{18.16} = -4130\,psi \approx -4.13\,ksi$$

Sección F

$$\sigma_f = \frac{100\,000 \cdot (3.25 - 5)}{18.16} = -9636.56\,psi \approx -9.64\,ksi$$

El valor negativo en las dos últimas secciones indica que trabajan al revés que las demás, es decir, las primeras secciones con valor positivo trabajan a tracción, y las dos últimas están sometidas a compresión.

Si se realiza un gráfico, se observa como la tensión se comporta de forma línea según se considera un punto cada vez más alejado de la fibra neutra (centroide).

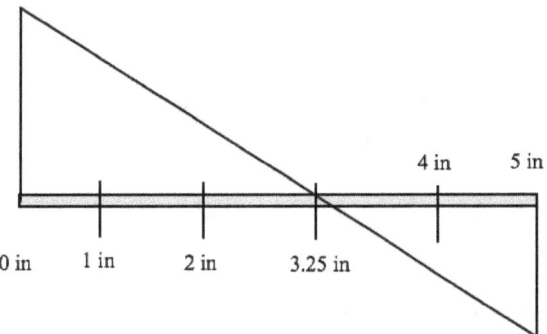

190.   Cargas puntuales asimétricas

Se utiliza una viga de acero de sección 0.5 x 4 in para sostener las cargas del diagrama. Determinar el esfuerzo cortante máximo que ha de soportar, así como el causado por la flexión. Indicar si es necesario solicitar algún acero en concreto para que pueda soportar las cargas, si se quiere trabajar con un coeficiente de seguridad de 3 en cualquiera de los casos

Solución. Vale cualquiera (Sy > 20.25 ksi)

Se calculan las reacciones y los diagramas para la situación planteada

Ra + Rb = 1250+480+1500 = 3230 lb

En el punto A, los momentos por la izquierda se igualan a los de la derecha

1250·6 = 480·3-Rb(3+9)+1500·(3+9+6)

Se despeja Rb = 1745 lb, por lo que Ra = 1485 lb.

Se calcula el valor del flector en cada punto singular, que son los apoyos, para conocer en cuál de los dos es mayor:

Ma = 1250·6 = 7500 lb·in

Mb = 1500·6 = 9000 lb·in

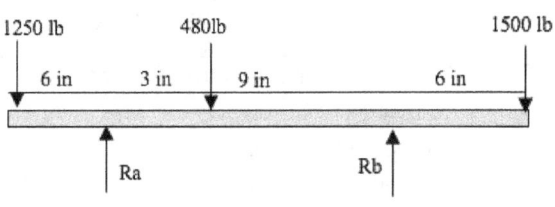

Por culpa de los flectores, se tiene también en "b" un flector máximo de valor M=9000 lb·in

Para cada sección se tiene un valor combinado de cortante y momento.

Para los cortantes, el peor punto es la sección "b" por el lado derecho, con un cortante V=1500 lb. El valor máximo de esfuerzo cortante en la sección es:

$$\tau_{max} = \frac{3 \cdot V}{2 \cdot A} = \frac{3 \cdot 1500}{2 \cdot 0.5 \cdot 4} = 1125\ psi$$

Para el flector:

$$\sigma_{max} = \frac{9000 \cdot 4/2}{\frac{1}{12} \cdot 0.5 \cdot 4^3} = 6749.16 \; psi$$

Se debe buscar un acero adecuado, pero incorporando el factor de seguridad solicitado.
Sy/N = 6.75 Ksi, con N= 3
Por lo tanto, Sy debe ser mayor que 6.75 ·3 = 20.25 ksi. Revisando las tablas de acero, cualquier acero cumplirá el requisito solicitado.

5.1 Cortante en vigas
Se introducen ejercicios donde se considera añadir el cálculo del cortante.

191.   Viga empotrada

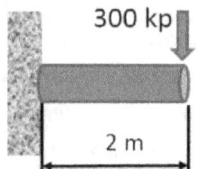

| Un redondo de diámetro 50 mm se encuentra empotrado en un extremo. A dos metros en voladizo, recibe una carga de 300 kp. Determinar el esfuerzo de trabajo máxima que soporta. |

Solución. $\sigma_{max} = 49.6 \; MPa, \tau_{max} = 2 \; MPa$
En el empotramiento habrá una reacción en vertical y un momento flector. Se aplican condiciones de equilibrio para obtener ambas. Con respecto a la reacción vertical:
$$\Sigma F_y = 0 \rightarrow R_A = 300 \; kp = 2943 \; N$$
Con respecto a los momentos:
$$\Sigma M_A = 0 \rightarrow M_A = 300 \cdot 2 = 600 \; kp \cdot m = 5886 \; N \cdot m = 5\,886\,000 \; N \cdot mm$$
La inercia de la viga valdrá:
$$I = \frac{\pi}{64} \cdot D^4 = \frac{\pi}{64} \cdot 50^4 = 306\,796 \; mm^4$$
La tensión máxima se da en la sección del empotramiento, en el exterior del perfil:
$$\sigma_{max} = \frac{M \cdot c}{I} = \frac{5\,886\,000 \cdot 50/2}{306\,796} = 479.6 \; MPa$$
Se comprueba no obstante, con el valor del esfuerzo debido al cortante, que es constante en toda la barra:
$$\tau_{max} = \frac{4 \cdot V}{3 \cdot A} = \frac{4 \cdot 2943}{3 \cdot \frac{\pi}{4} \cdot 50^2} = 2 \; MPa$$
Efectivamente, al tratarse de una barra larga, la influencia del flector es muy superior a la del cortante, por lo que normalmente solo se realiza el cálculo a flexión.

192.   Viga empotrada

| Una viga empotrada en un extremo sobresale en voladizo 1.5 metros. El material tiene un límite elástico de 1500 kp/cm². Si se quiere trabajar con un coeficiente de seguridad de 5, determinar la carga máxima que puede soportar. La viga es de sección rectangular maciza de 200x300mm. |

Solución. 58 860 N

Se sobreentiende que la viga se va a colocar en la posición de trabajo más favorable, que es con la dimensión mayor como altura de la misma. De esta forma, la inercia es máxima, con un valor:

$$I = \frac{1}{12} \cdot b \cdot h^3 = \frac{1}{12} \cdot 200 \cdot 300^3 = 450 \cdot 10^6 \; mm^4$$

El valor del límite elástico es:

$$\sigma_y = 1500 \frac{kp}{cm^2} = 147.15 \; MPa$$

Por tanto, la tensión de diseño, aplicando el coeficiente de seguridad pedido, es:

$$\sigma_{dis} = \frac{\sigma_y}{5}$$

El momento que aparece en la sección del empotramiento, que es la más desfavorable es:

$$M = carga \cdot distancia = P \cdot 1.5 \; N \cdot m = P \cdot 1500 \; N \cdot mm$$

Si se obtiene la tensión de trabajo, y se iguala a la de diseño, se puede obtener una ecuación que permita determinar la carga:

$$\sigma_{dis} = \frac{M \cdot c}{I} \rightarrow \frac{147.15}{5} = \frac{P \cdot 1500 \cdot 150}{450 \cdot 10^6} \rightarrow P = 58\,860 \; N$$

193. Comparación con voladizo

Una viga de 25x75 mm de sección se encuentra en voladizo, con una carga en el extremo no empotrado de 20 kN. Determinar la longitud que debe tener la viga para que el esfuerzo a compresión/tracción sea diez veces superior al cortante máximo.

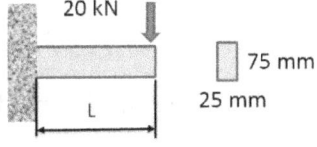

Solución. *187.75 mm*

Se calculan las reacciones a cortante y flector en la zona de empotramiento:

Cortante = V= 20 000 N, por equilibrio de fuerzas en vertical.

Flector M = 20 000·L (en N·mm si la longitud L se considera en mm).

Se obtiene el valor del esfuerzo debido al cortante:

$$\tau_{max} = \frac{3 \cdot V}{2 \cdot A} = \frac{3 \cdot 20000}{2 \cdot 25 \cdot 75} = 16 \; \frac{N}{mm^2} = 16 \; MPa$$

Se solicita según el enunciado que el valor del esfuerzo debido a la flexión sea 10 veces superior al máximo del cortante, por lo que $\sigma_{max} = 160 \; MPa$

Se plantea la ecuación del esfuerzo máximo debido a la flexión en función de una longitud L

$$\sigma_{max} = \frac{20000 \cdot L \cdot 75/2}{\frac{1}{12} \cdot 25 \cdot 75^3} = 160 \; MPa$$

Operando, se obtiene una longitud de 187.5 mm.

194. Tubo en voladizo.

> *Se empotra un tubo en voladizo en una pared, dejando 1.2 metros en voladizo. En su extremo, soporta una carga estática de 15 kN. El tubo tiene un diámetro exterior de 100 mm y espesor de pared 10 mm, y es de acero con Su = 876 Mpa y Sy = 641 MPa. Determinar si es adecuado.*

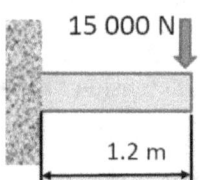

Solución. Es adecuado.
Se calculan las reacciones a cortante y flector en la zona de empotramiento:
Cortante = V= 15 000 N, por equilibrio de fuerzas en vertical.
Se obtiene el valor del esfuerzo debido al cortante:

$$\tau_{max} = \frac{2 \cdot V}{A} = \frac{2 \cdot 15\,000}{\frac{\pi}{4} \cdot (100^2 - 80^2)} = 10.61\ MPa$$

Para cargas estáticas, el cortante máximo es:

$$\tau_{max} = \frac{S_y}{2 \cdot N} = \frac{641}{2 \cdot 2} = 160\ MPa$$

El esfuerzo cortante máximo está muy por debajo del máximo permitido, por lo que no es problema.
Se estudia el flector:

$$Flector\quad M = 15\,000 \cdot 1.2 = 18\,000\ N \cdot m = 18 \cdot 10^6\ N \cdot mm$$

El valor del esfuerzo debido a la flexión

$$\sigma_{max} = \frac{M \cdot \frac{\phi_{ext}}{2}}{I} = \frac{18\,000\,000 \cdot \frac{100}{2}}{\frac{\pi}{64} \cdot (100^4 - 80^4)} = 310.55\ MPa$$

El esfuerzo máximo permitido debido a la flexión:

$$\sigma_{max} = \frac{Sy}{N} = \frac{641}{2} = 320.5\ MPa$$

El valor del esfuerzo a flexión es inferior al máximo permitido, por lo que también cumple, aunque se encuentre próximo.

195. Viga rectangular

> *Una viga rectangular tiene una anchura de 2 pulgadas, y una altura de 8 pulgadas. Está sometida a un esfuerzo cortante máximo en una sección concreta de 1000 lb. Determinar el esfuerzo debido a ese cortante.*

Solución 93.75 psi
Para una sección rectangular, se dispone de una expresión que permite obtener directamente el cortante máximo:

$$\tau_{max} = \frac{3 \cdot V}{2 \cdot A}$$

Sustituyendo los valores disponibles de geometría y carga:

$$\tau_{max} = \frac{3 \cdot 1000}{2 \cdot 2 \cdot 8} = \frac{3000}{32} = 93.75 \frac{lb}{in^2} \ (ó \ psi)$$

196. Sección circular

Determinar el esfuerzo cortante máximo en un eje macizo de diámetro 50 mm, en una sección donde está sometido a una fuerza cortante de 110 kN.

Solución. 74.7 MPa

Para una sección circular maciza, se dispone de una expresión que permite obtener directamente el cortante máximo:

$$\tau_{max} = \frac{4 \cdot V}{3 \cdot A}$$

Sustituyendo los valores disponibles de geometría y carga:

$$\tau_{max} = \frac{4 \cdot 110\,000}{3 \cdot \frac{\pi}{4} \cdot 50^2} = 74.7 \ \frac{N}{mm^2} \ (ó \ MPa)$$

197. Tubo de acero hueco.

Se tiene un tubo de acero cédula 40 de 3 pulgadas, sometido a una fuerza cortante de 6200 lb. Calcular el esfuerzo cortante máximo.

Solución.

Para una sección circular hueca, se dispone de una expresión que permite obtener directamente el cortante máximo:

$$\tau_{max} = \frac{2 \cdot V}{A}$$

Sustituyendo los valores disponibles de geometría y carga, teniendo en cuenta que por tablas, para el tubo solicitado, se obtiene un área de 2.228 in^2.

$$\tau_{max} = \frac{2 \cdot 6200}{2.228} = 5565.53 \ \frac{lb}{in^2} \ (ó \ psi)$$

198. Viga de madera con carga distribuida uniforme

Una viga de madera tiene 12 pies de largo y esta simplemente apoyada. Soporta una carga que se estima en 80 lb/ft, uniformemente distribuida. Calcular el esfuerzo cortante máximo, y si la situación se puede considerar segura desde el punto de vista del cortante. Tomar para el material elegido Sy = 70 psi.

Análisis de esfuerzos y deformacones por flexión

Considerar 70 psi como valor máximo del cortante para la madera. Ancho viga 2 pulgadas, alto 8 pulgadas.

Solución. Cortante max 45 psi.

La carga total que se soporta es $80 \cdot 12 = 960\ lb$. Las reacciones en los apoyos, por simetría, son la mitad en cada uno de ellos:

$$R_A = R_B = \frac{960}{2} = 480\ lb$$

El diagrama de cortantes, por tanto, presenta un máximo en los propios apoyos, con un valor de 480 lb. En estos puntos, el cortante valdrá:

$$\tau_{max} = \frac{3 \cdot V}{2 \cdot A} = \frac{3 \cdot 480}{2 \cdot 2 \cdot 8} = 45\ psi$$

El valor obtenido está por debajo del máximo posible.

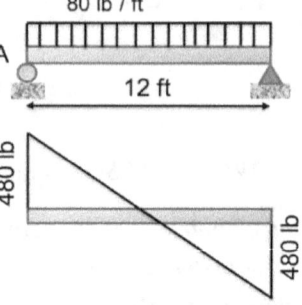

5.2 Deformaciones en vigas

199. Viga biarticulada

Una viga de acero de 2 metros se encuentra entre dos puntos articulados. Soporta una carga puntual en el centro de 5000 kp. Calcular el esfuerzo máximo y la deformación que se producen en la sección más desfavorable, considerando que la sección es circular maciza, con un diámetro de 200 mm.

Solución. 31.22 MPa, 0.5 mm

Se dispone de una viga con diámetro de 30 cm, y que al ser circular tendrá un momento de inercia de valor:

$$I = \frac{\pi}{64} \cdot D^4 = \frac{\pi}{64} \cdot 200^4 = 78\,539\,816\ mm^4$$

En el centro de la viga (x = L/2) se tendrá la sección con mayor momento, con valor:

$$M = \frac{F \cdot x}{2} = \frac{F \cdot L}{4} = \frac{5000 \cdot 2}{4} = 2500\ kp \cdot m = 24\,525\,000\ N \cdot mm$$

Se obtiene la tensión máxima en el perfil debido a la flexión

$$\sigma_{max} = \frac{M \cdot c}{I} = \frac{24\,525\,000 \cdot 200/2}{78\,539\,816} = 31.22\ MPa$$

La flecha, en su valor máximo, que se producirá en el centro, se calcula según tablas como:

$$y_{max} = \frac{P \cdot L^3}{48 \cdot E \cdot I} = \frac{49\,050 \cdot 2000^3}{48 \cdot 210\,000 \cdot 78\,539\,816} \cong 0.5\ mm$$

Obsérvese que se han sustituido valores con magnitudes en N, mm y MPa, para obtener el resultado en mm.

200. IPE en voladizo

Un perfil IPE -300 de acero A-42 (tensión máxima admisible de 1780 kgf/cm², de longitud 4 m, se encuentra empotrado en voladizo y recibe una carga de 2500 kp en el extremo. Determinar la tensión máxima a la que está sometido el perfil en el empotramiento. Si la flecha máxima admisible es L/500, determinar si el perfil es válido. En caso de no serlo, aportar una solución.
Dato: Inercia 8356 cm⁴. Altura perfil 300 mm.

Solución. No cumple por el esfuerzo máximo.
Para una longitud de 4 m = 4000 mm, la flecha máxima permitida es L/500 = 4000/500 = 8 mm
En el empotramiento se tiene un flector máximo:

$$M = F \cdot L = 2500 \text{ kp} \cdot 4 \text{ m} = 10\,000 \text{ kp} \cdot \text{m}$$

Por lo tanto, la tensión máxima en la sección de empotramiento, debido al flector será;

$$\sigma_{max} = \frac{M \cdot c}{I} = \frac{1\,000\,000 \, kp \cdot cm \cdot \frac{30}{2} cm}{8356 \, cm^4} = 1795.1 \, \frac{kp}{cm^2}$$

El perfil está sometido a más tensión de la permitida (1780 kp/cm²). Para cumplir con la exigencia de la tensión máxima, se necesita situar la carga más cerca del empotramiento para que exista una menor flexión, o bien tomar un perfil algo mayor.
Se realiza también la comprobación de flecha máxima admisible. Se sustituye en la expresión que permite calcular la flecha, según tablas.

$$y_{max} = \frac{P \cdot L^3}{3 \cdot E \cdot I} = \frac{24\,525 \cdot (4 \cdot 10^3)^3}{3 \cdot 210\,000 \cdot 8356 \cdot 10^4} = 29.8 \, mm$$

La situación de la flecha supera ampliamente a la máxima permitida, por lo que la prioridad es cambiar a un perfil con mayor inercia, dado que es el único factor sobre el que se puede actuar sobre la fórmula de la flecha. De hecho, al dar mas inercia, también bajará algo el esfuerzo máximo, con lo que también se cumplirá el criterio de tensión máxima admisible.

201. Eje cargado.

Un eje de acero tiene que soportar una carga de 500 kp en el centro. La longitud total es de 4 metros. Se dispone de barras de 100 mm de diámetro. Determinar la deformación máxima y el esfuerzo en el mismo. Comparar con la situación hipotética de usar una barra cuadrada de 100 mm de lado como sustitución del perfil redondo.

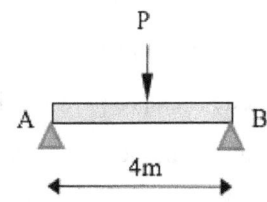

Solución. Ver desarrollo con comentarios.
Se determinar el momento en el centro, que es la peor sección, y donde se produce mayor deformación.

$$M_{max} = \frac{F \cdot x}{2} = \frac{500 \cdot 9.81 \cdot 2000}{2} = 4\,905\,000 \, N \cdot mm$$

El esfuerzo máximo se obtiene para un perfil redondo:

$$\sigma_{max} = \frac{M \cdot c}{I} = \frac{M \cdot D/2}{\frac{\pi}{64} \cdot D^4} = \frac{4\,905\,000 \cdot \frac{100}{2}}{\frac{\pi}{64} \cdot 100^4} \cong 50\ MPa$$

Se compara con un perfil cuadrado de 100x100 mm

$$\sigma_{max} = \frac{M \cdot c}{I} = \frac{M \cdot L/2}{\frac{1}{12} \cdot L \cdot L^3} = \frac{4\,905\,000 \cdot \frac{100}{2}}{\frac{1}{12} \cdot 100 \cdot 100^3} = 9.36\ MPa$$

Se observa que el perfil cuadrado sufre mucho menos que el redondo, puesto que tiene mayor inercia. Aunque el centro de gravedad se sitúe en el centro geométrico, el perfil cuadrado tiene la masa más separada de media que el redondo.

Se compara la situación teniendo en cuenta la flecha máxima que se produce.

La flecha máxima se obtiene aplicando, según prontuario:

$$y_{max} = -\frac{F \cdot L^3}{48EI}$$

Para el perfil redondo:

$$y_{max} = -\frac{500 \cdot 9.81 \cdot 4000^3}{48 \cdot 210\,000 \cdot \frac{\pi}{64} \cdot 100^4} = 6.34\ mm$$

Para el perfil cuadrado

$$y_{max} = -\frac{500 \cdot 9.81 \cdot 4000^3}{48 \cdot 210\,000 \cdot \frac{1}{12} \cdot 100^4} = 3.74\ mm$$

Nuevamente el perfil cuadrado es más eficiente que el redondo. Sin embargo, el área del perfil cuadrado es mayor que la del redondo, por lo que se gasta más material.

5.3 Tablas y formulario

Esfuerzo por flexión: $\sigma_{nom} = \frac{M \cdot c}{I}$

Concentrador de esfuerzos: $\sigma_{max} = Kt \cdot \sigma_{nom} = \frac{Kt \cdot M \cdot c}{I}$

Cortante general: $\tau = \frac{V \cdot Q}{I \cdot t}$

Cortante máximo para secciones rectangulares: $\tau_{max} = \frac{3 \cdot V}{2 \cdot A}$

Cortante máximo para tubos huecos, de pared delgada: $\tau_{max} = \frac{2 \cdot V}{A}$

Cortante máximo para tubos macizos: $\tau_{max} = \frac{4 \cdot V}{3 \cdot A}$

Momentos de inercia:

Vigas rectangulares de ancho "b" y albura "h": $I = \frac{1}{12} \cdot b \cdot h^3$

Secciones circulares macizas, de diámetro "D": $I = \frac{\pi}{64} \cdot D^4$

Secciones circulares macizas, de diámetro externo "D", e interno "d": $I = \frac{\pi}{64} \cdot (D^4 - d^4)$

Elementos de máquinas.

Prontuario para cálculo de situaciones habituales:

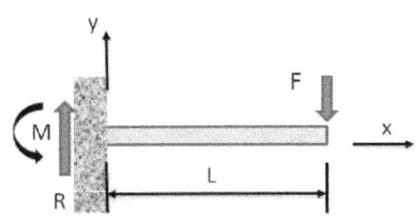

Carga puntual en extremo de voladizo
$$R = V = F \qquad M = F \cdot L$$
$$M(x) = F(x - L)$$
$$y(x) = \frac{F \cdot L^3}{6EI}(x - 3L)$$
$$y_{max} = -\frac{F \cdot L^3}{3EI}$$

Carga puntual intermedia en voladizo
$$R = V = F \qquad M = F \cdot a$$
$$M_{AB} = F(x - a) \qquad M_{BC} = 0$$
$$y_{AB} = \frac{F \cdot x^2}{6EI}(x - 3a) \qquad y_{BC} = \frac{F \cdot a^2}{6EI}(a - 3x)$$
$$y_{max} = -\frac{F \cdot a^3}{6EI}(a - 3L)$$

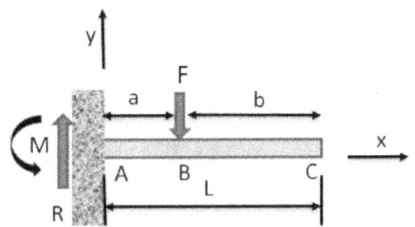

Apoyos simples, con carga puntual centrada.
$$R1 = R2 = F/2$$
$$V_{AB} = R1 \qquad V_{BC} = -R2$$
$$M_{AB} = \frac{F \cdot x}{2} \qquad M_{BC} = \frac{F}{2}(L - x)$$
$$y_{AB} = \frac{F \cdot x}{48EI}(4x^2 - 3L^2)$$
$$y_{max} = -\frac{F \cdot L^3}{48EI}$$

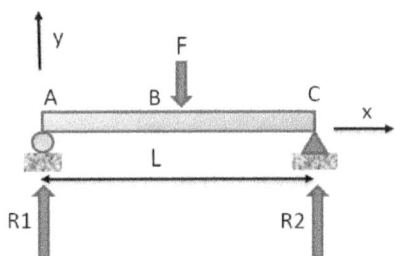

Apoyos simples con carga puntual descentrada
$$R1 = Fb/L \qquad R2 = Fa/L$$
$$V_{AB} = R1 \qquad V_{BC} = -R2$$
$$M_{AB} = \frac{F \cdot b \cdot x}{L} \qquad M_{BC} = \frac{F \cdot a}{L}(L - x)$$
$$y_{AB} = \frac{F \cdot b \cdot x}{6 \cdot E \cdot I \cdot L}(x^2 + b^2 - L^2)$$
$$y_{BC} = \frac{F \cdot a \cdot (L - x)}{6 \cdot E \cdot I \cdot L}(x^2 + a^2 - 2Lx)$$

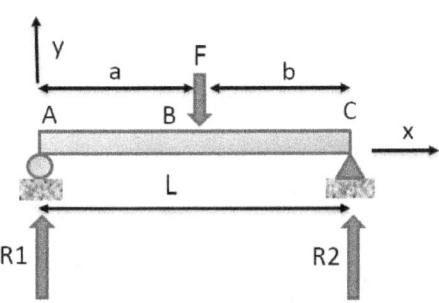

Capítulo 6
Análisis de esfuerzos y deformaciones por torsión.

Contenido	Pág.
6.1 Transmisión de potencia	172
6.2 Esfuerzo máximo	173
6.3 Concentración de esfuerzos	181
6.4 Ángulo girado	184
6.5 Elementos no circulares	191
6.6 Problemas mixtos	192
6.7 Formulario	196

Siguiendo con el análisis de tipos de cargas que afectan a los elementos de máquinas, se aborda en este capítulo las situaciones en las que las cargas provocan torsión. Se aplicarán todos los conceptos estudiados anteriormente, como es el uso de coeficientes de seguridad, concentración de esfuerzos, etc.

Concretamente, las situaciones a comprobar son:
- Par torsor y transmisión de potencia. Se estudia cual es el par torsor que se provoca con una fuerza, y la potencia que se transmite en un elemento que rota.
- Esfuerzos derivados de la torsión. Se estudia cual es el esfuerzo máximo que se produce debido al torsor, identificando la sección donde hay mayor solicitación, la influencia de efectos concentradores de tensión, y la aplicación de los coeficientes de seguridad recomendados.
- Deformaciones derivadas de la torsión. Se estudia la deflexión torsional ocasionada por el par, y las limitaciones recomendadas de la misa.
- Elementos no circulares. Se introducen las bases para el cálculo de elementos no circulares.

Al final del capítulo se recogen tablas de características específicamente tratadas en este capítulo, y a lo largo de la introducción teórica, las distintas tablas con coeficientes de seguridad.

6 Análisis de esfuerzos y deformaciones por torsión.

Un tipo de carga presentado con anterioridad es el par torsor, que se corresponde con el efecto de una fuerza que trata de generar una rotación alrededor de eje principal de un elemento.

En este sentido se deben distinguir dos tipos de elementos que suelen estar sometidos a cargas de torsión, o pares torsores:

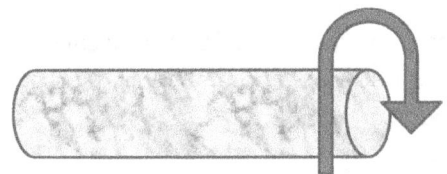

Figura 1 Ejemplo de torsión

Árbol: es cuando el elemento giratorio transmite potencia gracias a una determinada velocidad de rotación.

Eje: en este caso se trata de una pieza que puede girar, pero que se encuentra en estado estacionario, puesto que recibe fuerzas equilibradas de ruedas giratorias.

En cualquier caso, sobre el elemento puede haber una o varias fuerzas que tiendan a hacerlo girar, y que por tanto generan cargas y a su vez, un esfuerzo que, en este caso, se corresponde con un esfuerzo cortante sobre el material del elemento.

Par torsor

Cuando un elemento recibe una fuerza, a una determinada distancia de su eje de giro, ésta provocará la tendencia a hacer girar al elemento. Aparece entonces el par torsor, que se obtiene como:
$$T = F \cdot d$$

    T = torsor, en N·m
    F = fuerza, en N.
    d = distancia, en m.

Se debe tener en cuenta que la fuerza debe ser perpendicular al vector que determina la distancia. De no ser así, se debe realizar la correspondiente proyección necesaria para obtener la componente perpendicular de la fuerza con respecto a la distancia.

Hay ocasiones en las que el elemento puede estar sujeto, de forma que no pueda girar. En ese caso, el torsor provocará una determinada deformación en forma de giro (el elemento se retuerce sobre si mismo).

En otras ocasiones, el elemento puede girar, lo cual provocará que aparezca una velocidad de rotación. Mediante este movimiento, se realizará una transmisión de potencia en forma de movimiento rotativo.

Análisis de esfuerzos y deformaciones por torsión

Transmisión de potencia

Cuando existe un par torsor, y el elemento gira, se transmite una potencia mecánica. Ésta potencia que se transmite se puede obtener aplicando:

$$P = T \cdot n$$

P = potencia en vatios (w)
T = torsor en N· m
N = velocidad angular en rad/s. Conversión: 2π radianes = 1 revolución.

Sin embargo, muchas veces no se utilizan estas unidades aunque se trabaje en SI, sino caballos de vapor (CV), y revoluciones por minuto (rpm). Adaptando la fórmula, de forma que se incluyan los cambios de unidades:

$$P = \frac{T \cdot n}{73\ 600}$$

P = potencia, en CV (Coeficiente de conversión 1 CV = 735.5 w)
T = torsor en kp · cm
N = velocidad angular en rpm

Si se utilizan exclusivamente unidades imperiales, con las magnitudes de uso más habitual, se puede obtener la potencia aplicando:

$$P = \frac{T \cdot n}{63\ 000}$$

P = potencia en hp (horse power). Coeficiente de conversión 1 hp = 745.7 w
T = torsor en lbf·in
N = velocidad angular en rpm

Esfuerzos derivados de la torsión

Un perfil cerrado sometido a torsión desarrolla esfuerzos de cortante, desde su centro de masas, donde es nulo, y de forma creciente hacia el exterior en sentido radial.

El esfuerzo que se produce en un determinado punto de la sección se obtiene aplicando:

$$\tau = \frac{T \cdot c}{J}$$

τ = esfuerzo cortante en el punto de cálculo de la sección, en MPa.
T = momento torsor en la sección, en N· mm
C = distancia del punto de cálculo a la línea neutra o centroide (centro de masas) en mm.
J = momento de inercia polar de la sección en mm^4.

El punto de una sección con mayor esfuerzo se corresponde con el más alejado del dentro de masas, en este caso, cualquier punto de la periferia.

Elementos de máquinas.

De forma práctica, lo normal es utilizar secciones circulares (macizas o huecas), cerradas, puesto que son las que tienen un mejor comportamiento a torsión. En ese caso, el momento de inercia polar se obtiene aplicando:

$$J = \frac{\pi}{32} \cdot (\emptyset_{ext}^4 - \emptyset_{int}^4)$$

En el caso de perfiles macizos, basta sustituir con diámetro interior nulo en la fórmula anterior, para que también se pueda aplicar.

Concentración de esfuerzos

En el estudio de la flexión, se aplica el efecto de situaciones concentradores de esfuerzos de la misma forma que se estudia en el capítulo 4. Para ello, se introduce un factor Kt, que representa el valor del concentrador de esfuerzos.

$$\tau_{max} = Kt \cdot \tau_{nom} = \frac{Kt \cdot T \cdot c}{J}$$

Los distintos valores que puede tomar el coeficiente Kt se obtienen de tablas en el anexo final.

Diseño de elementos sometidos a torsión

Un elemento sometido a torsión se puede analizar como cualquier otro elemento sometido a un esfuerzo cortante. Se puede, por tanto, aplicar un coeficiente de seguridad según la tabla 6.1. Si se conoce el límite elástico a cortante, Sys se puede aplicar directamente el factor de seguridad. Dado que no es lo habitual, se suele estimar directamente como la mitad del límite elástico

Tabla 6.1 Criterios para esfuerzos de diseño, en esfuerzos cortantes

Tipo de carga	Factor de seguridad	Esfuerzo de diseño Sy/2N
Estática	N=2	Sy/4
Repetida (fatiga)	N=4	Sy/8
Impacto / choque	N=6	Sy/12

No es objeto de este texto, pero se pueden obtener expresiones equivalentes para la aplicación de estos cálculos, que el lector puede encontrar en otros libros. A su vez, cuando entran en juego consideraciones económicas, por ahorro de peso, existen fórmulas específicas para el diseño optimizado de árboles de transmisión, que no son tampoco objeto de desarrollo.

Deformaciones derivadas de la torsión

Un aspecto fundamental a tener en cuenta es la deformación que se produce en forma de giro, debido al torsor. Así, cuando en un árbol se introduce un par torsor por un punto (por ejemplo, un extremo), la potencia se transporta a lo largo del mismo, pero se produce a su vez cierto giro. Esto provoca que el punto de entrada de la potencia, y el de salida, no se encuentren totalmente sincronizados en giro, mientras el elemento está rotando.

Los efectos derivados de la falta de sincronización a lo largo del árbol, pueden ser vibraciones, ruido y una falta de sincronización no admisible en piezas móviles.

Por tanto, se hace preciso conocer el ángulo girado, bien por unidad de longitud (giro por cada metro de longitud del árbol), o bien en términos absolutos.

Para conocer la deflexión torsional se aplica

$$\theta = \frac{T \cdot L}{G \cdot J}$$

θ = ángulo de torsión resultante, en radianes, para toda la longitud.

T = torsor, en N· mm

G = módulo de elasticidad a cortante del material, en MPa. Este es un dato que mide la rigidez del material ante esfuerzos cortantes, y se relaciona con el módulo de Young y el de Poisson.

L = longitud del elemento, o distancia entre los puntos a calcular, en mm.

J = momento de inercia polar, en mm^4.

Para determinar si el valor obtenido es adecuado, se recomienda aplicar el criterio expuesto en la Tabla 6.2, donde se recomiendan los valores máximos admisibles en función del tipo de aplicación.

Tabla 6.2 Rigideces torsionales recomendadas, por unidad de longitud.

Aplicación	Grados / pulgada	Radianes/ metro
Maquinaria general	1×10^{-3} a 1×10^{-2}	6.9×10^{-4} a 6.9×10^{-3}
Precisión media	2×10^{-5} a 4×10^{-4}	1.4×10^{-5} a 2.7×10^{-4}
Precisión alta	1×10^{-6} a 2×10^{-5}	6.9×10^{-7} a 1.4×10^{-5}

A efectos, sobre todo de rigidez torsional, se debe tener en cuenta que los perfiles no cerrados, tienen un mal comportamiento ante la torsión, y que no ofrecen apenas rigidez torsional, por lo que son totalmente desaconsejados. Perfiles en L, IPN, HB, T, etc., deben ser evitados.

Análisis de elementos no circulares

Si bien los perfiles circulares (redondo macizo o tubo hueco), son los óptimos para problemas de torsión, en ocasiones se utilizan perfiles que no son circulares. Así, perfiles cuadrados, rectangulares, e incluso triangulares, se pueden usar para torsión.

Para la obtención tanto de la rigidez torsional, como del esfuerzo cortante, se aplican las siguientes expresiones:

$$\theta = \frac{T \cdot L}{K \cdot G}$$

$$\tau \, max = \frac{T}{Q}$$

Los parámetros K y Q, dependen del tipo de geometría, y con carácter general, se aplicarán los coeficientes de seguridad habituales, asi como la limitación de rigidez torsinal.

Obtención de parámetros K y Q para elementos no circulares

Tipo de sección: cuadrada maciza:
$$K = 0.141 \cdot a^4$$
$$Q = 0.208 \cdot a^3$$

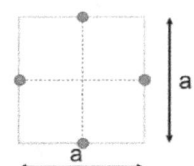

Rectangular maciza:
$$K = bh^3 \left[\frac{1}{3} - 0.21\frac{h}{b}\left(1 - \frac{(h/b)^4}{12}\right)\right]$$
$$Q = \frac{bh^2}{3 + 1.8(h/b)}$$

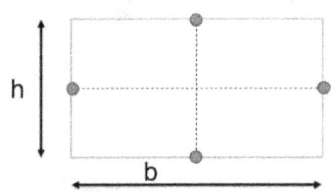

Rectángulo hueco, con espesor t uniforme. Las esquinas deben estar muy redondeadas, y el valor obtenido es el promedio.
$$K = \frac{2t\,(a-t)^2 \cdot (b-t)^2}{a+b-2t}$$

$$Q = 2t(a-t) \cdot (b-t)$$

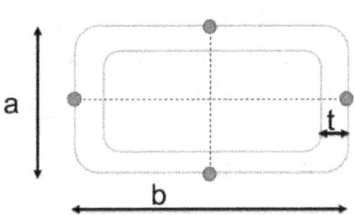

Triangular maciza:
$$K = 0.0217 \cdot a^4$$
$$Q = 0.05 \cdot a^3$$

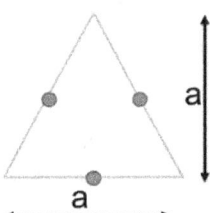

Tubo partido. Espesor uniforme y pequeño frente al radio. Se toma el radio medio.
$$K = \frac{2\pi r t^3}{3}$$
$$Q = \frac{4\pi r^2 t^2}{6\pi r + 1.8t}$$

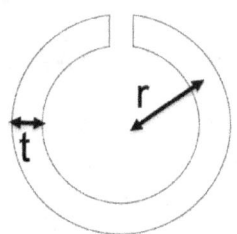

6.1 Transmisión de potencia

202. *Potencia en caballos.*

> Un eje gira a 900 rpm, y suministra un par de 10 000 lbf · in. Determinar la potencia transmitida en caballos en hp.

Solución. 142.86 hp

Se aplica la expresión que permite trabajar directamente con par en lbf·in y la velocidad angular en rpm:

$$P = \frac{T \cdot n}{63\,000} \rightarrow P = \frac{10\,000 \cdot 900}{63\,000} = 142.86 \; hp$$

203. *Potencia máxima de un eje macizo.*

> Calcular la potencia máxima en CV que puede transmitir un eje de acero de sección circular maciza de 10 cm de diámetro, si está girando a 450 rpm. El material puede soportar un esfuerzo cortante máximo de 400 kp/cm².

Solución. 477.58 CV

Para obtener la potencia se puede aplicar la expresión P = T·n, puesto que se conocen la velocidad de giro, y se dispone de datos para obtener el par torsor.

Se obtiene por tanto el par torsor máximo, que corresponde a la situación de que se tenga la tensión admisible máxima:

$$\tau = \frac{T \cdot c}{J} \rightarrow 400 = \frac{T \cdot \frac{10}{2}}{\frac{\pi}{32} \cdot 10^4}$$

Operando se obtiene un par torsor T = 78 540 kp·cm, que equivale a 7405 N·m.

Utilizando el par torsor, se sustituye en la expresión de la potencia:

$$P = T \cdot n \rightarrow P = 7405 \cdot 450 \cdot \frac{2 \cdot \pi}{60} = 363\,078 \; vatios$$

Aplicando 1 CV = 735.5 vatios, la potencia anterior son 493.65 CV.

204. *Par torsor suministrado por motor de barco.*

> Un motor de barco conectado directamente a la hélice, gira a 525 rpm. El motor tiene una potencia de 95 kW. Determinar el par de torsión que debe ser capaz de aguantar el eje.

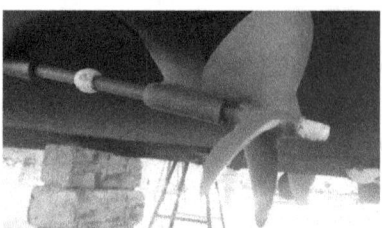

Solución. $1727.97 \; N \cdot m$

Se aplica directamente P = T·n, sustituyendo los datos del enunciado, y haciendo los cambios necesarios en las unidades:

$$n = 525 \; \frac{rev}{min} \cdot \frac{2 \cdot \pi \; rad}{rev} \cdot \frac{1 \; min}{60 \; seg} = 54.89 \; \frac{rad}{seg}$$

Sustituyendo:

$$T = \frac{P}{n} = \frac{95 \cdot 1000}{54.89} = 1727.97 \, N \cdot m$$

6.2 Esfuerzo máximo

205.   Esfuerzo máximo.

Se tiene un eje de acero hueco con diámetro exterior de 8 cm y diámetro interior de 4 cm. Calcular el esfuerzo máximo al que está sometido el material cuando recibe un momento torsor de 500 kgf·m.

Solución.   52 MPa

Se transforma el momento torsor en unidades habituales para aplicar las fórmulas:
$$T = 500 \, kp \cdot m = 500 \cdot 9.81 \cdot 1000 \, N \cdot mm = 4\,905\,000 \, N \cdot mm$$
Se obtiene el momento de inercia polar:
$$J = \frac{\pi}{32} \cdot (\emptyset_{ext}^4 - \emptyset_{int}^4) = \frac{\pi}{32} \cdot (80^4 - 40^4) = 3\,769\,911 \, mm^4$$
Se sustituyen los valores en la expresión del esfuerzo cortante:
$$\tau = \frac{T \cdot c}{J} \rightarrow \tau = \frac{4\,905\,000 \cdot \frac{80}{2}}{3\,769\,911} \cong 52 \, MPa$$

206.   Chaveta.

Un chaveta se monta como elemento de transmisión de par entre un eje de y un engranaje de dientes rectos. La chaveta tiene unas dimensiones de 22 x 10 mm (longitud- altura), con un grosor de 4 mm, y el diámetro del eje son 35 mm. El par a transmitir en el engranaje son 95 N·m. Determinar el esfuerzo que sufre la chaveta.

Solución.   24.67 MPa

Si el diámetro son 35 mm, el punto de apoyo está a 17.5 mm del centro de giro. La fuerza que se transmite en ese punto debe ser tal que el par sea de 95 N·m:
$$17.5 \cdot F = 95 \cdot 1000 \rightarrow F = 5428.6 \, N$$
Esa fuerza actúa como cortante sobre la chaveta, sobre una superficie de 22x10 mm:
$$\tau = \frac{F}{A} = \frac{5428.6}{22 \cdot 10} = 24.67 \, MPa$$

207. Eje sólido.

Calcular el esfuerzo cortante torsional máximo que soporta un eje circular sólido de 1.25 in de diámetro, cuando transmite 125 hp a 525 rpm.

Solución   39.114 ksi

Se utiliza la expresión que relaciona potencia, par y revoluciones, adaptada a unidades anglosajonas:

$$P = T \cdot \frac{n}{63\,000} \rightarrow 125 = T \cdot \frac{525}{63\,000} \rightarrow T = 15\,lb \cdot in$$

A partir de aquí, se obtiene el esfuerzo máximo en la periferia del eje:

$$\tau = \frac{T \cdot c}{J} = \frac{T \cdot \frac{\emptyset}{2}}{\frac{\pi}{32} \cdot \emptyset^4} = \frac{15\,000 \cdot \frac{1.25}{2}}{\frac{\pi}{32} \cdot 1.25^4} = 39\,114\,psi = 39.114\,ksi$$

208. Extensión de llave.

Una extensión de una llave como la de la figura tiene un diámetro de 9.5 mm en la parte central, donde tiene una sección circular. Si el par de torsión que se está aplicando para apretar un tornillo es de 10 N·m, determinar el torsor máximo que se produce en esa zona central de la llave.

Solución.   59.40 MPa

Dado que se conoce la geometría y el par que se está realizando, se puede calcular directamente el esfuerzo torsor en el exterior de la llave.

$$\tau = \frac{T \cdot c}{J} = \frac{T \cdot \frac{\emptyset}{2}}{\frac{\pi}{32} \cdot \emptyset^4} = \frac{10000 \cdot \frac{9.5}{2}}{\frac{\pi}{32} \cdot 9.5^4} = 59.40\,MPa$$

209. Eje de hélice

En un instante concreto, el eje de un motor transmite un par de torsión de 1.76 kN·m. El eje es un tubo hueco de diámetros 60 mm y 40 mm. Calcular los esfuerzos en las superficies externa e interna.

Solución.   51.7 MPa y 34.47 MPa

Se conocen los datos geométricos del eje y el torsor que transmite:

ϕ_{int} = 4 cm; ϕ_{ext} = 6 cm; T=1.76 kN·m = 176 000 N·cm

Para calcular el esfuerzo cortante en cualquier punto del perfil, se utiliza la expresión:

$$\tau = \frac{T \cdot c}{J}$$

El momento de inercia polar es

$$J = \frac{\pi}{32} \cdot (\emptyset_{ext}^4 - \emptyset_{int}^4) = \frac{\pi}{32} \cdot (6^4 - 4^4) = 102.1\,cm^4$$

El valor de C, determina si se está calculando el punto exterior del perfil o el interior.
Exterior del perfil: c = 3 cm.

$$\tau = \frac{176\,000 \cdot 3}{102.1} = 5171.3 \, \frac{N}{cm^2} = 51.713 \, \frac{N}{mm^2} = 51.713 \, MPa$$

Interior del perfil c= 2 cm.

$$\tau = \frac{176\,000 \cdot 2}{102.1} = 3447.6 \, \frac{N}{cm^2} = 34.476 \, MPa$$

210. Brida

La figura muestra una brida de acero forjada con el eje, que recibirá una carga a torsión. Se han previsto 8 alojamientos para tornillos, para el acoplamiento de la brida. Calcular el par de torsión máximo permisible en el acoplamiento si el esfuerzo cortante en los tornillos no debe exceder de 6000 psi. Suponer que todos los tornillos trabajan en igualdad de condiciones.
Dato: Los tornillos son de 1.25 pulgadas de diámetro, y se sitúan en un círculo de 9 pulgadas de diámetro.

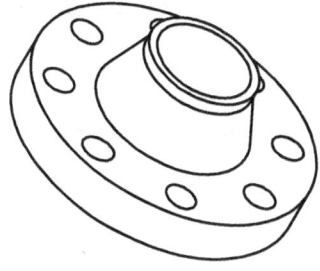

Solución. 265 072 lb·in

La torsión provoca un cortante en cada perno, que está limitado a 6000 psi por perno.

$$\tau_{dis} = \frac{F}{A} \rightarrow 6000 = \frac{F}{\frac{\pi}{4} \cdot 1.25^2} \rightarrow F = 7363 \, lb$$

Al tener 8 tornillos, la fuerza total será:

$$F_{total} = 8 \cdot F = 8 \cdot 7363 = 58\,905 \, lb$$

El par viene dado por:

$$T = F \cdot r = 58\,905 \cdot \frac{9}{2} = 265\,072 \, lb \cdot in$$

211. Aspas de batidora industrial.

Las aspas de una batidora industrial giran a 300 rpm y requieren 3.5 kW de potencia. Calcular el esfuerzo cortante torsional en el eje que las impulsa suponiendo que es hueco, y cuyos diámetros externo e interno son de 40 mm y 25 mm, respectivamente.

Solución. 10.46 MPa

En primer se obtiene el torsor, a partir de la potencia a transmitir y la velocidad angular:

$$P = T \cdot n \rightarrow 3500 = T \cdot 300 \cdot \frac{2 \cdot \pi}{60} \rightarrow T = 111.4 \, N \cdot m$$

El momento de inercia polar es

$$J = \frac{\pi}{32} \cdot (\emptyset_{ext}^4 - \emptyset_{int}^4) = \frac{\pi}{32} \cdot (40^4 - 25^4) = 212\,978 \, mm^4$$

Seguidamente, se puede obtener ya el esfuerzo cortante máximo, en el exterior del perfil.

$$\tau = \frac{T \cdot c}{J} = \frac{111\,400 \cdot 20}{212\,978} = 10.46 \; MPa$$

212. Tubo hueco.

Un árbol hueco con diámetro exterior 12.5 cm e interior de 7.5 cm soporta una tensión cortante en la cara interior de 600 kp/cm². Determinar bajo estas condiciones cual será la tensión en la cara exterior.

Solución. 1000 kp/cm²

No se conoce el esfuerzo exterior, pero si el interior:

$$\tau_{int} = \frac{T \cdot c}{J} = \frac{T \cdot \frac{\emptyset_{int}}{2}}{J}$$

Se obtiene el momento de inercia polar:

$$J = \frac{\pi}{32} \cdot (\emptyset_{ext}^4 - \emptyset_{int}^4) = \frac{\pi}{32} \cdot (12.5^4 - 7.5^4) = 2086.21 \; cm^4$$

Se sustituye:

$$600 = \frac{T \cdot \frac{7.5}{2}}{2086.21} \rightarrow T = 333\,794 \; kp \cdot cm = 3337.94 \; kp \cdot m$$

Obtenido el torsor, se puede calcular el esfuerzo en el diámetro exterior:

$$\tau_{ext} = \frac{T \cdot c}{J} = \frac{T \cdot \frac{\emptyset_{ext}}{2}}{J} = \frac{333\,794 \cdot \frac{12.5}{2}}{2086.21} = 1000 \; kp/cm^2$$

213. Diámetro mínimo macizo.

Obtener el par torsor en un eje sólido de una pequeña turbina, que proporciona 500 kW de potencia, a un régimen de 2000 rpm. Determinar también el diámetro mínimo del eje de manera que el esfuerzo cortante no exceda 50 MPa.

Solución. 62.42 mm

Se aplica la expresión que calcula la potencia, la cual permite obtener el par correspondiente a esa potencia. Ese torsor será el necesario para transmitir la potencia indicada al régimen de vueltas expresado:

$$P = T \cdot n \rightarrow 500\,000 = T \cdot 2000 \cdot \frac{2 \cdot \pi}{60} \rightarrow T = 2387.32 \; N \cdot m$$

Sabiendo el torsor máximo que se produce, se puede conocer el diámetro que se necesita para igualar el valor límite de esfuerzo cortante:

$$\tau = \frac{T \cdot c}{J} \rightarrow 50 = \frac{2\,387\,320 \cdot \frac{D}{2}}{\frac{\pi}{32} \cdot D^4} \rightarrow D \cong 62.4 \; mm$$

Se necesitará por tanto un eje macizo de una dimensión mayor a la obtenida para no superar el valor del esfuerzo cortante en la parte más desfavorable (el exterior del eje).

214.   Apriete de tornillo.

Al apretar un tornillo con una llave fija de longitud 45 cm y aplicando una fuerza de 30 kp en el extremo, el tornillo se rompe. Despreciando la fricción ¿Cuál deberá ser el diámetro mínimo que ha de tener el tornillo si la tensión a cortante máxima permisible es $\tau = 860\ kp/cm^2$?

Solución. 2 cm

Se obtiene en primer lugar el torsor que provoca la fuerza indicada. Se considera la situación más desfavorable, que es cuando la fuerza se ejerce perpendicularmente a la llave.

$$T = F \cdot d = 30 \cdot 45 = 1350\ kp \cdot cm$$

Conociendose el cortante máximo admisible, se plantea igualarlaro en el punto más desfavorable, que es el exterior del diámetro.

$$\tau = \frac{T \cdot c}{J} \to 860 = \frac{1350 \cdot \frac{\emptyset}{2}}{\frac{\pi}{32} \cdot \emptyset^4} \to \emptyset = 2\ cm$$

El tornillo tendrá que tener un diámetro de núcleo mínimo de 2 cm, por lo que se puede utilizar el inmediatamente superior disponible.

Nota: No se ha aplicado coeficiente de seguridad, porque directamente se compara con el esfuerzo máximo permisible.

215.   Diámetro de tubular para reductor.

Un reductor debe soportar un par de 250 kN·cm en su eje de salida. Las condiciones se consideran agresivas, con arranques y paradas bruscas. Determinar el diámetro mínimo que se debe utilizar para el eje, si el material es un acero con Su = 427 MPa y Sy = 327 MPa.

Solución. 77.6 mm

Al indicar en el enunciado que el reductor debe soportar paradas bruscas, se consideran condiciones de impacto. Para el material designado Sy= 327 MPa. Por tanto, la tensión de diseño es:

$$\tau_{dis} = \frac{\tau_{ys}}{N} = \frac{\sigma_y}{2 \cdot N} = \frac{327}{2 \cdot 6} = 27.25\ MPa$$

Se calcula el esfuerzo cortante máximo que soportará el eje, que deberá igualarse al de diseño:

$$\tau = \frac{T \cdot c}{J} = \frac{T \cdot \frac{\emptyset}{2}}{\frac{\pi}{32} \cdot \emptyset^4} = \frac{2\,500\,000 \cdot \frac{\emptyset}{2}}{\frac{\pi}{32} \cdot \emptyset^4} = 27.25\ MPa$$

Resolviendo la ecuación, se obtiene un diámetro mínimo de 77.6 mm. Se utilizára por tanto el siguiente valor de diámetro superior disponible comercialmente para el acero usado.

216. Motor de compresor.

> Un motor eléctrico de 3.5 kW alimenta un compresor, a través de un árbol macizo de 70 cm de longitud. El motor eléctrico gira a 1500 rpm. El material a utilizar es un AISI 1040 recocido, y se desea considerar un trabajo a fatiga, por los constantes arranques y paradas, aunque estas sean progresivas a través de un variador de frecuencia. Determinar cuál debe ser el diámetro mínimo.

Solución. 13.7 mm

Con condiciones de fatiga, se obtiene la tensión cortante de diseño, con Sy = 352 MPa del material:

$$\tau_{dis} = \frac{\tau_{ys}}{N} = \frac{\sigma_y}{2 \cdot N} = \frac{352}{2 \cdot 4} = 44 \, MPa$$

El par se puede obtener a partir de la potencia que se transmite:

$$P = T \cdot n \rightarrow 3500 = T \cdot 1500 \cdot \frac{2 \cdot \pi}{60} \rightarrow T = 22.282 \, N \cdot m = 22\,282 \, N \cdot mm$$

Se calcula el esfuerzo cortante máximo que soportará el eje, que deberá igualarse al de diseño:

$$\tau = \frac{T \cdot c}{J} = \frac{T \cdot \frac{\emptyset}{2}}{\frac{\pi}{32} \cdot \emptyset^4} = \frac{22\,282 \cdot \frac{\emptyset}{2}}{\frac{\pi}{32} \cdot \emptyset^4} = 44 \, MPa$$

Resolviendo la ecuación, se obtiene un diámetro mínimo de 13.71 mm.

217. Motor diésel.

> Se utiliza un motor diésel estacionario para accionar una bomba extractora de agua. El motor proporciona 50 CV de salida a 1500 rpm. Si el material del árbol de transmisión admite una tensión de trabajo de 570 kgf/cm², determinar el diámetro mínimo requerido.

Solución. 28 mm

A partir de la potencia a transmitir, se determinar el par que será necesario:

$$P = T \cdot n \rightarrow 50 \cdot 735.5 = T \cdot 1500 \cdot \frac{2 \cdot \pi}{60} \rightarrow T = 234.117 \, N \cdot m$$

A partir del torsor, se iguala un punto de la periferia a la tensión máxima que se puede permitir. El material permite 570 kgf/cm², equivalentes a 55.92 MPa.

$$\tau = \frac{T \cdot c}{J} \rightarrow 55.92 = \frac{234\,117 \cdot \frac{\emptyset}{2}}{\frac{\pi}{32} \cdot (\emptyset^4)} \rightarrow \emptyset \cong 27.73 \, mm \rightarrow 28 \, mm$$

218. Eje de transmisión.

> Una plataforma de transporte es movida mediante un motor eléctrico. El eje de la transmisión recibe un par de torsión máximo de 800 N·m. Como un primer diseño de determina usar como material A501 para tubería, con sección maciza. Determinar el diámetro mínimo recomendable, considerando arranques y paradas bruscas.

Solución. 58.2 mm

En primer lugar, se obtienen las características del material a utilizar. Por tablas, Su = 400 MPa y Sy=248 MPa.

A partir de las características del material, y teniendo en cuenta que soportará cargas de impacto, se determina la tensión de diseño:

$$\tau_{dis} = \frac{\tau_{ys}}{N} = \frac{\sigma_y}{2 \cdot N} = \frac{248}{2 \cdot 6} = 20.66 \, MPa$$

Conocida la tensión de diseño, se puede obtener el diámetro, teniendo en cuenta que el esfuerzo máximo se produce en la periferia, lo cual da el valor mínimo de diámetro necesario:

$$\tau = \frac{T \cdot c}{J} = \frac{T \cdot \frac{\emptyset}{2}}{\frac{\pi}{32} \cdot (\emptyset^4)} \rightarrow 20.66 = \frac{800\,000 \cdot \frac{D}{2}}{\frac{\pi}{32} \cdot (D^4)} \rightarrow D = 58.20 \, mm$$

El diámetro obtenido no es un valor habitual de tubería, pero posiblemente si que se disponga de tubería de diámetro 60 mm.

219. Motor eléctrico.

Un motor eléctrico proporciona un momento torsor de 180 kp·m a través de un eje acero de sección anular, con un diámetro exterior de 7 cm. Se estima en 350 kp/cm² la tensión máxima que puede soportar el material. Calcular el diámetro interior máximo que puede tener el eje.

Solución: **48.8 mm**

La tensión máxima de 350 kp/cm², equivale a 34.335 MPa. Se realiza también un cambio de unidades en el momento torsor, que equivale a 1 765 800 N·mm. Planteando la ecuación del torsor:

$$\tau = \frac{T \cdot c}{J} \rightarrow 34.335 = \frac{T \cdot \frac{\emptyset}{2}}{\frac{\pi}{32} \cdot (\emptyset^4_{ext} - \emptyset^4_{int})} = \frac{1\,765\,800 \cdot \frac{70}{2}}{\frac{\pi}{32} \cdot (70^4 - \emptyset^4_{int})}$$

Despejando en la ecuación, se obtiene un diámetro interior máximo de 48.80 mm.

220. Eje de transmisión. Sustitución de eje macizo por tubular.

Un eje de una transmisión es macizo y tiene un diámetro de 50 mm. Recibe un torsor de 800 N·m. Por un problema, se necesita cambiar, pero no se dispone del mismo material y medida. Como alternativa, se dispone de varios tubos huecos de diámetro exterior 60 mm, en acero AISI 1141 OQT 1300. Calcule el diámetro interno máximo que el tubo puede tener para que se produzca un esfuerzo en el acero igual al eje sólido de 50 mm.

Solución. **48.34 mm**

Según el enunciado, se interpreta que en el tubo hueco el torsor máximo sea el mismo que en un eje sólido de 50 mm de diámetro para 800 N·m de torsor.

Se comienza calculando el cortante máximo para un eje sólido de 50 mm de diámetro

$$\tau = \frac{T \cdot c}{J} = \frac{T \cdot \frac{\emptyset}{2}}{\frac{\pi}{32} \cdot \emptyset^4} = \frac{800\,000 \cdot \frac{50}{2}}{\frac{\pi}{32} \cdot 50^4} = 32.59 \, MPa$$

Se plantea la misma situación para el tubo hueco con un diámetro exterior de 60 mm

$$32.59 = \frac{T \cdot c}{J} = \frac{T \cdot \frac{\emptyset}{2}}{\frac{\pi}{32} \cdot (\emptyset_{ext}^4 - \emptyset_{int}^4)} = \frac{800\,000 \cdot \frac{60}{2}}{\frac{\pi}{32} \cdot (60^4 - \emptyset_{int}^4)}$$

Se despeja el diámetro interior, que resulta de 48.34 mm. Cualquier otro tubo con un diámetro interior menor, hará que el torsor máximo disminuya.

221. *Diámetro macizo frente a hueco.*

Para transmitir 220 CV, a 350 rpm, se ha calculado un árbol circular macizo. Se dispone de diversos perfiles huecos, con un espesor de pared de 2 cm. Determinar el tamaño mínimo a seleccionar para poder usar algún árbol hueco existente. El material tiene una tensión admisible a cortante de 840 kgf/cm^2 siendo el mismo en todos los casos. Comparar también si el árbol hueco difiere en exceso del macizo.

Solución. *Existe muy poca diferencia.*

Según la potencia a transmitir, y las condiciones de giro, se obtiene el par necesario:

$$P = T \cdot n \rightarrow 220 \cdot 735.5 = T \cdot 350 \cdot \frac{2 \cdot \pi}{60} \rightarrow T = 4414.77 \, N \cdot m$$

El material tiene como límite de tensión según el diseño 840 kgf/cm^2, equivalentes a 82.404 MPa. Por tanto, se plantea la situación para la opción de árbol macizo:

$$\tau = \frac{T \cdot c}{J} = \frac{T \cdot \frac{\emptyset}{2}}{\frac{\pi}{32} \cdot \emptyset^4} \rightarrow 82.404 = = \frac{4414.77 \cdot 1000 \cdot \frac{\emptyset}{2}}{\frac{\pi}{32} \cdot \emptyset^4} \rightarrow \emptyset = 64.86 \, mm$$

La misma aplicación, para un árbol hueco, con un espesor de pared de 20 mm, sería:

$$\tau = \frac{T \cdot c}{J} = \frac{T \cdot \frac{\emptyset_{ext}}{2}}{\frac{\pi}{32} \cdot (\emptyset_{ext}^4 - \emptyset_{int}^4)} \rightarrow 82.404 = \frac{4414.77 \cdot 1000 \cdot \frac{\emptyset_{ext}}{2}}{\frac{\pi}{32} \cdot (\emptyset_{ext}^4 - (\emptyset_{ext} - 40)^4)} \rightarrow \emptyset_{ext} = 65.35 \, mm$$

Existe muy poca diferencia entre el tamaño necesario de árbol, lo cual indica que el material del centro del árbol apenas colabora, como se conoce por teoría.

222. *Eje de transmisión.*

Una plataforma de transporte es movida mediante un motor eléctrico. El eje de la transmisión recibe un par de torsión máximo de 800 N·m. Como un primer diseño se determina usar como material A501 para tubería estructural, con sección maciza. Se dispone de tubos macizos de 50 mm de diámetro. Considerando arranques y paradas bruscas, determinar si el tubo es adecuado.

Solución. *No es valido.*

En primer lugar, se obtienen las características del material a utilizar. Por tablas, Su = 400 MPa y Sy=248 MPa.

A partir de las características del material, y teniendo en cuenta que soportará cargas de impacto, se determina la tensión de diseño:

$$\tau_{dis} = \frac{\tau_{ys}}{N} = \frac{\sigma_y}{2 \cdot N} = \frac{248}{2 \cdot 6} = 20.66 \, MPa$$

Conocida la tensión de diseño, se comprueba si la tensión de trabajo es inferior, para poder validar el diámetro disponible.

$$\tau_{trab} = \frac{T \cdot c}{J} = \frac{T \cdot \frac{\emptyset}{2}}{\frac{\pi}{32} \cdot (\emptyset^4)} = \frac{800\,000 \cdot \frac{50}{2}}{\frac{\pi}{32} \cdot (50^4)} = 32.6 \, MPa$$

La tensión de trabajo obtenida es superior a la de diseño, por lo que no se cumple el criterio de seguridad adoptado. Como conclusión, no se acepta el diámetro disponible.

6.3 Concentración de esfuerzos

223. *Polea con chavetero.*

Una polea tira con 400 kp de fuerza. La polea tiene un diámetro de 500 mm, y está montada sobre un eje que gira a 60 rpm. La tensión de diseño del material del eje es de 600 kgf/cm2. La unión entre ambos es mediante una chaveta. Determinar la potencia que puede transmitir la polea, y el diámetro mínimo del eje teniendo en consideración el efecto concentrador de tensiones del chavetero. Nota: despreciar el efecto de la flexión en el eje.

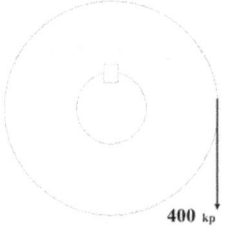

Solución. $6163.8 \, vatios, 55.4 \, mm$

Se obtiene el par torsor que desarrolla la polea:

$$T = F \cdot d = 400 \cdot 250 = 100\,000 \, kp \cdot mm = 981\,000 \, N \cdot mm = 981 \, N \cdot m$$

La tensión de diseño del material es de 600 kgf/cm², equivalentes a 58.86 MPa. A partir de la tensión de diseño, se puede obtener el diámetro. Para ello, se ha de considerar que en la zona del chavetero, se producirá una concentración de tensiones. Dado que no se tiene información del tipo de chavetero, se toma la opción más desfavorable, con Kt = 2.

$$\tau = \frac{K_t \cdot T \cdot c}{J} \to 58.86 = \frac{2 \cdot 981\,000 \cdot \frac{\emptyset}{2}}{\frac{\pi}{32} \cdot \emptyset^4} \to \emptyset = 55.37 \, mm$$

La potencia se obtiene como:

$$P = T \cdot n \to P = 981 \cdot 60 \cdot \frac{2 \cdot \pi}{60} = 6163.8 \, vatios$$

224. Eje ranurado.

> Un eje de diámetro 1.5 in tiene una ranura de 1.25 in de diámetro, y un redondeo en el fondo de 0.1 inch de radio. El par de torsión transmitido es de 4500 lb·in. Comparar la tensión máxima existente en la ranura y en el resto del eje. Si el material es un AISI 1141 OQT 1100, determinar la seguridad existente en la ranura.

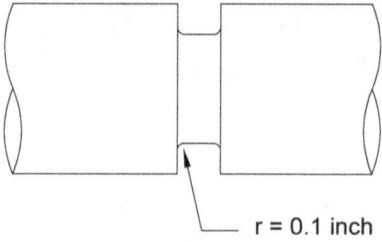

r = 0.1 inch

Solución. $N = 2.66$

Se calcula en primer lugar el cortante máximo en la sección sin ranura:

$$\tau = \frac{T \cdot c}{J} = \frac{4500 \cdot \frac{1.5}{2}}{\frac{\pi}{32} \cdot 1.5^4} = 6790.6 \; psi$$

Para la zona donde hay ranura, hay que tener en cuenta el factor concentrador de tensión. Para ello, primero se calcula la tensión nominal, sin el factor, y después se le aplica para corregir. De esta forma se cumplirá:

$$\tau_{max} = K_t \cdot \tau_{nom}$$

La tensión sin el factor de concentración de tensiones es:

$$\tau_{nom} = \frac{T \cdot c}{J} = \frac{4500 \cdot \frac{1.25}{2}}{\frac{\pi}{32} \cdot 1.25^4} = 11\,734.17 \; psi$$

Se observa cómo se produce un incremento importante respecto a la situación anterior con un mayor diámetro.

Para obtener el concentrador de tensiones Kt, se busca por tablas con r/dg = 0.1/1.25 = 0.08 y con D/dg = 1.50/1.25 = 1.2. Entrando a tabla, se obtiene un valor estimado de Kt = 1.55, lo que indica que la concentración de tensiones aumenta un 55% la tensión nominal.

Aplicando el concentrador de tensión, se obtiene una tensión máxima en la ranura de

$$\tau_{max} = K_t \cdot \tau_{nom} = 1.55 \cdot 11\,734 = 18\,177 psi$$
$$= 18.18 \; ksi$$

Para el material AISI 1141 indicado, Sy = 97 ksi, por lo que se estima Sys = 0.5·Sy = 48.5 ksi.

El coeficiente de seguridad existente en la ranura es de:

$$N = \frac{S_{ys}}{\tau_{max}} = \frac{48.5}{18.18} = 2.66$$

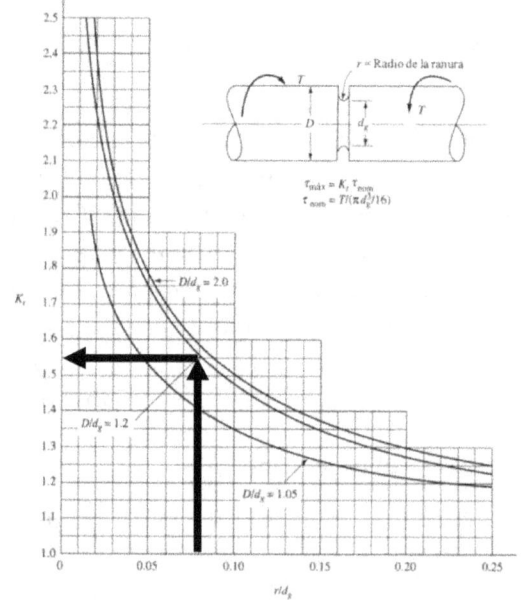

225. Eje ranurado con cambios de sección.

Un eje que monta un engranaje tiene la geometría de la figura. En esta figura se muestra el chavetero donde se montará el engranaje y el resalte donde se apoyará. También se observa que el engranaje se mantendrá en su sitio mediante un anillo de retención insertado en la ranura. El engranaje proporcionará un par de torsión cíclico de 20 N·m al eje. Determinar el esfuerzo cortante en cada una de las secciones de la figura, y a partir de los resultados obtenidos, determinar un tipo de acero adecuado para su mecanizado.

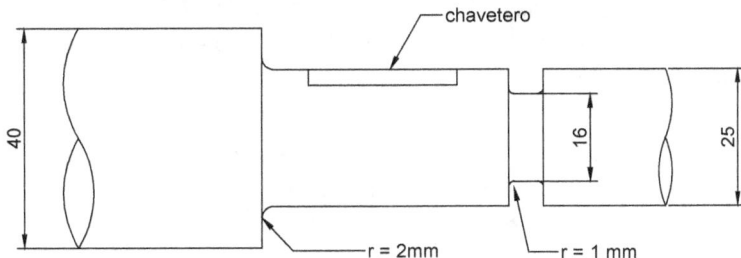

Solución. Ver desarrollo

Se comprueba cada una de las secciones:

Sección 1. Zona de 40 mm de diámetro. El cortante en esta sección se obtiene como:

$$\tau = \frac{T \cdot c}{J} = \frac{20\,000 \cdot \frac{40}{2}}{\frac{\pi}{32} \cdot 40^4} \cong 1.6 \; MPa$$

Sección 2. Cambio de sección con radio de empalme 2 mm. En esta sección aparece un concentrador de tensiones.

El valor del cortante nominal (sin el efecto del concentrador) es:

$$\tau_{nom} = \frac{T \cdot c}{J} = \frac{20\,000 \cdot \frac{25}{2}}{\frac{\pi}{32} \cdot 25^4} \cong 6.52 \; MPa$$

Para obtener el concentrador, se necesita conocer la relación entre el radio de acuerdo y el diámetro pequeño, así como entre los diámetros:

$$\frac{r}{d} = \frac{2}{25} = 0.08 \quad y \quad \frac{D}{d} = \frac{40}{25} = 1.6$$

Entrando a tabla, se obtiene un concentrador aproximadamente de Kt= 1.45
Por tanto, la tensión en la sección 2 será:

$$\tau = K_t \cdot \tau_{nom} = 1.45 \cdot 6.52 = 9.454 \; MPa$$

Sección 3. Chavetero. En esta sección existe un chavetero, que se estima como un concentrador de tensiones de factor Kt=2. Por lo tanto, aplicándolo a la tensión nominal.:

$$\tau = K_t \cdot \tau_{nom} = 2 \cdot 6.52 = 13.04 \; MPa$$

Sección 4. Ranura. En esta sección existe una ranura con radio 1 mm. Para obtener el factor concentrador de tensiones se necesita conocer las siguientes relaciones geométricas:

Análisis de esfuerzos y deformaciones por torsión

$$\frac{r}{d} = \frac{1}{16} = 0.0625 \quad y \quad \frac{D}{d} = \frac{25}{16} = 1.5625$$

Entrando a tablas se obtiene un concentrador estimado de Kt = 1.68

El valor del esfuerzo nominal, para un diámetro en el fondo de la entalla de 16 mm es:

$$\tau_{nom} = \frac{T \cdot c}{J} = \frac{20\,000 \cdot \frac{16}{2}}{\frac{\pi}{32} \cdot 16^4} = 24.87\ MPa$$

Se aplica el factor concentrador al esfuerzo cortante nominal:

$$\tau = K_t \cdot \tau_{nom} = 1.68 \cdot 24.87 = 41.78\ MPa$$

<u>Sección 5. Zona de 25 mm de diámetro.</u> Esta sección es idéntica a la sección 3, pero sin el concentrador, por lo que el cortante son 6.52 MPa.

<u>Conclusión.</u> Para evaluar la pieza, se plantea la situación en la cual trabaja a fatiga, por lo que el cálculo se considera respecto de la sección donde hay mayor exigencia:

$$\tau_{dis} = \frac{\tau_{ys}}{N} \rightarrow \frac{\sigma_y}{8} = 41.782 \rightarrow \sigma_y = 334.25\ MPa$$

Si se revisan materiales, cualquier AISI 1040 tiene un esfuerzo de fluencia superior a 334 MPa, con lo cual, cualquiera valdría.

6.4 Ángulo girado

226. *Ángulo girado.*

Calcular el ángulo girado de una pieza con un G = 85 GPa que está sometida a una tensión cortante de 35 MPa.

Solución. 0.0236 grados

Se utiliza la expresión que relaciona el giro con la tensión, trabajando en MPa:

$$\tau = G \cdot \gamma \rightarrow \gamma = \frac{\tau}{G} = \frac{35}{85\,000} = 4.118 \cdot 10^{-4}\ radianes \cong 0.0236\ grados$$

227. *Giro de barra.*

Un árbol conecta un motor con la entrada de un reductor, transmitiendo un par torsor de 15 N·m. El árbol es de acero, con un diámetro de 10 mm y 250 mm de longitud. Determinar el ángulo de torsión entre ambos extremos. Considerar acero al carbono.

Solución 2.73º

Por tablas, para acero al carbono, G=80 GPa.

Se obtiene directamente el ángulo:

$$\theta = \frac{T \cdot L}{G \cdot J} = \frac{15\,000 \cdot 250}{80\,000 \cdot \frac{\pi}{32} \cdot 10^4} = 0.0477\ rad = 2.736º$$

228. Motor eléctrico.

Un motor eléctrico que gira a 1000 rpm transmite su potencia a una barra calibrada de acero de 50 mm de diámetro. La chapa del motor indica 100 kW de potencia. Determinar el par de torsión que se transmite por el eje y la torsión angular del mismo por metro de longitud.

Solución. $0.01945\ rad = 1.115º$

Se aplica la expresión de la potencia para obtener el torsor en las condiciones de giro descritas:

$$P = T \cdot n \rightarrow 100\,000 = T \cdot 1000 \cdot \frac{2 \cdot \pi}{60} \rightarrow T = 954.3\ N \cdot m$$

El ángulo girado se obtiene para 1 metro de longitud, tomando un valor de G = 80 GPa para el material:

$$\theta = \frac{T \cdot L}{G \cdot J} = \frac{954\,930 \cdot 1000}{80\,000 \cdot \frac{\pi}{32} \cdot (50^4)} = 0.01945\ rad = 1.115º$$

229. Angulo de torsión en llave de dado.

Con una llave dinamométrica se aplican 5 N·m de torsor sobre una extensión de acero de 8 mm de diámetro y 200 mm de longitud. Calcular el esfuerzo en la extensión y el ángulo de torsión.

Solución. *49.73 MPa, 0.03108 rad.*

Se toma una llave de perfil circular macizo de diámetro 8 mm, con un valor para el acero de G=80 GPa = 80 000 MPa.

$$\tau = \frac{T \cdot c}{J} = \frac{T \cdot \frac{\emptyset}{2}}{\frac{\pi}{32} \cdot \emptyset^4} = \frac{5000 \cdot \frac{8}{2}}{\frac{\pi}{32} \cdot 8^4} = 49.73\ MPa$$

Para obtener el ángulo:

$$\theta = \frac{T \cdot L}{G \cdot J} = \frac{5000 \cdot 200}{80\,000 \cdot \frac{\pi}{32} \cdot 8^4} = 0.03108\ rad \cong 1.78º$$

230. Máquina herramienta.

En una máquina, el árbol de su motor mide 0.9 m de largo, tiene una sección circular de diámetro 8 cm, y es de acero. La potencia que transmite es de 2.5 CV a 300 rpm. Calcular la tensión cortante máxima a torsión y el ángulo girado. Considerar acero.

Solución *0.58 MPa y* $0.0094º$

A partir de la potencia y el giro, se puede obtener el torsor que transmite:

$$P = T \cdot n \rightarrow 2.5 \cdot 735.5 = T \cdot 300 \cdot \frac{2 \cdot \pi}{60} \rightarrow T = 58.53\ N \cdot m$$

El esfuerzo cortante máximo será:

$$\tau = \frac{T \cdot c}{J} = \frac{58\,530 \cdot \frac{80}{2}}{\frac{\pi}{32} \cdot 80^4} = 0.58\ MPa$$

El ángulo girado:

$$\theta = \frac{T \cdot L}{G \cdot J} = \frac{58\,530 \cdot 900}{80\,000 \cdot \frac{\pi}{32} \cdot 80^4} = 0.000163\ rad \cong 0.0094º$$

231. Par y ángulo de giro.

Una transmisión de un motor de 700 mm de longitud, sección circular en acero con diámetro 20 mm, transmite 9.5 CV a 1500 rpm. Determinar la tensión cortante máxima, el par torsor y el ángulo de torsión.

Solución. 28.318 MPa y 1.42º

A partir de la potencia y el régimen de giro se obtiene el par:

$$P = T \cdot n \rightarrow 9.5 \cdot 735.5 = T \cdot 1500 \cdot \frac{2 \cdot \pi}{60} \rightarrow T = 44.482\ N \cdot m = 44\,482\ N \cdot mm$$

La tensión máxima se dará en la periferia de la sección:

$$\tau = \frac{T \cdot c}{J} \rightarrow \tau = \frac{44\,482 \cdot \frac{20}{2}}{\frac{\pi}{32} \cdot 20^4} = 28.318\ MPa$$

El ángulo de torsión que aparecerá entre los extremos de la barra, considerando acero, será:

$$\theta = \frac{T \cdot L}{G \cdot J} = \frac{44\,482 \cdot 700}{80\,000 \cdot \frac{\pi}{32} \cdot 20^4} = 2.48 \cdot 10^{-2}\ rad = 1.42º$$

232. Eje macizo.

Un árbol de acero debe girar a 950 rpm, transmitiendo 60 CV. Por diseño se decide que la tensión máxima de corte no debe sobrepasar 800 kgf/cm², puesto que se esperan arranques bruscos. Determinar el diámetro mínimo, el ángulo de torsión por cada metro de longitud y determinar varios tipos de aceros adecuados según las condiciones de diseño exigidas.

Solución. Diámetro 30.65 mm, 3.7 grados, varios aceros.

La tensión máxima queda limitada a 800 kgf/cm², que equivalen a 78.48 MPa. A partir de la potencia y el régimen de giro se obtiene el par:

$$P = T \cdot n \rightarrow 60 \cdot 735.5 = T \cdot 950 \cdot \frac{2 \cdot \pi}{60} \rightarrow T = 443.590\ N \cdot m = 443\,590\ N \cdot mm$$

El esfuerzo máximo será el que determinará el diámetro a colocar:

$$\tau = \frac{T \cdot c}{J} \rightarrow 78.48 = \frac{T \cdot \frac{\emptyset}{2}}{\frac{\pi}{32} \cdot \emptyset^4} = \frac{443\,590 \cdot \frac{\emptyset}{2}}{\frac{\pi}{32} \cdot \emptyset^4} \rightarrow \emptyset = 30.65\ mm$$

El ángulo de torsión, se calcula con respecto a una referencia de un metro de longitud:

$$\theta = \frac{T \cdot L}{G \cdot J} = \frac{443\,590 \cdot 1000}{80\,000 \cdot \frac{\pi}{32} \cdot 30.65^4} = 6.4 \cdot 10^{-2}\, rad \cong 3.7\, grados$$

Respecto a los tipos de acero, si se ha limitado a 78.48 MPa la tensión máxima de trabajo, y se consideran cargas de impacto, se debe cumplir:

$$\tau_{dis} = \frac{\tau_{ys}}{N} = \frac{\sigma_y}{2 \cdot N} = \frac{\sigma_y}{2 \cdot 6} = 78.48\, MPa \rightarrow \sigma_y = 941.76\, MPa$$

Se obtiene un valor mínimo de límite elástico elevado, por lo que no demasiados aceros serán válidos. Como ejemplo de materiales que sí cumplen, se dispone del AISI 1141 OQT 700, AISI 4140 OQT 700, AISI 4140 OQT 900 o incluso los AISI 5160 OQT 700 y 900.

233. Transmisión de potencia y deformación.

> Un árbol de 350 mm de longitud debe transmitir 11 CV a 600 rpm. El material usado es un acero con una tensión máxima admisible de 1200 kgf/cm². Determinar la deformación angular que se espera que tenga el árbol en grados, si el eje se fabrica con diámetros de mm en mm.

Solución. 3.13º

Se aplica la expresión que relaciona la potencia con el torsor y las revoluciones:

$$P = T \cdot n \rightarrow 11 \cdot 735.5 = T \cdot 600 \cdot \frac{2 \cdot \pi}{60} \rightarrow T = 128.764\, N \cdot m$$

El cortante admisible en el árbol será de 1200 kgf/cm², equivalentes a 117.72 MPa

Se aplica la relación entre el cortante y el torsor para obtener el diámetro:

$$\tau = \frac{T \cdot c}{J} \rightarrow 117.72 = \frac{T \cdot \frac{\emptyset}{2}}{\frac{\pi}{32} \cdot \emptyset^4} = \frac{128\,764 \cdot \frac{\emptyset}{2}}{\frac{\pi}{32} \cdot \emptyset^4} \rightarrow \emptyset = 17.73\, mm \rightarrow \emptyset = 18\, mm$$

Para obtener el ángulo:

$$\theta = \frac{T \cdot L}{G \cdot J} = \frac{128\,764 \cdot 350}{80\,000 \cdot \frac{\pi}{32} \cdot 18^4} = 0.0547\, rad \cong 3.13º$$

234. Cartel publicitario.

> Un eje que soporta un cartel publicitario da una vuelta completa por minuto. La potencia necesaria para que el cartel gire es de 0.1 CV. El esfuerzo cortante en el material se quiere limitar a 60 MPa, puesto que además del cortante, pueden aparecer otros esfuerzos debidos a la flexión y al peso del cartel. Determinar el diámetro necesario si se coloca un eje macizo en acero y el ángulo de torsión por cada metro de longitud.

Solución. Diámetro 39.1 mm, 2º

Se obtiene el torsor a partir de la potencia y el régimen de giro, de 1 rpm:

$$P = T \cdot n \rightarrow 0.1 \cdot 735.5 = T \cdot 1 \cdot \frac{2 \cdot \pi}{60} \rightarrow T = 702.351\, N \cdot m = 702\,351\, N \cdot mm$$

Conocido el torsor, se puede obtener el esfuerzo cortante en el perfil, que se deberá igualar a la tensión máxima permisible:

$$\tau = \frac{T \cdot c}{J} = 60 \rightarrow \frac{702\,349 \cdot \frac{\emptyset}{2}}{\frac{\pi}{32} \cdot \emptyset^4} = 60 \rightarrow \emptyset \cong 39.1\ mm$$

El diámetro que cumple la ecuación es de 39.1 mm, por lo que ese será el tamaño mínimo necesario de perfil. Se considerará 40 mm, que es una medida habitual. Para obtener el ángulo girado en 1 metro de longitud:

$$\theta = \frac{T \cdot L}{G \cdot J} = \frac{702\,349 \cdot 1000}{80\,000 \cdot \frac{\pi}{32} \cdot 40^4} = 0.035\ rad = 2º$$

235. Reparto de potencia.

Una barra maciza en acero, de 4 metros de largo y 9 cm de diámetro, une dos máquinas rotativas en sus extremos. Para que gire y transmita potencia a las máquinas, la barra tiene en el centro una polea, que monta una correa por la que se reciben 90 CV a 350 rpm. La máquina de un extremo absorbe 60 CV para funcionar, y el otro extremo los 30 CV restantes. Determinar la tensión cortante máxima en el eje, y el ángulo de torsión máximo.

Solución. *8.4 MPa y 0.268º*

En el lado donde se absorben los 60 CV se encontrará la situación más desfavorable. A partir de la potencia a transmitir (60 CV) y las revoluciones, se obtiene el torsor necesario:

$$P = T \cdot n \rightarrow 60 \cdot 735.5 = T \cdot 350 \cdot \frac{2 \cdot \pi}{60} \rightarrow T = 1\,204.03\ N \cdot m = 1\,204\,030\ N \cdot mm$$

En esa parte de la barra, el esfuerzo cortante será:

$$\tau = \frac{T \cdot c}{J} = \frac{T \cdot \frac{\emptyset}{2}}{\frac{\pi}{32} \cdot \emptyset^4} = \frac{1\,204\,030 \cdot \frac{90}{2}}{\frac{\pi}{32} \cdot 90^4} = 8.41\ MPa$$

En la mitad de la barra que transmite 60 CV, el giro que se producirá será:

$$\theta = \frac{T \cdot L}{G \cdot J} = \frac{1\,204\,030 \cdot 2000}{80\,000 \cdot \frac{\pi}{32} \cdot 90^4} = 0.00467\ rad = 0.268º$$

En el otro lado, dado que la longitud es la misma, el diámetro también, y la potencia es la mitad, el torsor será la mitad y el resto de condiciones permanecen constantes, por lo que el giro producido será la mitad.

236. Eje de aluminio.

Un eje circular se desea realizar en aluminio 6061-T6. Determinar el diámetro conveniente si el ángulo de torsión no debe superar los 0.08 grados por cada pie de longitud, cuando se apliquen 75 lb·in.

Solución *1.15 in*

Para el aluminio indicado, por tablas, G= $3.75 \cdot 10^6$ psi
El límite de ángulo es:

$$0.08\ grados = 0.08 \cdot \frac{2\pi}{360}\ rad = 1.396 \cdot 10^{-3}\ radianes$$

Planteando el ángulo girado para 1 pie de longitud (12 pulgadas):

$$\theta = \frac{T \cdot L}{G \cdot J} \to 1.396 \cdot 10^{-3} = \frac{75 \cdot 12}{3.75 \cdot 10^6 \cdot \frac{\pi}{32} \cdot \emptyset^4} \to \emptyset = 1.15 \, in$$

237. Giro en eje hueco.

En una aplicación, se decide cambiar un eje macizo por un tubo hueco con diámetro externo de 50 mm, e interno de 40 mm. El eje tiene una longitud de 1 m, en acero. Si debe transmitir 100 kW girando a 1000 rpm, determinar el esfuerzo cortante máximo y el ángulo de torsión.

Solución. 65.9 Mpa y 1.89º

Se obtiene el torsor a partir de la potencia y el régimen de giro:

$$P = T \cdot n \to 100\,000 = T \cdot 1000 \cdot \frac{2 \cdot \pi}{60} \to T = 954.927 \, N \cdot m = 954\,927 \, N \cdot mm$$

Se obtiene el momento de inercia polar de la sección:

$$J = \frac{\pi}{32} \cdot (\emptyset_{ext}^4 - \emptyset_{int}^4) = \frac{\pi}{32} \cdot (50^4 - 40^4) = 362\,265 \, mm^4$$

El esfuerzo cortante máximo se encuentra en el exterior, y será:

$$\tau = \frac{T \cdot c}{J} = \frac{954\,927 \cdot \frac{50}{2}}{362\,265} = 65.9 \, MPa$$

En ángulo girado:

$$\theta = \frac{T \cdot L}{G \cdot J} = \frac{954\,927 \cdot 1000}{80\,000 \cdot 362\,265} = 0.0329 \, rad = 1.887º$$

238. Longitud máxima de eje.

Un eje hueco de diámetros exterior e interior de 50 y 40 mm respectivamente debe transmitir 2000 N·m. Si se quiere limitar el ángulo de torsión a 10 grados como máximo, determinar cuál es la longitud mayor que se puede tener. Considerar acero.

Solución. 2.529 m

Se obtiene el momento de inercia polar de la sección:

$$J = \frac{\pi}{32} \cdot (\emptyset_{ext}^4 - \emptyset_{int}^4) = \frac{\pi}{32} \cdot (50^4 - 40^4) = 362\,265 \, mm^4$$

En ángulo girado queda limitado a 10 grados, pero se necesita en radianes:

$$10º = 10 \cdot \frac{2 \cdot \pi}{360} = 0.1745 \, rad$$

Planteando la ecuación del giro, para una longitud L, se puede obtener esta:

$$\theta = \frac{T \cdot L}{G \cdot J} \to 0.1745 = \frac{2\,000\,000 \cdot L}{80\,000 \cdot 362\,265} \to L = 2529 \, mm$$

Análisis de esfuerzos y deformaciones por torsión

239. Dimensionado de eje.

> Un eje en acero AISI 1110 tiene un diámetro de 50 mm por 1 metro de longitud. Se utiliza para transmitir 500 kW, con una velocidad de 2000 rpm. Determinar el esfuerzo cortante máximo y el ángulo de torsión. Si se quisiera limitar el esfuerzo a 50 MPa, determinar cuál debería ser el diámetro mínimo.

Solución. 97.26 MPa, 63.41 mm.

Se obtiene el momento de inercia polar:

$$J = \frac{\pi}{32} \cdot \emptyset^4 = \frac{\pi}{32} \cdot 50^4 = 613\,592.3 \; mm^4$$

Se obtiene el torsor de la relación entre potencia, torsor y revoluciones.

$$P = T \cdot n \to 500\,000 = T \cdot 2000 \cdot \frac{2 \cdot \pi}{60} \to T = 2387.3 \; N \cdot m = 2\,387\,300 \; N \cdot mm$$

El valor del esfuerzo cortante máximo será:

$$\tau = \frac{T \cdot c}{J} \to \tau = \frac{2\,387\,300 \cdot \frac{50}{2}}{613\,592.3} = 97.26 \; MPa$$

Para obtener el ángulo:

$$\theta = \frac{T \cdot L}{G \cdot J} = \frac{2\,387\,300 \cdot 1000}{80\,000 \cdot 613\,592.3} = 0.04863 \; rad = 2{,}79º$$

Para una situación con un cortante máximo de 50 MPa, el diámetro que correspondería sería:

$$\tau = \frac{T \cdot c}{J} \to 50 = \frac{2\,387\,300 \cdot \frac{\emptyset}{2}}{\frac{\pi}{32} \cdot \emptyset^4} \to \emptyset = 62.41 \; mm$$

240. Cortante y ángulo de eje.

> Calcular el esfuerzo cortante máximo y el ángulo girado en un eje macizo de acero, de 35 mm de diámetro exterior y espesor de pared 3 mm. El momento torsor es de 230 N·m, y el eje tiene una longitud de 250 mm.

Solución. 51.7 MPa y 0.52º

El diámetro interior será de 29 mm. Por tanto, se puede obtener el momento de inercia polar.

$$J = \frac{\pi}{32} \cdot (\emptyset_{ext}^4 - \emptyset_{int}^4) = \frac{\pi}{32} \cdot (35^4 - 29^4) = 77\,886.36 \; mm^4$$

El valor del esfuerzo cortante máximo será:

$$\tau = \frac{T \cdot c}{J} \to \tau = \frac{230\,000 \cdot \frac{35}{2}}{77\,886.36} = 51.678 \; MPa$$

Para obtener el ángulo:

$$\theta = \frac{T \cdot L}{G \cdot J} = \frac{230\,000 \cdot 250}{80\,000 \cdot 613\,592.3} = 9.23 \cdot 10^{-3} \; rad = 0.529º$$

241. *Diámetro mínimo de eje considerando esfuerzo y giro.*

> Un árbol de acero de 1.6 metros de longitud, debe transmitir 75 CV de potencia a 350 rpm. Determinar cuál debe ser su diámetro mínimo, si el esfuerzo admisible no debe superar los 65 MPa, y el ángulo de torsión debe ser inferior a 3 grados.

Solución. 50 mm

Se obtiene el par:

$$P = T \cdot n \rightarrow 75 \cdot 735.5 = T \cdot 350 \cdot \frac{2 \cdot \pi}{60} \rightarrow T = 1505.037 \, N \cdot m = 1\,505\,037 \, N \cdot mm$$

Se aplica uno de los condicionantes, para obtener qué diámetro mínimo sería necesario. Para el caso del esfuerzo máximo:

$$\tau = \frac{T \cdot c}{J} \rightarrow 65 = \frac{T \cdot \frac{\emptyset}{2}}{\frac{\pi}{32} \cdot \emptyset^4} = \frac{1\,505\,037 \cdot \frac{\emptyset}{2}}{\frac{\pi}{32} \cdot \emptyset^4} \rightarrow \emptyset = 49.038 \, mm$$

Un diámetro estándar de 50 mm sería suficiente para no superar el esfuerzo admisible. Sin embargo, también se debe cumplir la restricción en el ángulo girado. Para calcularlo, se necesita conocer el dato en radianes.

$$3º = 3 \cdot \frac{2 \cdot \pi}{360} = 0.0524 \, rad$$

Se aplica por tanto la condición de giro limitado:

$$\theta = \frac{T \cdot L}{G \cdot J} \rightarrow 0.0524 = \frac{1\,505\,037 \cdot 1600}{80\,000 \cdot \frac{\pi}{32} \cdot \emptyset^4} \rightarrow \emptyset = 49.18 \, mm$$

Un diámetro estándar de 50 mm también sería suficiente para no superar giro máximo admisible. Casualmente en este problema, ambas restricciones determinan un diámetro mínimo necesario prácticamente idéntico, por lo que no es más restrictiva una sobre la otra.

6.5 Elementos no circulares

242. *Barra cuadrada.*

> Calcular el torsor que es necesario aplicar sobre una barra cuadrada de 20 mm de lado, para que se produzca un esfuerzo cortante máximo de 50 MPa. Comparar con una barra redonda maciza del mismo diámetro, en términos de ahorro de sección.

Solución. Ahorro del 27.3 %

Para el caso de una barra de sección cuadrada, se aplica según tablas la expresión:

$$\tau = \frac{T}{Q} \quad con \; Q = 0.208 \cdot a^3 \; siendo \; a = lado$$

Aplicando los datos conocidos:

$$\tau = \frac{T}{0.208 \cdot a^3} \rightarrow 50 = \frac{T}{0.208 \cdot 20^3} \rightarrow T = 83\,200 \, N \cdot mm = 83.2 \, N \cdot m$$

Se obtiene el esfuerzo máximo en el caso de una barra de diámetro 20 mm:

Análisis de esfuerzos y deformaciones por torsión

$$\tau = \frac{T \cdot c}{J} \rightarrow 50 = \frac{T \cdot \frac{20}{2}}{\frac{\pi}{32} \cdot 20^4} \rightarrow T = 78\,540\, N \cdot mm = 78.54\, N \cdot m$$

Se observa que, para alcanzar el mismo esfuerzo máximo, el perfil redondo necesita algo menos de torsor, en concreto un 6% menos aproximadamente de diámetro frente al lado del perfil cuadrado. Sin embargo, si se comparan las áreas de cada uno de ellos se verá el ahorro de material potencial que hay:
Área de la sección cuadrada: 400 mm2.
Área de la sección redonda: 314.16 mm2.
El ahorro de sección frente es de un 27.32 %, por lo que se concluye que pudiendo renunciar un poco al torsor aplicable, se obtiene un gran ahorro de sección usando el perfil redondo.

243.   Barra de titanio.

Se utiliza un perno cuadrado de 8 mm de lado y 400 mm de longitud, en titanio Ti-6A 1-4V, envejecido. Determinar cuál sería el ángulo de torsión necesario que habría que provocar para que el esfuerzo producido alcance la resistencia del material a fluencia a cortante.

Solución 75°. Ver comentarios

Se obtienen los datos para el material pedido, por tablas: Sy = 1070 MPa y G= 43GPa. A partir del valor del límite de fluencia a tracción, se estima el valor a cortante como la mitad: Sys = 0.5·Sy = 535 MPa.
Por tanto, al ser una barra cuadrada, se aplica según tablas la expresión:

$$\tau = \frac{T}{Q} \ con \ Q = 0.208 \cdot a^3 \ siendo \ a = lado$$

Aplicando los datos conocidos:

$$535 = \frac{T}{0.208 \cdot 8^3} \rightarrow T = 56\,975\, N \cdot mm = 56.975\, N \cdot m$$

Conocido el torsor, se determinar el ángulo que girará:

$$\theta = \frac{T \cdot L}{G \cdot J} = \frac{56\,975 \cdot 400}{43\,000 \cdot \frac{\pi}{32} \cdot 8^4} = 1.318\, rad = 75.5º$$

Se observa que, debido al bajo valor del módulo de torsión, el problema de este material es que se provoca un giro excesivo, si bien, a nivel de resistencia, el esfuerzo que puede soportar es realmente muy elevado.

6.6   Problemas mixtos

244.   Reducción de peso.

Un árbol de transmisión macizo de 60 mm proporciona 100 CV a 200 rpm. Para ahorra peso, se propone colocar un perfil hueco, con un diámetro máximo exterior de 65 mm. Determinar la tensión existente para el árbol macizo, el diámetro interior para el árbol hueco, y el ahorro de material que se produce por cada metro de longitud. Tomar densidad del material 7.8 kg/dm³.

Solución. Ahorro peso 5.68 kg/metro lineal

A partir de la potencia y el régimen de giro se obtiene el par:

$$P = T \cdot n \rightarrow 100 \cdot 735.5 = T \cdot 200 \cdot \frac{2 \cdot \pi}{60} \rightarrow T = 3511.754 \, N \cdot m = 3\,511\,754 \, N \cdot mm$$

Para el árbol macizo:

$$\tau = \frac{T \cdot \frac{\emptyset}{2}}{\frac{\pi}{32} \cdot \emptyset^4} = \frac{3\,511\,754 \cdot \frac{60}{2}}{\frac{\pi}{32} \cdot 60^4} = 82.80 \, MPa$$

Para la misma tensión máxima, si se coloca un árbol hueco con diámetro exterior 65 mm, se busca su diámetro interior:

$$82.80 = \frac{3\,511\,754 \cdot \frac{65}{2}}{\frac{\pi}{32} \cdot (65^4 - \emptyset_{int}^4)} \rightarrow \emptyset_{int} = 44.18 \, mm$$

El diámetro interno máximo que puede tener es de 44 mm. Se deberá buscar ese diámetro o inferior.

Se comparan las áreas de cada sección, para determinar el ahorro de material. Para la sección maciza, el área es:

$$A = \frac{\pi}{4} \cdot \emptyset^2 = \frac{\pi}{4} \cdot 60^2 = 2827.43 \, mm^2$$

Para la sección hueca, en el mejor de los casos:

$$A = \frac{\pi}{4} \cdot (\emptyset_{ext}^2 - \emptyset_{int}^2) = \frac{\pi}{4} \cdot (65^2 - 44.18^2) = 2098.69 \, mm^2$$

El ahorro de material es de 728.75 mm², por lo que, en un metro de longitud, el ahorro de peso es:

$$Ahorro \, peso = 100 \, cm \cdot 7.2875 \, cm^2 \cdot 7.8 \frac{kg}{dm^3} \cdot \frac{\frac{1}{1000} dm^3}{cm^3} = 5.68 \, kg$$

245. Barra empotrada

Una barra está empotrada por un extremo, y en el otro recibe un torsor de 3500 N·m. Calcular el esfuerzo máximo en la sección de empotramiento y el ángulo girado entre la sección libre y la sección empotrada. El diámetro de la barra es de 100 mm, su longitud son 1000 mm y el módulo de rigidez es G = 80 GPa. Comparar con el caso de que la barra fuese de aluminio (G= 43 GPa).

Solución. 17.83 MPa; 0.0044 rad; 0.0082 rad.

Se obtiene el módulo de inercia polar de la sección:

$$J = \frac{\pi}{32} \cdot \emptyset^4 = \frac{\pi}{32} \cdot 100^4 = 9\,817\,477 \, mm^4$$

Se calcula seguidamente el cortante máximo en el exterior del perfil:

$$\tau = \frac{T \cdot c}{J} = \frac{3\,500\,000 \cdot \frac{100}{2}}{9\,817\,477} \cong 17.83 \, MPa$$

El valor obtenido es una magnitud sobradamente admisible en aceros y en los aluminios usados habitualmente en elementos de máquinas.

Se determinar el giro para el caso del acero:

$$\theta = \frac{T \cdot L}{G \cdot J} = \frac{3\,500\,000 \cdot 1000}{80\,000 \cdot 9\,817\,477} = 0.004456\ rad$$

Para el caso del aluminio:

$$\theta = \frac{T \cdot L}{G \cdot J} = \frac{3\,500\,000 \cdot 1000}{43\,000 \cdot 9\,817\,477} = 0.00829\ rad$$

Como es lógico, únicamente cambia el valor del módulo de rigidez G, que, dado que es casi la mitad en el aluminio, hace que éste gire casi el doble.

246. Ensayo a torsión.

Se observa que un árbol circular macizo de 1.5 m de largo, y 30 mm de diámetro, experimente una diferencia de giro entre sus extremos de 3.38 grados cuando recibe un par de 2500 kp·cm. Averiguar el módulo cortante del material.

Solución. 800 000 kfg/cm².

A partir de la expresión del giro se puede plantear obtener el módulo cortante.

$$\theta = \frac{T \cdot L}{G \cdot J} \rightarrow \frac{3.38 \cdot 2 \cdot \pi}{360} = \frac{2500 \cdot 150}{G \cdot \frac{\pi}{32} \cdot 3^4} \rightarrow G = 800\,000\ kgf/cm^2$$

Obsérvese que se han utilizado las unidades en cm y kgf, por lo que el módulo se obtiene también en esas unidades.

247. Comparación eje macizo y eje hueco.

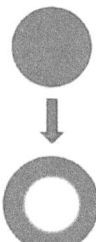

Un árbol de transmisión macizo tiene 10 cm de diámetro. Tras detectar una grieta, se plantea la posibilidad de sustituirlo por otro hueco, con las mismas prestaciones. Si en el hueco, el diámetro exterior debe ser el doble que el interior, calcular el diámetro exterior necesario. Obtener también la economía de material conseguido en el cambio.

Solución. 10.2 cm, ahorro del 21%.

Se aplica igualdad de esfuerzo cortante para dos situaciones, en las cuales en una se tiene un diámetro macizo de 10 cm, y en el otro un eje hueco:

$$\frac{T \cdot \frac{10}{2}}{\frac{\pi}{32} \cdot 10^4} = \frac{T \cdot \frac{\emptyset_{ext}}{2}}{\frac{\pi}{32} \cdot (\emptyset_{ext}^4 - \emptyset_{int}^4)}$$

Aplicando la relación entre diámetros de D=2d, siendo "D" el diámetro exterior, y "d" en interior:

$$\frac{10}{10^4} = \frac{2 \cdot d}{((2 \cdot d)^4 - d^4)}$$

Operando:

$$\frac{1}{10^3} = \frac{2}{15 \cdot d^3} \rightarrow d = 5.105 \, cm \rightarrow D = 10.21 \, cm$$

Para determinar la economía que se obtiene, se compara el ahorro de área.
Para el eje macizo:
$$A = \frac{\pi}{4} \cdot 10^2 = 78.54 \, cm^2$$

Para el eje hueco:
$$A = \frac{\pi}{4} \cdot (10{,}21^2 - 5{,}1^2) = 61.44 \, cm^2$$

Por lo tanto, el ahorro entre el hueco y el macizo es de:
$$Ahorro = 1 - \frac{61.44}{78.54} = 0.217 \rightarrow 21.7\%$$

248. Comparativa de perfiles

Se utiliza una lámina de 4 mm de espesor en acero para formar un perfil circular de 90 mm de diámetro externo. Finalmente, se soldará la costura a lo largo del tubo. Se pretende comparar el comportamiento a torsión del perfil entre estar cerrado (soldado) y no estarlo.

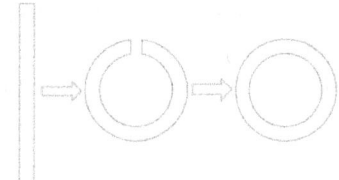

(a) Calcular el par de torsión necesario para producir un esfuerzo de 10 MPa en el tubo cerrado soldado.
(b) Calcular el ángulo de torsión de un segmento de 1 m de longitud del tubo cerrado con el par de torsión anterior.
(c) Calcular el esfuerzo que produciría el torsor obtenido, si se aplicase con el tubo sin soldar.
(d) Calcular el ángulo de torsión de un segmento de 1 m de longitud del tubo abierto con el par de torsión que se determina anteriormente.
(e) Comparar el esfuerzo y la deflexión del tubo abierto con los del tubo cerrado.

Solución. Ver desglose apartados

La chapa, una vez curvada, produce un tubo con diámetro exterior 90 mm e interior 82 mm.
El esfuerzo será:

$$\tau = \frac{T \cdot c}{J} = \frac{T \cdot \frac{\emptyset_{ext}}{2}}{\frac{\pi}{32} \cdot (\emptyset_{ext}^4 - \emptyset_{int}^4)} \rightarrow 10 = \frac{T \cdot \frac{90}{2}}{\frac{\pi}{32} \cdot (90^4 - 82^4)} \rightarrow T = 445\,011 \, N \cdot mm$$

b) Para 1 m = 1000 mm, con G = 80 GPa = 80 000 MPa, el ángulo girado es:

$$J = \frac{\pi}{32} \cdot (90^4 - 82^4) = 2\,002\,552 \, mm^4$$

$$\theta = \frac{T \cdot L}{G \cdot J} = \frac{445\,011 \cdot 1000}{80\,000 \cdot 2\,002\,552} = 2.78 \cdot 10^{-3} rad = 0.159 \, grados$$

c) El esfuerzo en el tubo abierto, depende del factor Q, que se obtiene por tablas:

$$Q = \frac{4\pi r^2 t^2}{6\pi r + 1.8t} \quad con \; r = 45 - 2 = 43 \; y \; t = 4$$

Sustituyendo, se obtiene Q= 454.63 mm³.
Se pide que para un torsor de T= 445 011 N·mm del tubo cerrado, se obtenga el esfuerzo del tubo cerrado:

$$\tau = \frac{T}{Q} = \frac{445\,011}{454.63} = 978.8\ MPa$$

El valor obtenido es muchísimo más elevado que en el caso del tubo cerrado, que eran 10 MPa. Esto demuestra que los perfiles cerrados son muchos más efectivos trabajando a torsor que los abiertos.
d) Bajo la hipótesis de aceptarlo, se comprueba el giro del tubo a torsión:

$$\theta = \frac{T \cdot L}{G \cdot J} = \frac{445\,011 \cdot 1000}{80\,000 \cdot 2 \cdot \pi \cdot 43 \cdot \frac{(4^3)}{3}} = 0.965\ rad = 55.30º$$

Por tanto, el resultado obtenido es NO admisible.
e) Entre el tubo abierto y el cerrado hay una diferencia de esfuerzo muy elevada, de 10 a 978.8 MPa, y el giro de 0.159° a 55.30 °. El tubo abierto NO puede soportar el trabajo equivalente a tenerlo cerrado.

6.7 Tablas y formulario

Resumen de fórmulas básicas y datos tabulados específicos de este capítulo:
Par torsor: $\qquad T = F \cdot d$
Transmisión de potencia:

$$P = T \cdot n \qquad P = \frac{T \cdot n}{73\,600} \qquad P = \frac{T \cdot n}{63\,000}$$

Esfuerzo cortante:

$$\tau = \frac{T \cdot c}{J}$$

Momento de inercia polar de secciones cerradas circulares:

$$J = \frac{\pi}{32} \cdot (\emptyset_{ext}^4 - \emptyset_{int}^4)$$

Concentración de esfuerzos:

$$\sigma_{max} = Kt \cdot \sigma_{nom} = \frac{Kt \cdot M \cdot c}{I}$$

Ángulo de torsión:

$$\theta = \frac{T \cdot L}{G \cdot J}$$

Capítulo 7
Elementos sometidos a esfuerzos combinados.

Contenido	
7.1 Obtención de reacciones	200
7.2 Combinaciones axil – flector	203
7.3 Combinaciones flector – torsor	217
7.4 Formulario y tablas	225

A lo largo de los distintos capítulos anteriores se ha estudiado el efecto de fuerzas en elementos, teniendo en cuenta que siempre eran fuerzas del mismo tipo y que, por tanto, permitían aplicar el principio de superposición. Sin embargo, la situación habitual requiere de tener en consideración fuerzas de distinta naturaleza, que provocan esfuerzos diferentes. En este capítulo se abordan las situaciones más habituales en las que hay que combinar esfuerzos de distintos tipos, para determinar el estado del elemento en su conjunto.

7 Elementos sometidos a esfuerzos combinados.

En un elemento pueden aparecer más de un tipo de esfuerzo, por lo que para determinar si el material se deforma plásticamente, o incluso si llega a romperse, se debe obtener un esfuerzo equivalente a la combinación de los distintos tipos existentes. Este esfuerzo equivalente, es el que se compara con la tensión de diseño que se establezca. Por tanto, según las distintas combinaciones de tipologías de esfuerzo que aparecen en el elemento, se realiza un tratamiento distinto.

Los tipos de esfuerzos básicos pueden ser:

Tracción / compresión. Se utiliza la expresión $\sigma = \pm F/A$ El signo positivo se utiliza para indicar tracción y el negativo para compresión.

Flexión. La flexión provoca tracción y compresión. Se utiliza el mismo criterio de signos que para el caso anterior, y se deberá determinar, cuando la sección no es simétrica, cuál es la situación más desfavorable. La expresión es:

$$\sigma_{max} = \pm \frac{M \cdot c}{I}$$

Torsión. La torsión provoca un esfuerzo cortante, que se evalúa con la expresión:

$$\tau = \frac{T \cdot c}{J}$$

Combinando los tipos anteriores, se pueden establecer dos tipos de casos:

CASO 1. Flexión y tracción/compresión.

Al tratarse de esfuerzos del mismo tipo, se pueden sumar directamente, buscando la combinación más desfavorable para una sección concreta del elemento. Así:

$$\sigma_{max} = \pm \frac{M \cdot c}{I} \pm \frac{F}{A}$$

El valor obtenido deberá ser menor a la tensión de diseño σ_d, que se obtiene al aplicar los coeficientes de seguridad a las propiedades del material, con el mismo criterio que se utiliza para tracción y flexión.

CASO 2. Torsión y tracción/compresión y/o flexión.

En este caso se combinan esfuerzos de distinto tipo, por lo que se obtiene un cortante máximo equivalente, que es el que se evalúa con respecto al esfuerzo cortante de diseño.

De forma general, se aplica:

$$\tau_{max} = \sqrt{\left(\frac{\sigma}{2}\right)^2 + (\tau)^2}$$

Elementos sometidos a esfuerzos combinados

Si existiesen a la vez tracción/compresión y flexión, el esfuerzo σ de la ecuación será la equivalente de sumar ambos esfuerzos como se ha indicado en el caso 1.

En la circunstancia particular de perfiles circulares macizos, que en muchas ocasiones están sometidos a torsor y flexión, se puede utilizar la siguiente expresión equivalente:

$$\tau_{max} = \frac{Te}{Zp} \quad con \quad Te = \sqrt{M^2 + T^2} \quad y \quad Z_p = \frac{\pi \cdot \emptyset^3}{16}$$

7.1 Obtención de reacciones y diagramas.

249. *Viga con cargas puntuales.*

> *Obtener las reacciones en los apoyos de la figura y dibujar los diagramas de cortante, flector y axiles, obteniendo los valores máximos.*

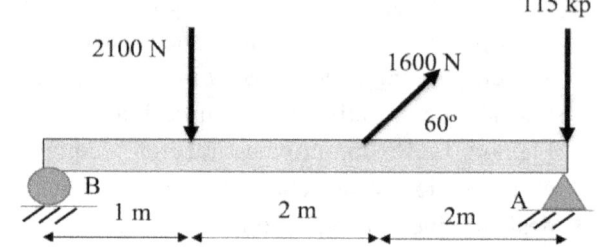

Solución. Ver desarrollo.

Como primer paso, se pasa la carga en kp a N, para que haya uniformidad dimensional:

$$115 \; kp = 115 \cdot 9.91 \; N = 1128.15 \; N$$

Se plantean las ecuaciones de equilibrio:

$$\Sigma Fx = 0 \quad \Sigma Fy = 0 \quad \Sigma M = 0$$

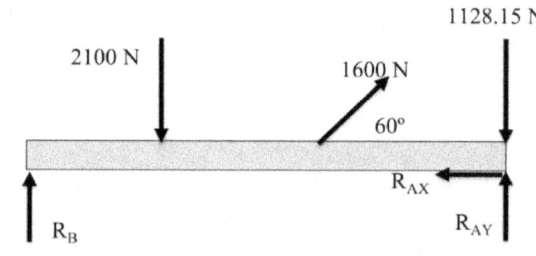

En el eje X:

$$\Sigma F_x = 0 \rightarrow 1600 \cdot cos60 = R_{Ax} \rightarrow R_{Ax} = 800 \; N$$

En el eje Y:

$$\Sigma F_y = 0 \rightarrow R_{Ay} + R_B + 1600 \cdot sen60 = 2100 + 1128.15$$

Equilibrio de momento, tomando el punto A como referencia:

$$\Sigma M_A = 0 \rightarrow R_B \cdot 5 - 2100 \cdot 4 + 1600 \cdot sen60 \cdot 2 = 0 \rightarrow R_B = 1125.74 \; N$$

Sustituyendo en la ecuación del eje Y: $R_{Ay} = 716.77 \; N$

Conocidas las reacciones, se plantean los diagramas de cortantes y de momentos representados. En el apoyo A, se suman por una parte los 716.77 N, y por otra parte se restan los 1129.15 de la carga quedando una resultante de 411.38 N. El punto más desfavorable es el apoyo B con 1125 N. Respecto de los momentos, hay dos puntos que se han de comparar (puntos I y II).

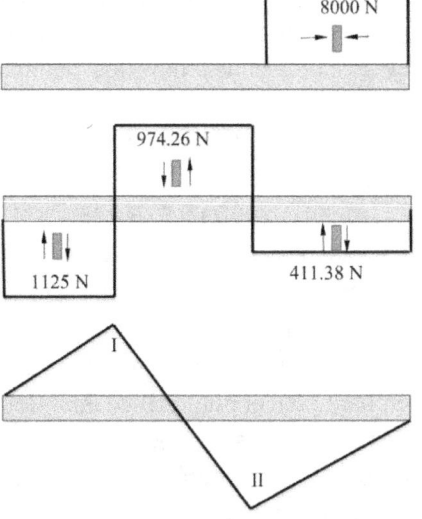

Para el punto I, el valor de los momentos se obtiene por la izquierda:
$$M_I = 1125 \cdot 1 = 1125 \, N \cdot m$$
Para el punto II el valor de los momentos se obtiene por la derecha:
$$M_{II} = 411.38 \cdot 2 = 822.76 \, N \cdot m$$
El momento en el punto I es más desfavorable, pero, sin embargo, en el punto II, además del momento hay compresión, por lo que no se puede decidir directamente qué combinación es peor. Se deberá obtener el esfuerzo en el punto I, y el esfuerzo equivalente en el punto II (flector y compresión). Obtenidos ambos esfuerzos, entonces se podrá comparar, como se hará en el siguiente apartado (7.2).

250.   Eje con cargas puntuales.

Para el esquema de la figura, que representa un eje que recibe varias cargas, calcular las reacciones en los apoyos, y obtener los diagramas de cortantes, flectores y axiles, indicando los valores máximos.

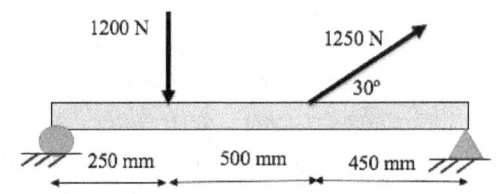

Solución.
Se plantean las ecuaciones de equilibrio: ΣFx = 0   ΣFy = 0   ΣM = 0
En el eje X:
$$\Sigma F_x = 0 \rightarrow 1250 \cdot cos30 = R_{Bx} \rightarrow R_{Bx} = 1082.53 \, N$$
En el eje Y:
$$\Sigma F_y = 0 \rightarrow R_A + R_{By} + 1250 \cdot sen30 = 1200$$
Equilibrio de momento, tomando el punto A como referencia:
$$\Sigma M_A = 0 \rightarrow 1200 \cdot 250 = 1250 \cdot sen30 \cdot 750 + R_{By} \cdot (250 + 500 + 400) \rightarrow R_{By} = -140.625 N$$
Al salir el valor de la reacción vertical en B negativo, realmente la fuerza será en sentido contrario. Es decir, el apoyo B debe tirar de la barra hacia abajo para que no se levante.
Sustituyendo en la ecuación del eje Y: $R_A = 715.625 \, N$

Elementos sometidos a esfuerzos combinados

Conocidas las reacciones, se plantean los diagramas de cortantes y de momentos representados. El peor punto estará en el tramo entre A y la aplicación de la carga de 1200 N. Respecto de los momentos, hay dos puntos que se han de comparar (puntos I y II).

Para el punto I, el valor de los momentos se obtiene por la izquierda:

$$M_I = 715.625 \cdot 250 = 178\,906\,N \cdot mm$$

Para el punto II el valor de los momentos se obtiene por la derecha:

$$M_{II} = 140.625 \cdot 450 = 63\,281\,N \cdot mm$$

El momento en el punto I es más desfavorable, pero, sin embargo, en el punto II, además del momento hay compresión, por lo que no se puede decidir directamente qué combinación es peor. Se deberá obtener el esfuerzo en el punto I, y el esfuerzo equivalente en el punto II (flector y compresión). Obtenidos ambos esfuerzos, entonces se podrá comparar, como se hará en el siguiente apartado (7.2).

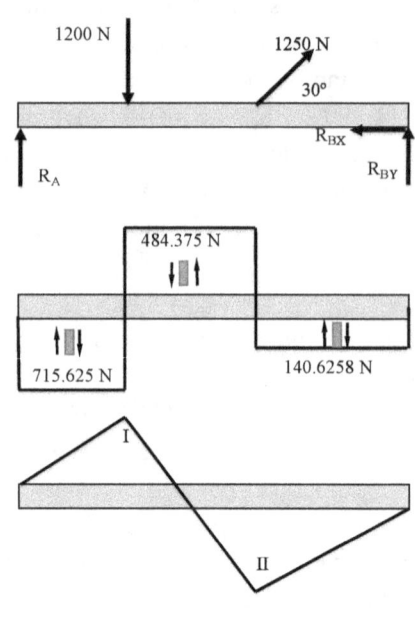

251. Eje con cargas puntuales y polea

El diagrama de la figura se realiza el esquema de una máquina, en la que un motor acciona una polea en el extremo derecho de un eje. Para las cargas existentes, determinar las reacciones en los apoyos y los diagramas de cortantes, flectores y axiles, indicando los valores máximos

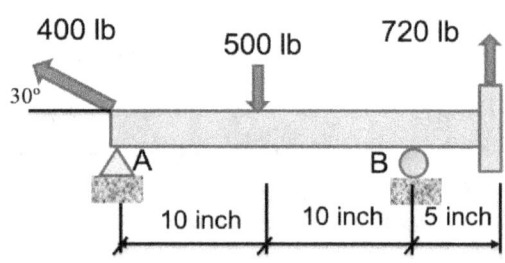

Solución

Se plantean las ecuaciones de equilibrio:
ΣFx = 0   ΣFy = 0   ΣM = 0

En el eje X:
$$\Sigma F_x = 0 \rightarrow 400 \cdot cos30 = R_{Ax} \rightarrow R_{Ax} = 346.41\,lb$$
En el eje Y:
$$\Sigma F_y = 0 \rightarrow R_{Ay} + R_B + 400 \cdot sen30 + 720 = 500$$
Equilibrio de momento, tomando el punto A como referencia:

$$\Sigma M_A = 0 \rightarrow 0 = 400 \cdot sen30 \cdot 6 - 500 \cdot 10 + R_B \cdot 20 + 720 \cdot 25 \rightarrow R_B = -710\,lb$$

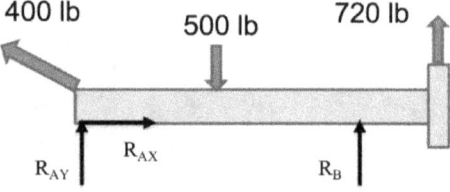

Al obtenerse un valor negativo de la reacción en B, el sentido será el inverso al supuesto en el diagrama de sólido libre.
Sustituyendo en la ecuación del eje Y: $R_{Ay} = 290\ lb$
Conocidas las reacciones, se plantean los diagramas de cortantes y de momentos representados. Se obtiene el valor del peor punto para la flexión. En este caso, se opta por calcularlo como el área del diagrama de cortantes, por la derecha:
$$M_{max} = 720 \cdot 5 + 10310 = 3700\ lb \cdot inch$$

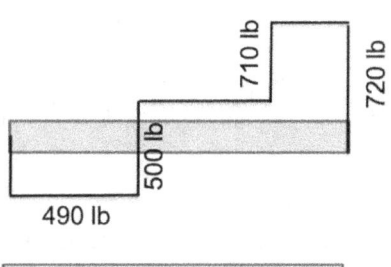

7.2 Combinaciones axil - flector.

252. Viga con cargas puntuales.

Se va a utilizar un perfil rectangular de 70 x 110 mm de acero para soportar dos cargas según la figura. El acero permite una tensión máxima de 1850 kp/cm². Determinar si el perfil es válido.

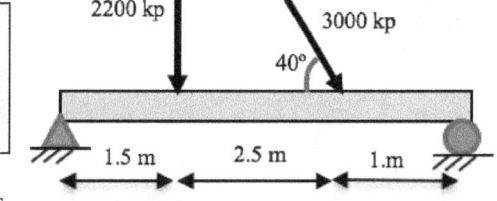

Solución. No es válido.
Sobre un diagrama de sólido libre, incluyendo las reacciones en los apoyos, se aplican las ecuaciones de equilibrio, para calcular el valor de las reacciones y poder hacer los diagramas de cortantes y de flectores:
En el eje X:
$$\Sigma F_x = 0 \rightarrow 3000 \cdot cos40 = R_{Ax}$$
$$R_{Ax} = 2298\ kp = 22\ 544.7\ N$$
En el eje Y:
$$\Sigma F_y = 0 \rightarrow R_{Ay} + R_D = 2200 + 3000 \cdot sen40$$
Equilibrio de momento, tomando el punto A como referencia:
$\Sigma M_A = 0$
$$0 = 2200 \cdot 1.5 + 3000 \cdot sen40 \cdot (1.5 + 2.5) - R_D \cdot 5$$
$$R_D = 2202.7\ kp = 21\ 608.5\ N$$

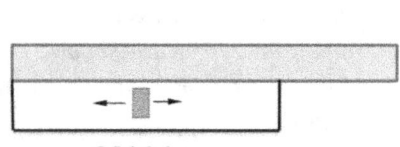

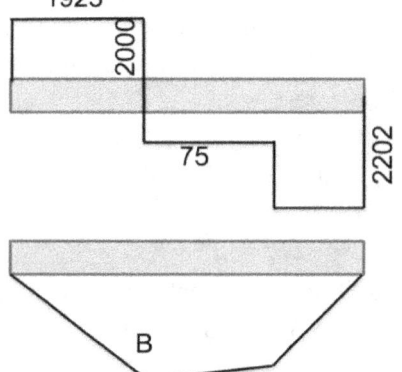

Sustituyendo en la ecuación del eje Y, se obtiene
$$R_{Ay} = 1925.67\ kp = 18\ 890.8\ N$$
Conocidas las reacciones en los apoyos, se construyen el diagrama de cortantes y el de flectores, para obtener el valor en el peor punto.
Se obtiene el valor del momento en el punto B, al ser el máximo:
$$M_B = 18\ 890.8 \cdot 1.5 = 28\ 336.2\ N \cdot m = 28\ 336\ 200\ N \cdot mm$$

Elementos sometidos a esfuerzos combinados

El valor de la inercia del perfil es:
$$I = \frac{1}{12} \cdot b \cdot h^3 = \frac{1}{12} \cdot 70 \cdot 110^3 = 7\,764\,166\ mm^4$$
Se obtiene la máxima tensión en el perfil debida a la flexión:
$$\sigma = \frac{M \cdot c}{I} = \frac{28\,336\,200 \cdot \frac{110}{2}}{7\,764\,166} = 204\ MPa$$
Con respecto a la componente de tracción, la tensión es:
$$\sigma_{tracc} = \frac{F}{A} = \frac{22\,544.7}{70 \cdot 110} = 2.93\ MPa$$
Al combinarse dos esfuerzos de tracción, el valor total se obtiene como la suma de ambos:
$$\sigma_{total} = 204 + 2.93 = 206.93\ MPa$$
Se comprueba si este esfuerzo es menor al permisible de diseño:
$$\sigma_{dis} = 1850\ \frac{kp}{cm^2} = 181.48\ MPa$$
El esfuerzo es superior al permisible, por lo que el perfil no se consideraría válido respetando las condiciones de seguridad que incluye la tensión de diseño.

253. Viga con cargas puntuales.

> *El esquema de la figura representa un árbol que soporta dos cargas. En el lado derecho, se monta un rodamiento de bolas que no admite cargas axiales. En el lado izquierdo, se monta un rodamiento que se encargará de absorber las cargas axiales.*
> *Determinar las cargas que soporta cada rodamiento y el esfuerzo que se produce en el punto más desfavorable del árbol, si se trata de un eje de 80 mm de diámetro externo y 60 mm de diámetro interno. Determinar además un material adecuado para el eje.*

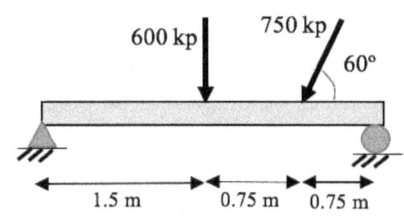

Solución.
Sobre un diagrama de sólido libre, incluyendo las reacciones en los apoyos, se aplican las ecuaciones de equilibrio, para calcular el valor de las reacciones y poder hacer los diagramas de cortantes y de flectores:

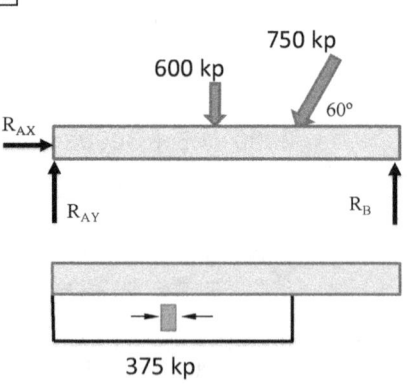

En el eje X:
$\Sigma F_x = 0 \rightarrow 750 \cdot cos60 = R_{Ax} \rightarrow R_{Ax} = 375\ kp = 3678.75\ N$
En el eje Y:
$$\Sigma F_y = 0 \rightarrow R_{Ay} + R_B = 600 + 750 \cdot sen60$$
Equilibrio de momento respecto del punto A: $\Sigma M_A = 0$
$$0 = 600 \cdot 1.5 + 750 \cdot sen60 \cdot (1.5 + 0.75) - R_B \cdot 3$$
$$\rightarrow R_B = 787.14\ kp = 7721.8\ N$$
Sustituyendo en la ecuación del eje Y, se obtiene $R_{Ay} = 462.38\ kp = 4535.95\ N$

Conocidas las reacciones en los apoyos, se construyen el diagrama de cortantes y el de flectores, para obtener el valor en el peor punto.

Se obtiene el valor del momento el punto máximo:

$M = 462.38 \cdot 1.5 = 693.57 \, kp \cdot m = 6\,803\,922 \, N \cdot mm$

Se obtiene la máxima tensión en el perfil debida a la flexión:

$$\sigma = \frac{M \cdot c}{I} = \frac{6\,803\,922 \cdot \frac{80}{2}}{\frac{\pi}{64} \cdot (80^4 - 60^4)} = 198.01 \, MPa$$

La tensión en la zona de compresión es:

$$\sigma = \frac{F}{A} = \frac{3678.75}{\frac{\pi}{4} \cdot (80^2 - 60^2)} = 1.67 \, MPa$$

Por tanto, la tensión total de trabajo es la suma de las dos obtenidas:

$$\sigma = 198.01 + 1.67 = 199.68 \, MPa$$

Al tratarse de un eje, se consideran cargas cíclicas, por lo que, en este caso, la tensión de diseño es:

$$\sigma_d = \frac{Su}{8}$$

Debe cumplirse que la tensión de diseño sea igual o superior a la de trabajo obtenida:

$$Su = 199.68 \cdot 8 = 1597.48 \, MPa$$

Se debe encontrar un material con una tensión de rotura igual o superior, lo que es un criterio bastante exigente. No obstante, un acero aleado AISI 5160 tratado térmicamente es capaz de cumplirlo. Así, el AISI 5160 OQT 700 alcanza un valor de Su = 1813 MPa (las siglas OQT indican que ha sido templado en aceite).

254. Viga con cargas puntuales.

En la viga de la figura calcula las reacciones en los apoyos A y B y dibuja el diagrama de esfuerzos cortantes y flectores. Indica el perfil IPN necesario sabiendo que la tensión admisible es de 1850 kg/cm².

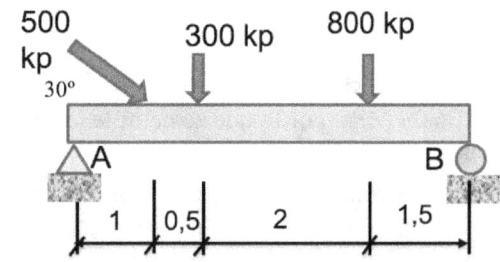

Solución.

Sobre un diagrama de sólido libre, incluyendo las reacciones en los apoyos, se aplican las ecuaciones de equilibrio, para calcular el valor de las reacciones y poder hacer los diagramas de cortantes y de flectores:

$$\Sigma F_x = 0 \rightarrow 500 \cdot cos30 = R_{Bx} \rightarrow R_{Bx} = 433 kp$$

En el eje Y:

$$\Sigma F_y = 0 \rightarrow R_A + R_{By} = 800 + 300 + 500 \cdot sen30$$

Equilibrio de momento, tomando como punto de referencia el extremo A: $\Sigma M_A = 0$

$$0 = 500 \cdot sen30 + 300 \cdot 1.5 + 800 \cdot 3.5 - R_{By} \cdot 5 \rightarrow R_{By} = 700 \, kp$$

Sustituyendo en la ecuación del eje Y, se obtiene $R_A = 650 \, kp$

Elementos sometidos a esfuerzos combinados

Conocidas las reacciones en los apoyos, se construyen el diagrama de cortantes y el de flectores, para obtener el valor en el peor punto.

Se obtiene el valor del momento el punto máximo:

$$M = 700 \cdot 1.5 = 1050 \, kp \cdot m$$

Se busca un perfil sabiendo que la tensión máxima que se puede permitir son 1850 kp/cm², equivalentes a 181.49 MPa. Se plantea la expresión que determina esa tensión máxima, considerando que al ser ambas de tracción, se pueden sumar:

$$\sigma_{max} = \frac{M \cdot c}{I} + \frac{F}{A}$$

$$181.49 \geq \frac{1050 \cdot 9.81 \cdot 1000 \cdot h/2}{I} + \frac{433.01 \cdot 9.81}{A}$$

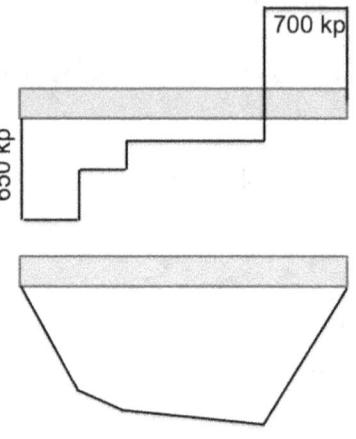

Al tratarse de perfiles tabulados, se prueba por tanteo, eligiendo un perfil y comprobando con los valores de inercia (I), área (A), y altura (h). Para ello, se utilizan tablas de perfiles IPN.

Se toma un perfil IPN 80, con h=80 mm, A = 777 mm², I = 78.4 ·10⁴ mm⁴, y se obtiene una tensión de 526 MPa, por lo que no se cumple la ecuación y el perfil no es válido. Se necesita uno más grande.

Se toma un perfil IPN 140, con h=140 mm, A = 1820 mm², I = 572 ·10⁴ mm⁴, y se obtiene una tensión de 126.29 MPa, por lo que se cumple la ecuación y el perfil es válido.

Se prueba con un perfil algo menor, para ver si también puede ser válido. Se toma un perfil IPN 120, con h=120 mm, A = 1420 mm², I = 327 ·10⁴ mm⁴, y se obtiene una tensión de 189,25 MPa, por lo que no se cumple la ecuación y el perfil no es válido, aunque es por muy poco margen.

255.   Viga con tirantes inclinados.

> Se realiza un sistema de sujeción de una carga de 10000 lb, mediante unos tirantes a 120°, según el esquema mostrado en la figura.
> Para cada una de las vigas en voladizo, determinar el esfuerzo máximo combinado y el factor de seguridad resultante.
> Considerar vigas I de aluminio, de tipo 6x4x4.03, en material 6061-T6.

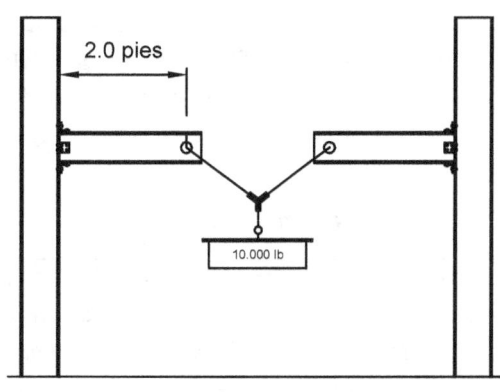

Solución.

En primer lugar, se necesita averiguar el valor de la fuerza en cada tirante. Suponiendo que ambos a igual distancia, el anglo que se forma entre ellos será de 120°. Se aplica equilibrio en estático.

Se plantea $\Sigma Fx = 0$ y $\Sigma Fy = 0$

$\Sigma Fx = 0$ $T_1 \cdot \cos 60 + T_2 \cdot \cos 60 = 10\,000$

$\Sigma Fy = 0$ $T_1 \cdot \operatorname{sen} 60 = Ty \operatorname{sen} 60$

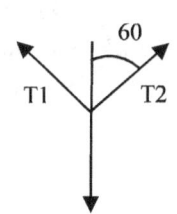

Resolviendo, de la segunda ecuación se deduce $T_1 = T_2$

Sustituyendo en la primera, se obtiene: $2 \cdot T_1 \cdot \cos 60 = 10\,000$

Se despeja $T_1 = T_2 = 10\,000$ lb, luego ambos cables tiran con igual fuerza de 10 000 lb.

Seguidamente, se plantea una estructura con una viga empotrada en voladizo, que tiene una fuerza aplicada de 10 000 lb, con un ángulo de 30°, y se aplican las ecuaciones de equilibrio para obtener las reacciones en el empotramiento.

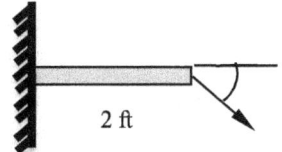

$Rx = 10\,000 \cdot \cos 30 = 8660$ lb

$Ry = 10\,000 \cdot \operatorname{sen} 30 = 5000$ lb

$M = 10\,000 \cdot \operatorname{sen}(30) \cdot 2 \cdot 12 = 120\,000$ lb·in

Por tanto, en el empotramiento hay cortante, tracción y flexión. Sin embargo, se calculará debido a la tracción, que afecta a todo el perfil, y a la flexión en la fibra superior, donde también se genera tracción. No se utiliza el cortante, puesto que el cortante en las fibras superior e inferior es nulo, y además genera un valor muy inferior al esfuerzo debido a la flexión.

Esfuerzo por tracción: Se busca el área de la sección por tablas, para una viga 6x4x4.03, y se obtiene que es $A = 3.427$ in^2.

$$\sigma = \frac{Rx}{A} = \frac{8660}{3.427} = 2527 \, psi = 2.527 \, ksi$$

Esfuerzo por la flexión: provoca tracción y compresión, pero interesa la tracción de la cara superior, porque se sumará con la tracción originada por la reacción horizontal. Por tablas, la inercia es de $I = 21.99$ in^4 y la altura total del perfil es de 6 in.

$$\sigma = \frac{M \cdot c}{I} = \frac{120\,000 \cdot \frac{6}{2}}{21.99} = 16\,371 \, psi = 16.371 \, ksi$$

Así, en total se tiene un esfuerzo combinado que se corresponde con la suma de ambos efectos de tracción:

$$\sigma = 2.527 + 16.371 = 18.898 \; ksi$$

Si la viga es de Al 6061-T6, por tablas Sy = 40 ksi.

En tal caso, se debe cumplir Sy/N = 18.9, de donde se obtiene un coeficiente de seguridad de N= 40/18,9 = 2.11. Este coeficiente de seguridad es ligeramente superior al que se exige para cargas estáticas.

256. Panel luminoso

A la entrada de una parcela industrial se desea colocar un panel luminoso para indicar a los camiones en qué muelle deben descargar. Para ello, se dispone de un poste de 5 metros de altura constituido por un perfil de 30 x 15 cm, en cuyo extremo se suelda un saliente en voladizo, constituido por un cuadradillo de 10 x 10 cm, y 6 metros de longitud. En el extremo del saliente y a 2 metros del extremo, se colocan dos cables que soportan un bastidor metálico con el panel luminoso, con un peso total de 2000 kg entre todos los elementos a colgar. Determinar un acero adecuado para ambos perfiles, considerando que la carga es de tipo estático.

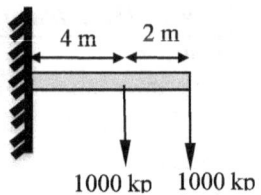

Solución. Cualquier acero puede cumplir los requerimientos.

El problema realmente tiene dos partes, una correspondiente al saliente, y otra correspondiente al poste. En primer lugar, se modeliza el saliente, puesto que es el primer elemento que recibe la carga, que es el panel. Esta situación se puede asimilar a una viga en voladizo, con dos cargas que simbolizan la mitad del peso del panel.

La peor sección claramente será la zona de empotramientos, es decir, la unión con el poste. En esa zona, habrá un momento flector de valor:

$$M = 6 \cdot 1000 + 4 \cdot 1000 = 10\,000 \; kp \cdot m = 98\,100\,000 \; N \cdot mm$$

A partir del valor del momento flector, se obtiene la tensión de trabajo en la zona de empotramiento, considerando la geometría del perfil utilizado

$$\sigma_{trab} = \frac{M \cdot c}{I} = \frac{98\,100\,000 \cdot 100/2}{\frac{1}{12} \cdot 100 \cdot 100^3} = 588.1 \; MPa$$

La tensión de trabajo se debe comparar a la de diseño, que se obtiene considerando que se trata de una situación estática:

$$\sigma_{dis} = \frac{S_y}{2}$$

$$\sigma_{dis} = \sigma_{trab} \rightarrow \frac{S_y}{2} = 588.1 \rightarrow S_y = 1177.2 \; MPa$$

Se debe buscar un material que satisfaga ese límite elástico. Mirando en tablas, un acero AISI 1141 OQT 700 puede servir (Sy= 1186 MPa).

En segundo lugar, se debe analizar el poste. Éste recibe transmitida la carga de 2000 kp a compresión del peso del panel, y además, el momento generado en el saliente.

La carga de compresión genera un esfuerzo de:

$$\sigma_{com} = -\frac{F}{A} = -\frac{2000 \cdot 9.81}{150 \cdot 300} = -0.436 \, MPa$$

El momento, genera otro esfuerzo de:

$$\sigma_{flex} = -\frac{M \cdot c}{I} = \frac{98\,100\,000 \cdot \frac{300}{2}}{\frac{1}{12} \cdot 150 \cdot 300^3} = -43.6 \, MPa$$

En total, el esfuerzo más desfavorable es:

$$\sigma_{total} = \sigma_{flex} + \sigma_{comp} = -44.036 \, MPa \; (compresión)$$

Nuevamente, se debe buscar un material que cumpla:

$$\sigma_{dis} = \sigma_{trab} \rightarrow \frac{S_y}{2} = 44.036 \rightarrow S_y = 88.07 \, MPa$$

Cualquier acero es capaz de cumplir es valor de límite elástico, por lo que no representa un problema elegir material para el poste.

257. Transporte elevado

En una nave se decide colocar un transporte elevado de forma que se puedan transportar elementos colgados de un sistema de catenaria. Para ello, se utilizará tubería estructural en frío, grado A, en tramos de 3 metros de longitud, que estará anclado a la pared (considerar que no hay empotramiento). A 2 metros de la pared se pondrá el sistema transporte, de 350 kg de peso. Para sostener el conjunto, se utilizará un cable desde el extremo del tubo hacia la pared, formando 30°. Si la tubería tiene un espesor de 10 mm, determinar el diámetro mínimo de tubo necesario. Determinar también el diámetro mínimo necesario de cable si este es en acero AISI 1040 estirado en frío. Considerar condiciones de cargas repetidas.

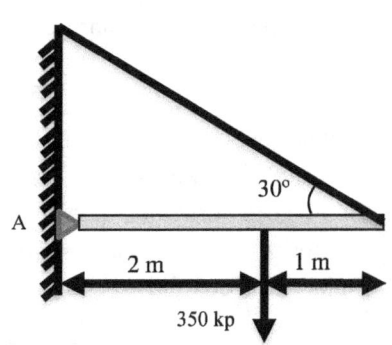

Solución.

Se recopilan los datos correspondientes a los materiales:
Tubería estructural en frío, grado A: Su = 310 MPa, Sy=228 MPa.
Acero AISI 1040 estirado en frío: Su = 669 MPa, Sy=565 MPa.
Se plantea un diagrama de sólido libre de la barra, y se obtienen las reacciones y la tensión en el cable.
Aplicando ecuaciones de equilibrio: ΣFx = 0   ΣFy = 0   ΣM$_A$ = 0

$$\Sigma F_x = 0 \rightarrow R_x = T \cdot \cos 30$$

$$\Sigma F_y = 0 \rightarrow R_y + T \cdot \text{sen } 30 = 350 \, kp = 3433.5 \, N$$

Para poder resolver el sistema, se necesita otra ecuación, que se obtiene del equilibrio de momentos:

$$\Sigma M_A = 0 \rightarrow 350 \cdot 2 = 3 \cdot T \cdot \text{sen } 30 \rightarrow T = 466.67 \, kp = 4578 \, N$$

Por tanto, ya se conoce la fuerza con la que debe tirar el cable, que son 4578 N.

Se dimensiona el cable, considerando un coeficiente de seguridad para trabajo a fatiga:

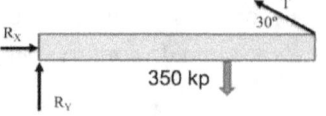

$$\sigma_{dis} = \frac{\sigma_u}{8} = \frac{669}{8} = 83.625 \, MPa$$

Igualando la tensión de diseño a la de trabajo:

$$83.625 = \frac{4578}{A} \rightarrow A = 54.75 \, mm^2 \rightarrow D = 8.35 \, mm$$

Se obtiene un diámetro mínimo necesario para el cable de 8.35 mm, por lo que posiblemente el primer diámetro disponible sea de 9 mm.

Para dimensionar el tubo, es necesario obtener las reacciones en el apoyo A, y determinar la peor sección del tubo.

$$\Sigma F_x = 0 \rightarrow R_x = T \cdot \cos 30 = 4578 \cdot \cos 30 = 3964.66 \, N$$

A lo largo del tubo, hay una fuerza de compresión de 3964.66 N.

Del equilibrio vertical:

$$\Sigma F_y = 0 \rightarrow R_y + T \cdot \cos 30 = 3433.5 \rightarrow R_y = 1144.5 \, N$$

Se obtienen los diagramas, en este caso a compresión, cortante y flector.

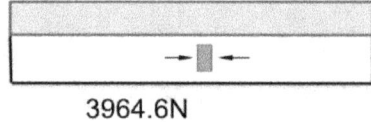

El valor del momento flector es máximo en el centro, con un valor de $T \cdot \text{sen } 30 = 2289 \, N \cdot m$

En la barra horizontal, por tanto, aparecen esfuerzos de compresión, y esfuerzos tambien de compresión debido al flector.

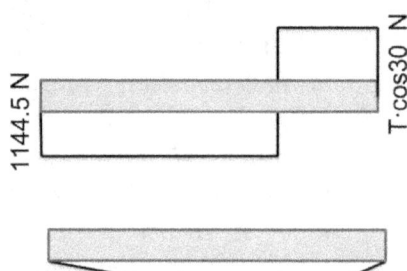

Debido a la compresión pura:

$$\sigma_{comp} = \frac{F}{A} = \frac{3964.66}{\frac{\pi}{4} \cdot (D^2 - (D-20)^2)}$$

Debido a la flexión, aparecerá un esfuerzo de compresión de:

$$\sigma_{flex} = \frac{M \cdot c}{I} = \frac{2289 \cdot 1000 \cdot D/2}{\frac{\pi}{64} \cdot (D^4 - (D-20)^4)}$$

La tensión de diseño para la barra es:

$$\sigma_{dis} = \frac{\sigma_u}{8} = \frac{310}{8} = 38.75 \, MPa$$

La suma de ambas tensiones deberá ser como máximo, la de diseño. Por tanto:

Elementos de máquinas.

$$\sigma_{comp} + \sigma_{flex} = \sigma_{dis}$$

Sustituyendo:

$$\frac{3964.66}{\frac{\pi}{4} \cdot (D^2 - (D-20)^2)} + \frac{2289 \cdot 1000 \cdot D/2}{\frac{\pi}{64} \cdot (D^4 - (D-20)^4)} = 38.75$$

Resolviendo la ecuación, se obtiene un diámetro D=102.41 mm, que es el mínimo que debe tener el tubo. Por lo tanto, se buscará la siguiente medida disponible.

258. Canasta

Se utiliza un tubo de acero cédula 40 de 2 1/2 in como soporte de un tablero de baloncesto, que se empotra en el suelo. Calcular el esfuerzo en el punto más desfavorable que soporta el material, si un jugador de 200 lb de peso se cuelga del aro. Considerar que el conjunto del tablero y el aro pesa 30 lb. Si el material del tubo es acero A501 formado en caliente, determinar si se considera seguro. Tomar el total de la carga como impacto.

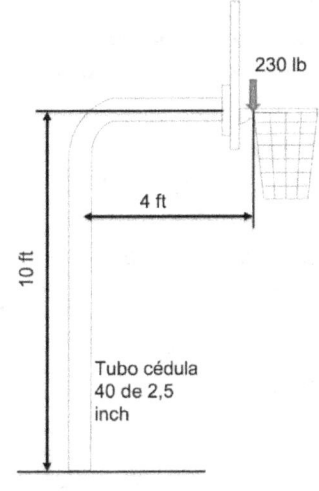

Solución. **No cumple**

El tubo, en el tramo vertical deberá soportar una compresión correspondiente a la fuerza de 230 lb y un momento originado por la distancia de la cesta al tubo:

M = F·d = 230·4·12 = 11040 lb·in.

En el tubo se sumará la compresión de la carga directa y la provocada por el momento flector.
Se determina primero por tablas, datos relativos a la geometría:
Área = 1.704 in². Inercia = I = 1.530 in⁴. Diámetro exterior = 2.875 in.

Por la carga a compresión directa:

$$\sigma = \frac{F}{A} = \frac{230}{1.704} = 134.98 \, psi = 0.135 \, ksi$$

Por el flector:

$$\sigma = \frac{M \cdot \frac{D}{2}}{I} = \frac{11040 \cdot \frac{2.875}{2}}{1.530} = 10372 \, psi = 10.372 \, ksi$$

El valor máximo, a compresión, será de 0.135 + 10.372 = 10.507 ksi

Para comprobar si el material es válido para soportar un impacto, se necesitan las propiedades del material. Buscando A501 formado en caliente, Su = 58 ksi y Sy = 36 ksi. Para cargas de impacto se aplica:

$$\sigma_{max} = \frac{S_u}{12} = \frac{58}{12} = 4.83 \, ksi$$

Como la tensión máxima es inferior a la máxima, el tubo no se puede considerar adecuado. De hecho, el valor es menor de la mitad del recomendado, por lo que no cumpliría tampoco para cargas repetidas. Se deberá o bien corregir las dimensiones del tubo, o bien cambiar el material.

Elementos sometidos a esfuerzos combinados

259. Mesa de jardín

Una mesa consta de un tablero montado sobre un circular, que se encuentra firmemente anclado al suelo. El tubo es de aleación de aluminio 6061-T4, con diámetro 170 mm en el exterior y 163 mm en el interior. Se desea prever que una persona se pueda sentar en el borde de la mesa, a 1.10 m del centro de la misma, y con un peso máximo de 135 kg. Calcular el esfuerzo máximo en el tubo, su localización y el factor de diseño resultante tanto con respecto al límite elástico, como a la resistencia ultima.

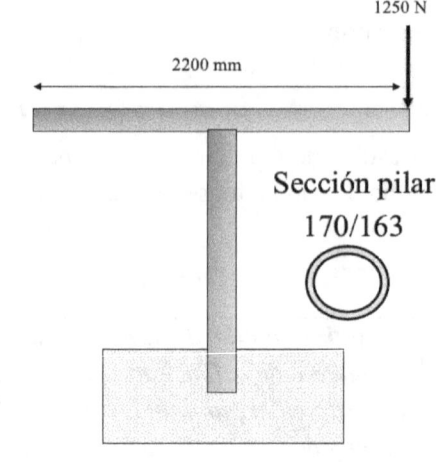

Sección pilar 170/163

Solución

El tubo central de la mesa debe soportar la compresión originada por la carga (135 kg) y el momento flector que provoca el descentramiento de la misma.

El esfuerzo de compresión se obtiene como $\sigma = \frac{F}{A}$

Fuerza = 135 kg = 1324 N

Área el tubo: $A = \frac{\pi}{4} \cdot (170^2 - 163^2) = 1830.8 \; mm^2$

Por lo tanto, el esfuerzo de compresión será:

$$\sigma_{comp} = \frac{1324}{1830.8} \frac{N}{mm^2} = 0.723 \; MPa$$

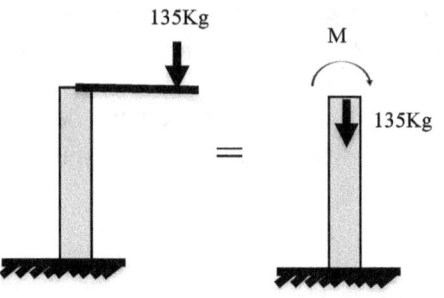

El momento que recibe el tubo es:

M = F · d = 1324 N · 1.1 m = 1456.4 N · m

Ese momento provoca una flexión en el tubo con un valor máximo de tracción y compresión en el exterior. En este caso, debido a que existe además compresión por la transmisión directa de la carga, interesa la suma de ambas compresiones como situación más desfavorable. Por lo tanto, se busca la tensión de compresión debida a la flexión:

$$\sigma_{flex} = \frac{M \cdot c}{I}$$

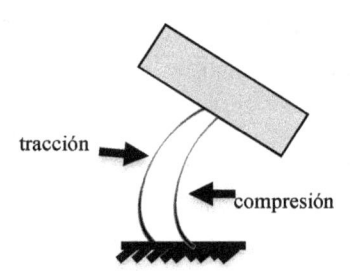

siendo:

C = D/2 = 170 / 2 = 85 mm. $I = \frac{\pi}{64} \cdot (170^4 - 163^4) = 6\,346\,912.5 \; mm^4$.

M = 1456.4 N·m = 1 456 400 N·mm

Sustituyendo:

$$\sigma_{flex} = \frac{1\,456\,400 \cdot 85}{6\,346\,912.5} \frac{N}{mm^2} = 19.505 \; MPa$$

En total, sumando ambas situaciones de compresión:

$$\sigma_{max} = \sigma_{flex} + \sigma_{com} = 19.505 \; MPa + 0.723 MPa = 20.228 \; MPa$$

El material, por tablas, tiene una tensión última Su = 241 MPa y un límite elástico de Sy= 145 MPa. Respecto de la tensión de rotura, el margen de seguridad que se tiene es de:

$$N = \frac{\sigma_u}{\sigma_{max}} = \frac{241}{20.228} = 11.91$$

Respecto de la tensión de fluencia, el margen de seguridad que se tiene es de:

$$N = \frac{\sigma_y}{\sigma_{max}} = \frac{145}{20.228} = 7.168$$

Con este coeficiente de seguridad, ante una carga de impacto, se estaría en una situación con menor seguridad de lo que habitualmente se recomienda, por lo que el tubo necesita de más sección. Sin embargo, para una carga estática, se está suficientemente seguro.

260. Polipasto

Calcular el esfuerzo máximo en el polipasto de la figura cuando se aplica una carga de 12 kN el centro.

Solución. 64.13 MPa a compresión.

Se plantea equilibrio en la barra horizontal. Para eso, en el empotramiento: ΣFx=0 ; ΣFy=0 y ΣM=0:

$Fx = 0 \rightarrow T \cdot \cos\alpha = Rx$

$Fy = 0 \rightarrow T \cdot \sen\alpha + Ry = 12 \text{ kN}$

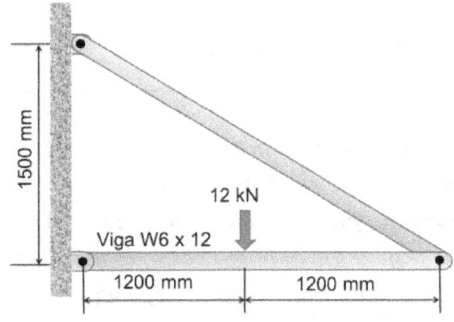

$$M = 0 \rightarrow T \cdot \sen\alpha \cdot (1.2 + 1.2) = 12 \cdot 1.2$$

Se necesita el ángulo α, que se puede obtener de la geometría de la estructura:

$$tg\ \alpha = \frac{\sen \alpha}{\cos \alpha} = \frac{1.5}{2.4} = 0.625 \rightarrow \alpha = 32º$$

Se sustituye:

$T \cdot \sen 32 \cdot 2.4 = 12 \cdot 1.2 \rightarrow T = 11.322\ kN$

$Ry = 12 - 11.322 \cdot \sen 32 = 0.6\ kN\quad a\ cortante$

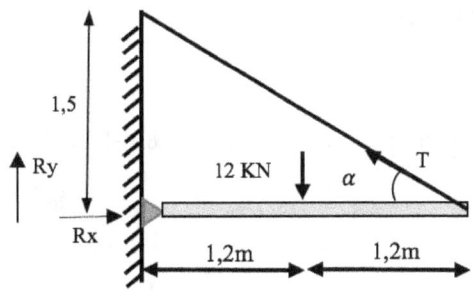

$$Rx = T \cdot \cos\alpha = 11.322 \cdot \cos 32 = 9.6\ kN\quad de\ compresión\ en\ la\ barra.$$

El flector es máximo en el centro, donde está la carga. En esa sección;

$M = T \cdot \sen 32 \cdot 1.2 = 7.2\ kN \cdot m$

Los datos de la viga W6x12 se obtienen de tablas:

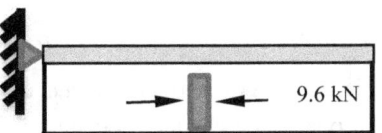

Área = A = 3.55 in^2 = 3.55 · (25.4)^2 mm^2 = 2290.32 mm^2.
Inercia = I = 22.1 in^4 = 22.1 · (25.4)^4 mm^4 = 9 198 715 mm^4.
Altura = 6.03 in = 153.16 mm.
Se calcula ya el esfuerzo total, que se tendrá en la sección donde está la carga

$$\sigma = -\frac{F}{A} - \frac{M \cdot c}{I} = -\frac{9600}{2290.32} - \frac{7\,200\,000 \cdot \frac{153.16}{2}}{9\,198\,715}$$
$$= -64.13\ MPa$$

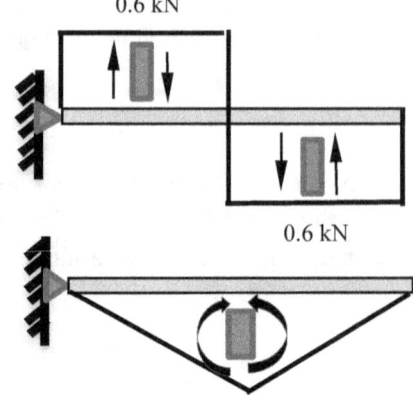

El valor obtenido es claramente muy inferior al máximo a permitir. Simplemente con compararlo con un acero A36, con Su=400 MPa y Sy = 248 MPa, se observa que el perfil trabaja claramente sobrado.

261. Sierra

El dibujo representa una sierra corta metales. Está compuesta por un tubo de 12 mm de diámetro externo y 1 mm de espesor de pared. La hoja de sierra se tensa con el tornillo, produciéndose una fuerza de 160 N. Determinar el esfuerzo máximo en el tubo superior, indicando claramente en qué parte se produce.

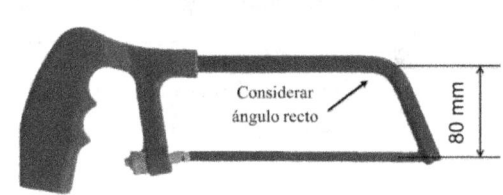

Solución. 150.3 MPa a compresión en la cara inferior.

El tubo, en el tramo largo, deberá soportar una compresión correspondiente a la fuerza del tornillo (160N) y un momento originado por la distancia (80 mm)
La compresión será:

$$\sigma_{comp} = \frac{F}{A} = \frac{160}{\frac{\pi}{4} \cdot (12^2 - 10^2)} = 4.63\ MPa$$

El momento flector será M=160·80=12 800 N·mm, que producen un esfuerzo flector:

$$\sigma_{flex} = \frac{M \cdot c}{I} \quad siendo$$

$$c = \frac{\emptyset_{ext}}{2} = \frac{12}{2} = 6$$

$$I = \frac{\pi}{64} \cdot (\emptyset_{ext}^4 - \emptyset_{int}^4) = \frac{\pi}{64} \cdot (12^4 - 10^4) = 527\ mm^4$$

Sustituyendo:

$$\sigma_{flex} = \frac{12\,800 \cdot 6}{527} = 145.73\ MPa$$

Este esfuerzo será de tracción en la cara superior del tubo, y de compresión en la cara inferior. El esfuerzo máximo se da en el tubo en la cara inferior, que trabaja a compresión en ambos casos:

$$\sigma_{max} = 4.63 + 145.73 = 150.35\ MPa$$

262. Viga americana.

El esquema de fuerzas resultantes que recibe una viga I American Standard S3x5.7 se corresponde con la figura. Se considera que las cargas actúan sobre el eje de la viga. Determinar los diagramas que describen las fuerzas en la viga, así como los esfuerzos máximos de tensión y compresión y la localización de los mismos.

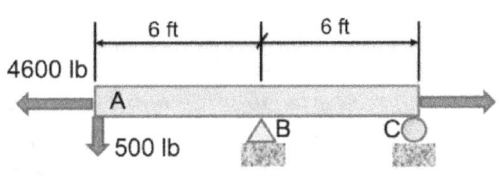

Solución.

Se obtienen por tablas los datos geométricos. Para el tipo de perfil indicado en el enunciado, se obtiene:
área = 1.67 in², altura = 3 in, inercia I = 2.52 in⁴.

Se analizan las fuerzas en la viga. Por equilibrio, toda ella está sometida a una tensión a una fuerza a tracción de 4600 lb. Esto provoca un esfuerzo a tracción de:

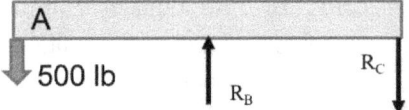

$$\sigma = \frac{F}{A} = \frac{4600}{1.67} = 2754.5 \; psi$$

Para obtener los cortantes y los flectores, se aplica condiciones de equilibrio, calculando en primer lugar las reacciones en los apoyos.

$$\Sigma F_y = 0 \rightarrow R_B = 500 + R_c$$

Se obtiene equilibrio de momentos, utilizando como referencia el punto C:

$$\Sigma M_c = 0 \rightarrow 500 \cdot 12 = R_B \cdot 6 \rightarrow R_B = 1000 \; lb$$

Despejando en equilibrio de fuerzas, se obtiene $R_c = 500 \; lb$.

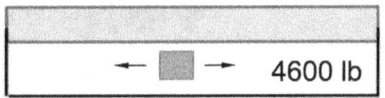

Se realiza el diagrama de momentos y se observa que la peor sección es la central, con un momento máximo de valor:

$$M_{max} = 500 \cdot 6 = 3000 \; lb \cdot ft = 3000 \cdot 12 \; lb \cdot in$$
$$= 36\,000 \; lb \cdot in$$

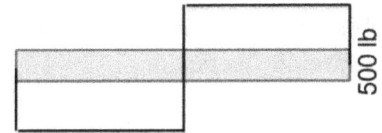

La cara superior, por la flexión, trabaja a tracción. Será el peor punto, al sumarse ambas tracciones. La tensión a tracción máxima será:

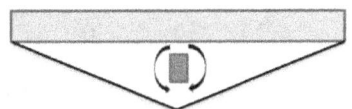

$$\sigma_{trab} = \sigma_{flex} + \sigma_{tracc} = \frac{M \cdot c}{I} + \frac{F}{A} = \frac{36\,000 \cdot 3/2}{2.52} + 2754.5 = 24\,183 \; psi$$

La cara inferior, recibe tracción y compresión de la flexión, por lo que se comprueba que está menos solicitada.

$$\sigma_{trab} = \sigma_{flex} - \sigma_{comp} = -\frac{M \cdot c}{I} + \frac{F}{A} = \frac{36\,000 \cdot \frac{3}{2}}{2.52} + 2754.5 = -18674 \; psi$$

Claramente el esfuerzo en la cara inferior es menor que en la superior, donde se sumaban tracción y flexión.

263. Polipasto

> Un polipasto como el representado en la figura debe levantar en la peor situación 1000 kg. El travesaño horizontal es una viga hueca rectangular de 50 x 150 mm y 6 mm de espesor. Determinar el esfuerzo en el travesaño justo al lado del apoyo del tirante de refuerzo (punto B).

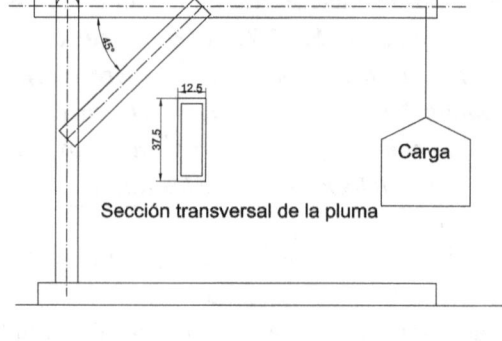

Sección transversal de la pluma

Solución. 129.3 MPa.

Se debe calcular la estructura para que exista equilibrio, y de ahí, averiguar los esfuerzos en la sección B. Se plantea equilibrio de fuerzas y momentos, teniendo en cuenta que la unión en el punto A se comporta como un pasador, permitiendo giro.

$$\Sigma M_A = 0 \rightarrow 1000 \cdot 1.6 = F \cdot sen45 \cdot 0.6 \rightarrow F = 3771.23 \text{ kg}$$

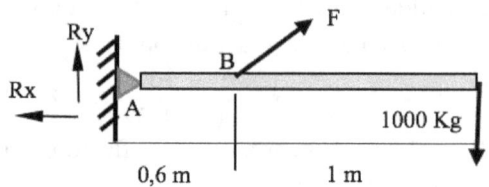

Por equilibrio de fuerzas, en el punto A, hay reacción tanto vertical como horizontal:

$$Ry = 1000 - F \cdot sen45 = 1666.7 \text{ kg}$$
$$Rx = F \cdot cos45 = 2666.7 \text{ kg}$$

Por tanto, a la izquierda del punto B, se tiene un cortante de 1666.7 kg, una tracción de 1666.7 kg, y una flexión de 1000 kg·m.

El esfuerzo máximo se dará en la cara superior, donde se combinan la tracción y la flexión:

$$\sigma_{max} = \frac{F}{A} + \frac{M \cdot c}{I}$$

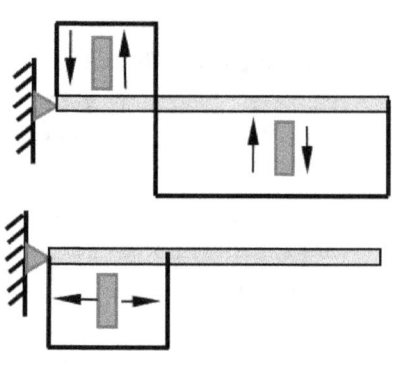

Se obtienen los datos geométricos de la viga

$$A = 150 \cdot 50 - (150 - 12) \cdot (50 - 12) = 2256 \, mm^2$$

$$I = \frac{1}{12} \cdot 50 \cdot 150^3 - \frac{1}{12} \cdot 38 \cdot 138^3 = 5\,740\,272 \, mm^4$$

$$c = \frac{150}{2} = 75 \, mm$$

Sustituyendo

$$\sigma_{max} = \frac{2666.67 \, kg}{2256 \, mm^2} + \frac{1\,000\,000 \, kg \cdot mm \cdot 75 \, mm}{5\,740\,272 \, mm^4} = 13.18 \, \frac{kg}{mm^2} = 129.3 \, MPa$$

7.3 Combinaciones flector - torsor

264. Transmisión de una hélice en agitador industrial

Un eje sólido, de corta longitud y 4 in de diámetro, recibe como máximo una fuerza de compresión de 40000 lb, combinada con un par torsor de 25 000 lb·in. Determinar el esfuerzo cortante máximo.
Si se debe sustituir, y se dispone de barras ASTM A572 en distintos grados, elegir el material adecuado, considerando que sufre frecuentes arranques y paradas.

Solución. *2.55 ksi, cualquier tubería grado A42.*

Al existir torsor y compresión, el esfuerzo resultante se obtendrá como:

$$\tau_{max} = \sqrt{\left(\frac{\sigma}{2}\right)^2 + (\tau)^2}$$

Se obtiene tanto el esfuerzo a compresión como el esfuerzo torsor:

$$\sigma = \frac{F}{A} = \frac{40\,000}{\frac{\pi}{4} \cdot 4^2} = 3183 \; psi$$

El torsor provoca un esfuerzo:

$$\tau = \frac{T \cdot c}{J} = \frac{T \cdot \frac{\emptyset}{2}}{\frac{\pi}{32} \cdot (\emptyset^4)} = \frac{25\,000 \cdot \frac{4}{2}}{\frac{\pi}{32} \cdot (4^4)} = 1989.43 \; psi$$

Sustituyendo se obtiene un esfuerzo combinado:

$$\tau_{max} = \sqrt{\left(\frac{3183}{2}\right)^2 + (1989.43)^2} = 2547.68 \; psi \cong 2.55 \; ksi$$

Conocido el cortante máximo, se determinar la tensión mínima necesaria del material:

$$\tau_{dis} = \frac{\tau_{ys}}{N} = \frac{\sigma_y}{2 \cdot 6} = 2.55 \; ksi \rightarrow \sigma_y = 30.6 \; ksi$$

Cualquiera de los grados de tubería cumple la especificación, puesto que el grado con menor resistencia (grado 42), ya tiene Su = 60 ksi y Sy = 42 ksi.

265. Eje con cargas

Un eje sólido de 1.0 in de diámetro debe girar a 1150 rpm, transmitiendo 25 hp. Lleva montados dos engranajes, según el esquema de la figura, con las fuerzas aplicadas indicadas. Determinar el cortante máximo en el eje, para poder realizar la elección de material.

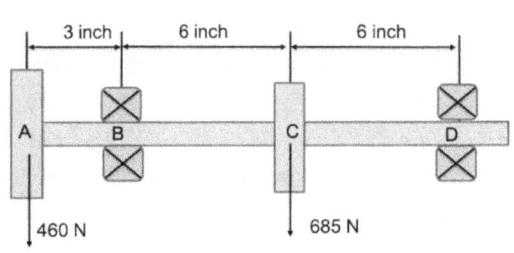

Solución. *9.837 ksi*

Se plantea un diagrama de sólido libre y se obtienen las reacciones en los apoyos B y D:

$$\Sigma Fy = 0 \quad \Sigma M = 0$$

Aplicando equilibrio de reacciones en vertical:
$$\Sigma F_y = 0 \rightarrow 460 + 685 = R_b + R_d$$
Aplicando equilibrio de momentos respecto del punto D:
$$460 \cdot 15 + 685 \cdot 6 = R_b \cdot 12 \rightarrow R_b = 917{,}5 \; lb$$
Se despeja del equilibrio en vertical $R_d = 227.5 \; lb$

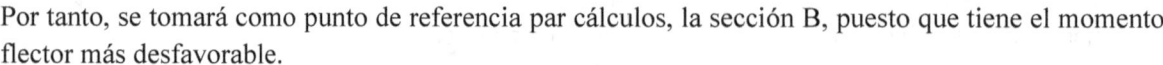

El diagrama de flectores tendrá la forma de la figura adjunta, puesto que en los puntos A y D, el momento es nulo. Se obtiene el momento en el punto B:
$$M_b = 460 \cdot 3 = 1380 \; lb \cdot in$$
En el punto C:
$$M_c = 227.5 \cdot 6 = 1365 \; lb \cdot in$$
Por tanto, se tomará como punto de referencia par cálculos, la sección B, puesto que tiene el momento flector más desfavorable.

De la transmisión de potencia, se obtienen los datos del torsor entre las secciones A y C:
$$P = \frac{T \cdot n}{63000} \rightarrow 25 = \frac{T \cdot 1150}{63000} \rightarrow T = 1369.57 \; lb \cdot in$$
Para casos combinados de flexión y torsión, se puede obtener el esfuerzo máximo combinado como:
$$\tau_{max} = \frac{\sqrt{M^2 + T^2}}{Zp} = \frac{\sqrt{1365^2 + 1369.57^2}}{\frac{\pi \cdot 1^3}{16}} = 9837 \; psi = 9.837 \; ksi$$

266. Eje con cargas

Un eje circular se apoya en sus extremos en dos rodamientos, y soporta dos cargas de 2.4 kN, según la figura. Además, entre las secciones B y C transmite un par de torsión de 1500 N·m. Calcular el esfuerzo cortante máximo en el eje, en la sección B.

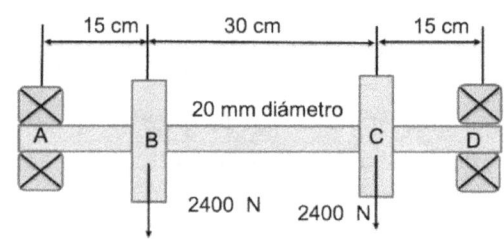

Solución. 982 mPa

Se aplican condiciones de equilibrio para obtener las reacciones en los apoyos, y a partir de ahí, los diagramas de cortantes y momentos: $\Sigma Fx=0$; $\Sigma Fy=0$ y $\Sigma M_A=0$
$$Fy = 0 \rightarrow 2.4 + 2.4 = Ra + Rd$$
$$\Sigma M_A = 0 \rightarrow Fd \cdot 0.6 = 2.4 \cdot 0.15 + 2.4 \cdot 0.45$$
Se despeja Fd=2.4 kN y Fa= 2.4 kN, lo cual es lógico por simetría en las cargas y en la estructura.

El momento máximo, en el tramo BC, es:
$M_{max} = 2.4 \cdot 0.15 = 0.36 \text{ kN} \cdot \text{m} = 360\,000 \text{ N} \cdot \text{mm}$.
En ese mismo tramo, según el enunciado, existe un torsor:
$T = 1500 \text{ N} \cdot \text{m} = 1\,500\,000 \text{ N} \cdot \text{mm}$.

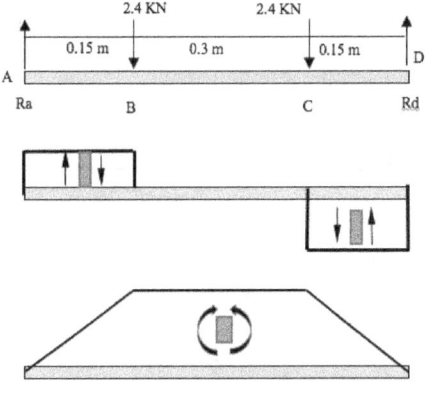

Se obtiene el cortante máximo aplicando:
$$\tau_{max} = \frac{Te}{Zp} \quad \text{con} \quad Te = \sqrt{M^2 + T^2}$$

Se obtiene en primer lugar el módulo de inercia Zp
$$Z_p = \frac{\pi \cdot (\emptyset_{ext})^3}{16} = \frac{\pi \cdot 20^3}{16} = 1570.8 \text{ mm}^3$$

Sustituyendo:
$$\tau_{max} = \frac{\sqrt{M^2 + T^2}}{Zp} = \frac{\sqrt{360\,000^2 + 1\,500\,000^2}}{1570.8}$$
$$= 982 \text{ MPa}$$

267.   Llave de tubo a tornillo

Para realizar un apriete, se utiliza un tubo hueco con diámetro interno 30 mm, 2 mm de espesor y 300 mm de longitud. Además, para poder hacer torsor, se le acopla una barra en el extremo de 500 mm de longitud y 10 mm diámetro. En el extremo se aplican 200 N de fuerza. Obtener el esfuerzo cortante máximo que se produce para poder comprobar el dimensionado, y el ángulo girado por el tubo. Suponer acero como material.

Solución. 38.37 MPa, 0.42 grados

En primer lugar, se analiza la extensión, que trabaja como una barra en voladizo, empotrada en un extremo, y con la fuerza aplicada en el otro. Se produce un momento flector máximo en la zona de unión con el tubo, que actúa como empotramiento, de valor:

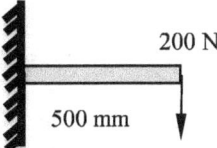

$$M = 200 \cdot 500 = 100\,000 \text{ N} \cdot \text{mm}$$

Es esfuerzo producido es:
$$\sigma = \frac{M \cdot c}{I} = \frac{100\,000 \cdot \frac{10}{2}}{\frac{\pi}{64} \cdot 10^4} = 1018.6 \text{ MPa}$$

Se observa que es un valor excesivo para cualquier acero habitual, por lo que se deberá aumentar el diámetro de la extensión acoplada.

En segundo lugar, se comprueba la solicitación exigida al tubo. El tubo recibe por un parte los 200 N de carga vertical, y por otra un torsor equivalente al momento máximo (100 000 N·mm).

En el tubo se produce por tanto un esfuerzo cortante debido al torsor recibido, y un esfuerzo de flexión debido a la carga vertical.

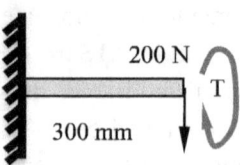

El esfuerzo cortante es:

$$\tau = \frac{T \cdot c}{J} = \frac{T \cdot \frac{\emptyset_{ext}}{2}}{\frac{\pi}{32} \cdot (\emptyset_{ext}^4 - \emptyset_{int}^4)} = \frac{100\,000 \cdot \frac{34}{2}}{\frac{\pi}{32} \cdot (34^4 - 30^4)} = 32.9\,MPa$$

La carga vertical de 200 N provoca un momento en la base del tubo de 200 · 300 = 60 000 N·mm. Este momento flector se traduce en un esfuerzo:

$$\sigma = \frac{M \cdot c}{I} = \frac{M \cdot \frac{\emptyset_{ext}}{2}}{\frac{\pi}{64} \cdot (\emptyset_{ext}^4 - \emptyset_{int}^4)} = \frac{60\,000 \cdot \frac{34}{2}}{\frac{\pi}{64} \cdot (34^4 - 30^4)} = 39.47\,MPa$$

Combinando tanto el torsor como el flector, el esfuerzo cortante máximo equivalente es:

$$\tau_{max} = \sqrt{\left(\frac{\sigma}{2}\right)^2 + (\tau)^2} = \sqrt{\left(\frac{39.47}{2}\right)^2 + (32.9)^2} = 38.37\,MPa$$

El valor obtenido deberá tomarse como esfuerzo máximo de diseño, en función del material concreto del tubo, para no ser superado. No obstante, es un valor muy aceptable para la mayoría de aceros habituales en herramientas.

Se obtiene el giro existente entre la base del tubo, y el extremo donde se acopla la extensión para hacer la fuerza:

$$\theta = \frac{T \cdot L}{G \cdot J} = \frac{100\,000 \cdot 300}{80000 \cdot \frac{\pi}{32} \cdot (34^4 - 30^4)} = 0.00725\,rad = 0.42º$$

268. Manivela

Una manivela debe aguantar una fuerza máxima de 1200 N aplicada con un brazo de 300 mm. Determinar el esfuerzo máximo que se produce en el eje de la manivela (tramo circular).

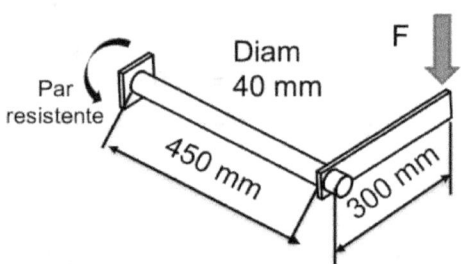

Solución. 51.65 MPa

La fuerza aplicada sobre la manivela provoca una combinación de flexión y de torsión.

La flexión:

$$M = F \cdot d = 1200 \cdot 450 = 540\,000\,N \cdot mm = 540\,N \cdot m$$

La torsión:

$$T = F \cdot d = 1200 \cdot 300 = 360\,000\,N \cdot mm = 360\,N \cdot m$$

El esfuerzo máximo se puede obtener como:

$$\tau_{max} = \frac{\sqrt{M^2 + T^2}}{Zp}$$

El módulo de sección polar:

$$Z_p = \frac{\pi \cdot \varnothing^3}{16} = \frac{\pi \cdot 40^3}{16} = 12\,566.37\ mm^3$$

Sustituyendo:

$$\tau_{max} = \frac{\sqrt{M^2 + T^2}}{Zp} = \frac{\sqrt{540\,000^2 + 360\,000^2}}{12\,566.37} = 51.65\ \text{MPa}$$

269. Poleas en eje

Se montan tres poleas en un eje, según el esquema adjunto, con las tensiones indicadas en cada correa. La introducción de potencia al sistema se realiza a través de la polea central. El eje es macizo con un diámetro de 1.75 pulgadas. Para condiciones de cargas cíclicas, determinar un material adecuado.
Nota: se debe justificar el par de torsión en todos los puntos del eje, la reacciones en los apoyos, el valor del momento flector máximo y el esfuerzo cortante equivalente máximo al que está sometido el eje, indicando la zona donde se produce.

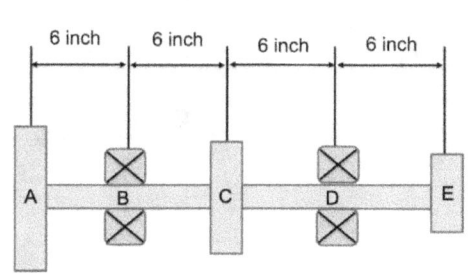
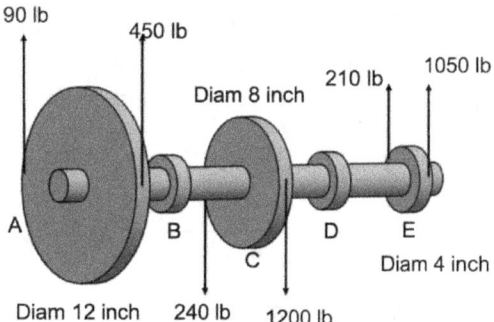

Solución. Ver varias soluciones posibles.

En primer lugar, se obtiene el diagrama de torsores, a partir de las fuerzas en cada polea. Con respecto al torsor, la rueda central "C" ejerce una fuerza neta de:

$$F = 1200 - 240 = 960\ lb$$

Por tanto, el torsor ejercido es:

$$T = F \cdot d = F \cdot \frac{\varnothing}{2} = 960 \cdot \frac{8}{2} = 3840\ lb \cdot in$$

Para las otras dos poleas, se procede de igual forma.
La polea izquierda "A":

$$T = F \cdot d = F \cdot \frac{\varnothing}{2} = (450 - 90) \cdot \frac{12}{2} = 2160\ lb \cdot in$$

Elementos sometidos a esfuerzos combinados

La polea izquierda "E":

$$T = F \cdot d = F \cdot \frac{\emptyset}{2} = (1050 - 210) \cdot \frac{4}{2} = 1680 \, lb \cdot in$$

Se comprueba que los torsores se compensan, puesto que 3840 = 1680+2160
Se realiza el diagrama de torsores:
Se concluye que el tramo A-C tiene un torsor de 2160 lb·in, y el tramo C-E tiene 1680 lb·in.
Se procede seguidamente al estudio de momentos flectores. Para ello, en primer lugar, se obtienen las reacciones en los apoyos:

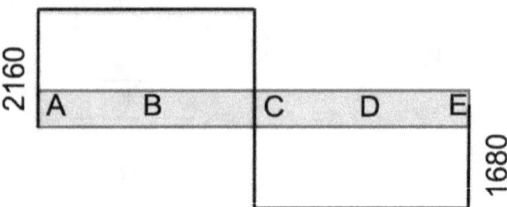

$$\Sigma F_y = 0 \rightarrow 0 = 450 + 90 + R_B - 210 - 1200 + R_D + 1050 + 210$$

Para los momentos, se toma el apoyo "B" y se aplica igualdad de momentos por la izquierda y la derecha.
$$540 \cdot 6 = -1440 \cdot 6 + R_D \cdot 12 + 1260 \cdot 18 \rightarrow R_D = -900 \, lb$$
Despejando en la ecuación de equilibrio de fuerzas en vertical se obtiene $R_B = 540 \, lb$

Conocidas las reacciones, se realiza el diagrama de cortantes, y a partir de éste, el de flectores:
El momento flector máximo está en el punto "C", con un valor de:
$$M_C = 540 \cdot 12 + 540 \cdot 6 = 9720 \, lb \cdot in$$
Conocidos el momento máximo y el torsor máximo, ambos en el punto "C", se aplica la combinación de ambos:

$$\tau_{max} = \frac{Te}{Zp} \quad con \quad Te = \sqrt{M^2 + T^2}$$

$$Z_p = \frac{\pi \cdot (\emptyset^3)}{16} = \frac{\pi \cdot (1,75^3)}{16} = 1,05 \, in^3$$

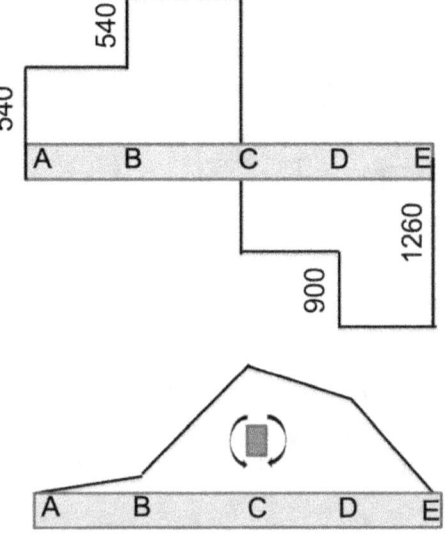

Sustituyendo:
$$\tau_{max} = \frac{\sqrt{M^2 + T^2}}{Zp} = \frac{\sqrt{9720^2 + 2160^2}}{11,05} = 9483 \, psi$$

Se busca un material que para cargas cíclicas (N= 4), permita ese esfuerzo:
$$\tau_{dis} = \frac{\tau_{ys}}{N} = \frac{\sigma_y}{2 \cdot N} = \frac{\sigma_y}{2 \cdot 4} = 9483 \, psi \rightarrow \sigma_y = 75864 \, psi \cong 75,87 \, ksi$$

En tablas, se observa que hay distintos aceros que tienen ese valor de tensión de fluencia. Sin necesidad de acudir a aceros aleados, el AISI 1040 estirado en frio o en cualquiera de sus opciones templado en agua (WQT), cumpliría el criterio establecido.

270. **Barra cuadrada**

Una barra cuadrada de 25 mm está sometida de forma conjunta a una torsión de 245 N·m y a una fuerza de tracción de 75000 N. Determinar el esfuerzo cortante máximo en la barra.

Solución. 96.35 MPa

Se obtiene el cortante máximo a través de la expresión:

$$\tau_{max} = \sqrt{\left(\frac{\sigma}{2}\right)^2 + (\tau)^2}$$

Se determina cada uno de los esfuerzos. Para la tracción:

$$\sigma = \frac{F}{A} = \frac{75\,000}{25} = 120\ MPa$$

Con respecto al cortante, el momento torsor está aplicado sobre una barra cuadrada, por lo que se utiliza la expresión adaptada:

$$\tau = \frac{T}{Q} = \frac{T}{0.208 \cdot a^3} = \frac{245\,000}{0.208 \cdot 25^3} = 75.39\ MPa$$

Obtenidos los esfuerzos por separado, se puede calcular el máximo equivalente:

$$\tau_{max} = \sqrt{\left(\frac{\sigma}{2}\right)^2 + (\tau)^2} = \sqrt{\left(\frac{120}{2}\right)^2 + (75.39)^2} = 96.35\ MPa$$

271. **Eje con poleas**

Se utiliza un eje para una transmisión mediante correas, mediante el montaje mostrado en la figura. Determinar el esfuerzo cortante máximo, considerando tanto los esfuerzos de torsión, compresión y flexión existentes.

Solución. 51.5 MPa

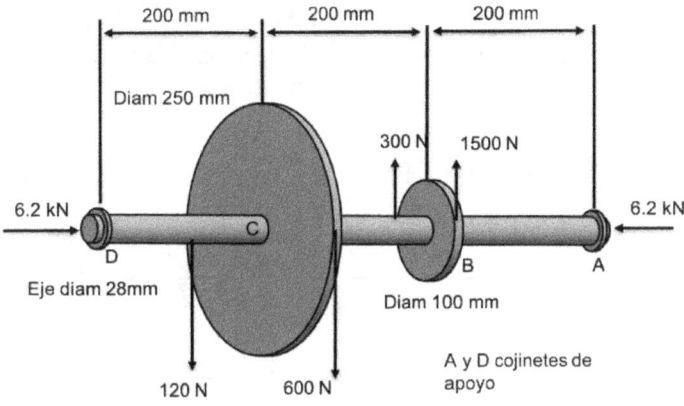

Se calcula en primer lugar el esfuerzo correspondiente al torsor. Para ello, observando la disposición de las poleas, se calcula el torsor a partir de una de ellas. Se elige la polea C. La fuerza neta que la correa ejerce es:

$F_{neta} = 600 - 120 = 480\ N$

El torsor provocado por esta fuerza neta es:

$$M_T = F \cdot d = 480 \cdot \frac{250}{2} = 60\,000\ N \cdot mm$$

Elementos sometidos a esfuerzos combinados

Se comprueba que el torsor se corresponde con el de la otra polea:
$$F_{neta} = 1500 - 300 = 1200 \, N$$
$$M_T = F \cdot d = 1200 \cdot \frac{100}{2} = 60\,000 \, N \cdot mm$$

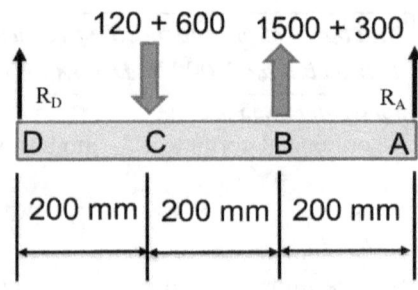

El cortante debido al torsor es:
$$\tau = \frac{T \cdot c}{J} = \frac{T \cdot \frac{\emptyset}{2}}{\frac{\pi}{32} \cdot (\emptyset^4)} = \frac{60\,000 \cdot \frac{28}{2}}{\frac{\pi}{32} \cdot (28^4)} = 13.62 \, MPa$$

Se obtiene el esfuerzo correspondiente a la compresión:
$$\sigma_{comp} = \frac{F}{A} = \frac{6200}{\frac{\pi}{4} \cdot 28^2} = 10.07 \, MPa$$

Para obtener el esfuerzo debido a la flexión, se debe conocer la distribución de los momentos. Se debe obtener por tanto el valor del momento en el peor punto.

Se platea equilibrio en los apoyos: ΣFx = 0   ΣFy = 0   ΣM = 0
$$R_A + R_D + 1800 = 720$$
$$\Sigma M_D = 0 \rightarrow 720 \cdot 200 = 1800 \cdot 400 + R_A \cdot 600 \rightarrow R_A = -960 \, N$$

El valor negativo indica que la reacción en A es en sentido contrario.
Se despeja en la ecuación de equilibrio:
$$R_D = 720 - 1800 - R_A = -120 \, N$$

En este caso, la fuerza en A también es en sentido contrario al supuesto.
Se realiza el diagrama de cortantes, y a partir de éste, el de flectores, obteniéndose que el flector es máximo en la sección B.
El valor del momento flector en la sección B es:
$$M_B = 960 \cdot 200 = 192\,000 \, N \cdot mm$$

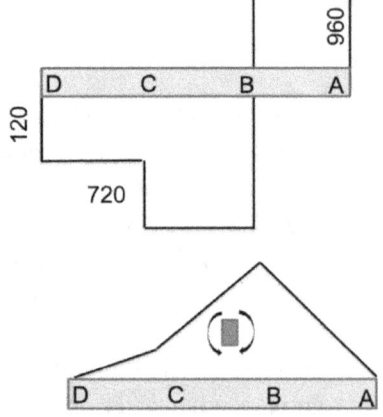

Se obtiene el esfuerzo que genera ese flector:
$$\sigma_{flex} = \frac{M \cdot c}{I} = \frac{M \cdot \frac{\emptyset}{2}}{\frac{\pi}{64} \cdot (\emptyset^4)} = \frac{192\,000 \cdot \frac{28}{2}}{\frac{\pi}{64} \cdot (28^4)} = 89.09 \, MPa$$

Obtenidos los esfuerzos debidos a la compresión, la flexión y la torsión, se puede obtener el cortante equivalente:
$$\tau_{max} = \sqrt{\left(\frac{\sigma}{2}\right)^2 + (\tau)^2} = \sqrt{\left(\frac{10.074 + 89.09}{2}\right)^2 + (13.92)^2} = 51.5 \, MPa$$

7.4 Tablas y formulario

Tracción / compresión: $\quad\sigma = \pm F/A$

Flexión:
$$\sigma_{max} = \pm \frac{M \cdot c}{I}$$

Momentos de inercia (I):

Vigas rectangulares de ancho "b" y albura "h": $\quad I = \frac{1}{12} \cdot b \cdot h^3$

Secciones circulares macizas, de diámetro "D": $\quad I = \frac{\pi}{64} \cdot D^4$

Secciones circulares macizas, de diámetro externo "D", e interno "d": $\quad I = \frac{\pi}{64} \cdot (D^4 - d^4)$

Torsión:
$$\tau = \frac{T \cdot c}{J}$$

Momento de inercia polar de secciones cerradas circulares:
$$J = \frac{\pi}{32} \cdot (\emptyset_{ext}^4 - \emptyset_{int}^4)$$

Esfuerzo combinado flexión y tracción/compresión:
$$\sigma_{max} = \pm \frac{M \cdot c}{I} \pm \frac{F}{A}$$

Esfuerzo combinado torsión y/o tracción/compresión y/o flexión:
$$\tau_{max} = \sqrt{\left(\frac{\sigma}{2}\right)^2 + (\tau)^2}$$

Si es un perfil circular macizo, se puede usar como expresión alternativa:
$$\tau_{max} = \frac{Te}{Zp} \quad con \quad Te = \sqrt{M^2 + T^2} \quad y \quad Z_p = \frac{\pi \cdot \emptyset^3}{16}$$

Anexos. Tablas y gráficos

Contenido	Pág.
7.1 Datos de resisistencia de materiales.	229
7.2 Coeficientes de seguridad	232
7.3 Datos de concentradores de esfuerzos.	233
7.4 Datos de perfiles y elementos normalizados	241

Anexos. Tablas y gráficos

7.1   Datos de resistencia de materiales

Datos estándares de aceros.

Material (AISI)	Estado	Su (ksi)	Su (MPa)	Sy (ksi)	Sy (MPa)
1020	Recocido	57	393	43	296
1020	Laminado caliente	65	448	48	331
1020	Estirado frío	75	517	64	441
1040	Recocido	75	517	51	352
1040	Laminado caliente	90	621	60	414
1040	Estirado frío	97	669	82	565
1040	WQT 700	127	876	93	641
1040	WQT 900	118	814	90	621
1040	WQT 1100	107	738	80	552
1040	WQT 1300	87	600	63	434
1080	Recocido	89	614	54	372
1080	OQT 700	189	1303	141	972
1080	OQT 900	179	1234	129	889
1080	OQT 1100	145	1000	103	710
1080	OQT 1300	117	807	70	483
1141	Recocido	87	600	51	352
1141	Estirado frío	112	772	95	655
1141	OQT 700	193	1331	172	1186
1141	OQT 900	146	1007	129	889
1141	OQT 1100	116	800	97	669
1141	OQT 1300	118	814	68	469
4140	Recocido	95	655	60	414
4140	OQT 700	231	1593	212	1462
4140	OQT 900	187	1289	173	1193
4140	OQT 1100	147	1014	131	903
4140	OQT 1300	118	814	101	696
5160	Recocido	105	724	40	276
5160	OQT 700	263	1813	238	1641
5160	OQT 900	196	1351	179	1234

Valores aproximadamente constantes para todos los casos:
Módulo de elasticidad tracción/compresión E 207 GPa - 30 000 ksi ; módulo de Poisson 0.3; módulo de elasticidad a cortante G 80 GPa - 11 500 ksi , OQT = templado en aceite, WQT = templado en agua.

Características de aceros inoxidables, cobre, bronce, zinc y titanio

Material	Estado	Su (ksi)	Su (MPa)	Sy (ksi)	Sy (MPa)	E	E (GPa)
AISI 301	Recocido	110	758	40	276	28	193
AISI 301	Duro	185	1280	140	965	28	193
AISI 430	Recocido	75	517	40	276	29	200
AISI 430	Duro	90	621	80	552	29	200
AISI 501	Recocido	70	483	30	207	29	200
AISI 501	OQT 1000	175	1210	135	931	29	200
Cu C14500	Suave	32	221	10	69	17	117
	Duro	48	331	44	303	19	131
Bronce C54400	Suave	68	469	57	393	17	117
	Duro	75	517	63	434	17	117
117Zinc ZA12	Fundición	58	400	47	324	12	83
Ti		170	1170	155	1080	16.5	114

Característicias de aceros de construcción

Material	Su (ksi)	Su (MPa)	Sy (ksi)	Sy (MPa)
A36. Perfil, barra, plancha	58	400	36	248
A500 tubería formada en frío				
Redonda, grado A	45	310	33	228
Redonda, grado B	58	400	42	290
Redonda, grado C	62	427	46	317
A501 tubería formada en caliente	58	400	36	248
A572 perfiles, barras y placas alta resistencia				
Grado 42	60	414	42	290
Grado 50	65	448	50	345
Grado 60	75	517	60	414
Grado 65	80	552	65	448

La tabla considera valores mínimos, pudiendo ser más elevados.

Para acero estructural, considerar E = 200 GPa = 29 x 10^6 lb/plg^2

Característicias de aluminios

Material	Su (ksi)	Su (MPa)	Sy (ksi)	Sy (MPa)	Sus (ksi)	Sus(MPa)
1100 – H12	16	110	15	103	10	69
1100 – H18	24	165	22	152	13	90
2014-0	27	186	14	97	18	124
2014-T4	62	427	42	290	38	262
2014-T6	70	483	60	414	42	290
3003-0	16	110	6	41	11	76
3003-H12	19	131	18	124	12	83
3003-H18	29	200	27	186	16	110
5154-0	35	241	17	117	22	152
5154-H32	39	269	30	207	22	152
5154-H38	48	331	39	269	28	193
6061-0	18	124	8	55	12	83
6061-T4	35	241	21	145	24	165
6061-T6	45	310	40	276	30	207
7075-0	33	228	15	103	22	152
7075-T6	83	572	73	503	48	331

Modulo de elasticidad E= 69 GPa = 10 x10^6 lb/plg^2, excepto 2014 E=73 GP, 5154 E=70 GPa, 7075 E=72 GPa. Densidad 2770 kg/m^3.

Característicias de fundiciones

Material	Su (ksi)	Su (MPa)	Suc (ksi)	Suc (MPa)	Sus (ksi)	Sus(MPa)
Hierro gris ASTM A48						
Grado 20	20	138	80	552	32	221
Grado 40	40	276	140	965	57	393
Grado 60	55	379	170	1170	72	496

Su, son valores a tracción mínimos, pueden ser mayores.

Suc son valores a compresión, pueden oscilar en +/ - 15%

Características del hormigón como apoyo en mampostería

Tipo de hormigón	Esfuerzo permisible psi	Esfuerzo permisible (MPa)
Hormigón 1500	525	3.62
Hormigón 2000	700	4.83
Hormigón 2500	875	6.03
Hormigón 3000	1050	7.24

El número de hormigón indica el esfuerzo a compresión en psi.

Módulo de elasticidad a cortante, G.

Material	GPa	ksi
Aceros al carbón y aleaciones	80	11 500
Acero inox tipo 304	69	10 000
Aluminio 5061-T6	26	3750
Cobre al berilio	48	7000
Magnesio	17	2400
Titanio	43	6200

7.2 Coeficientes de seguridad

Esfuerzos directos

Criterios para esfuerzos de diseño, en esfuerzos normales directos

Tipo de carga	Material dúctil	Material frágil
Estática	Sy/2	Su/6
Repetida (fatiga)	Su/8	Su/10
Impacto	Su/12	Su/15

Su= tensión máxima, Sy= límite elástico

Esfuerzos cortantes

Criterios para esfuerzos de diseño, en esfuerzos cortantes (materiales dúctiles)

Tipo de carga	Factor de seguridad	Esfuerzo de diseño Sy/2N
Estática	N=2	Sy/4
Repetida (fatiga)	N=4	Sy/8
Impacto / choque	N=6	Sy/12

Esfuerzo último a cortante

Estimación para resistencia última a cortante Sus

Material	Estimación
Aleaciones de aluminio	Sus=0.65 Su
Aceros	Sus=0.82 Su
Hierro y aleaciones de cobre	Sus=0.90 Su
Fundición gris	Sus=1.30 Su

7.3 Datos de concentradores de esfuerzos.

Se debe observar la configuración de cargas y la geometría para elegir el gráfico correcto.

Diagrams correspondents a R.E.Peterson "Design factors for Stress Concentration". Machine design.1953

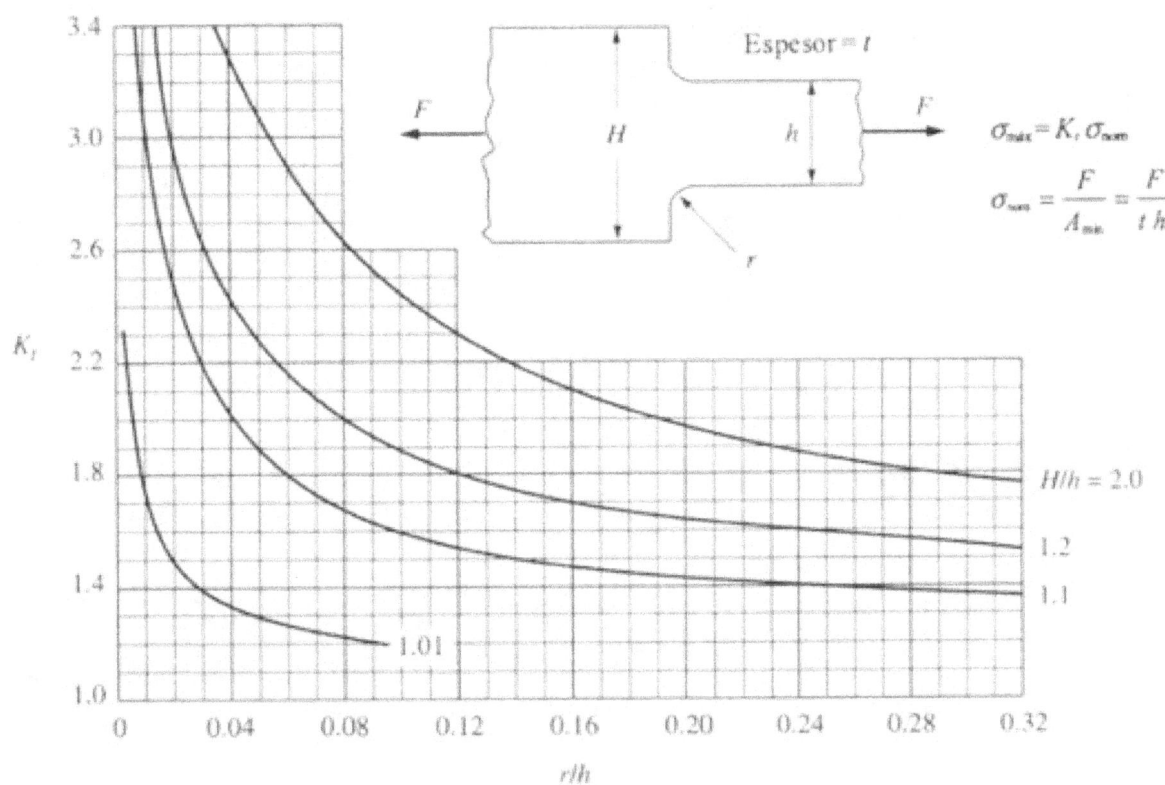

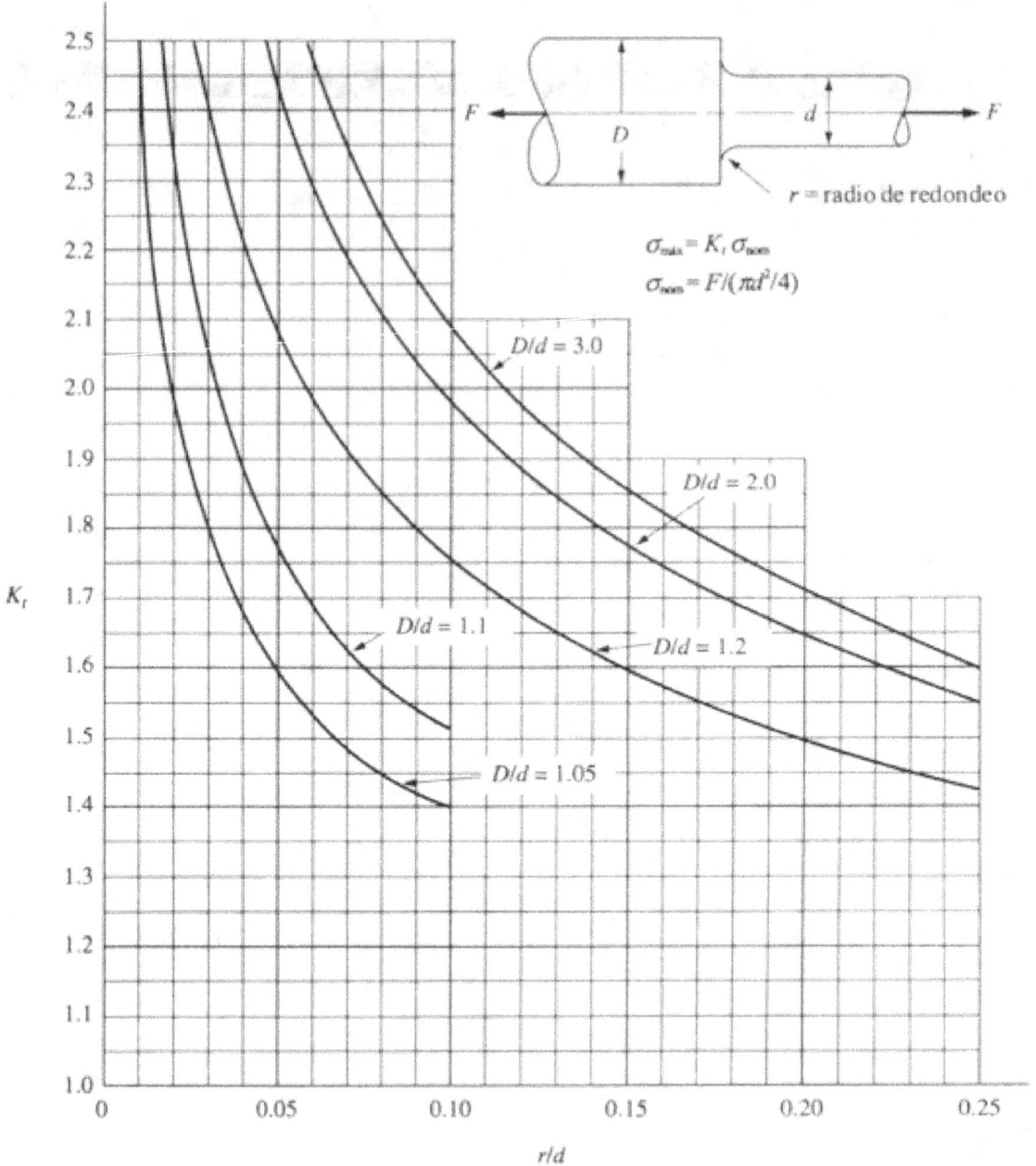

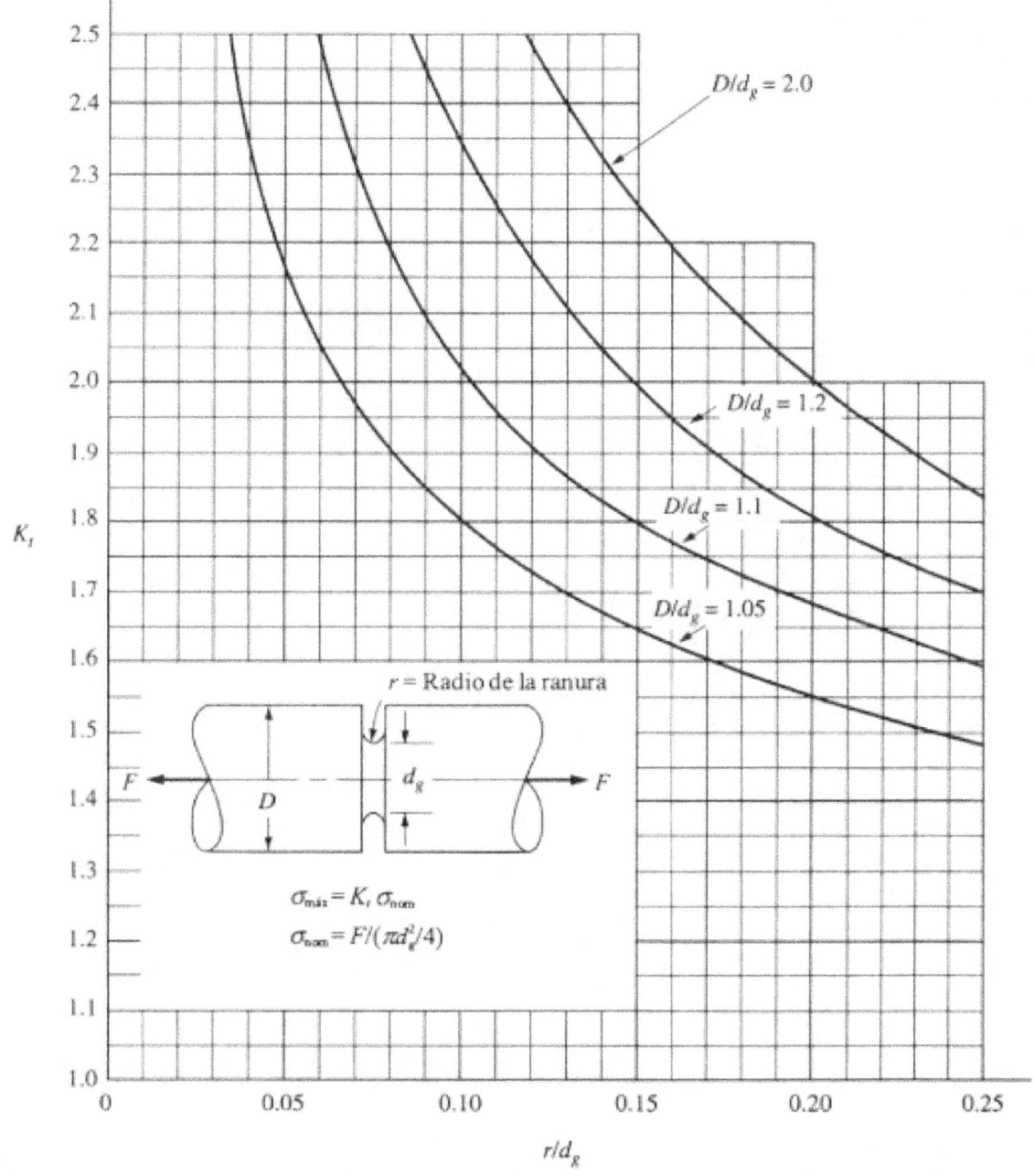

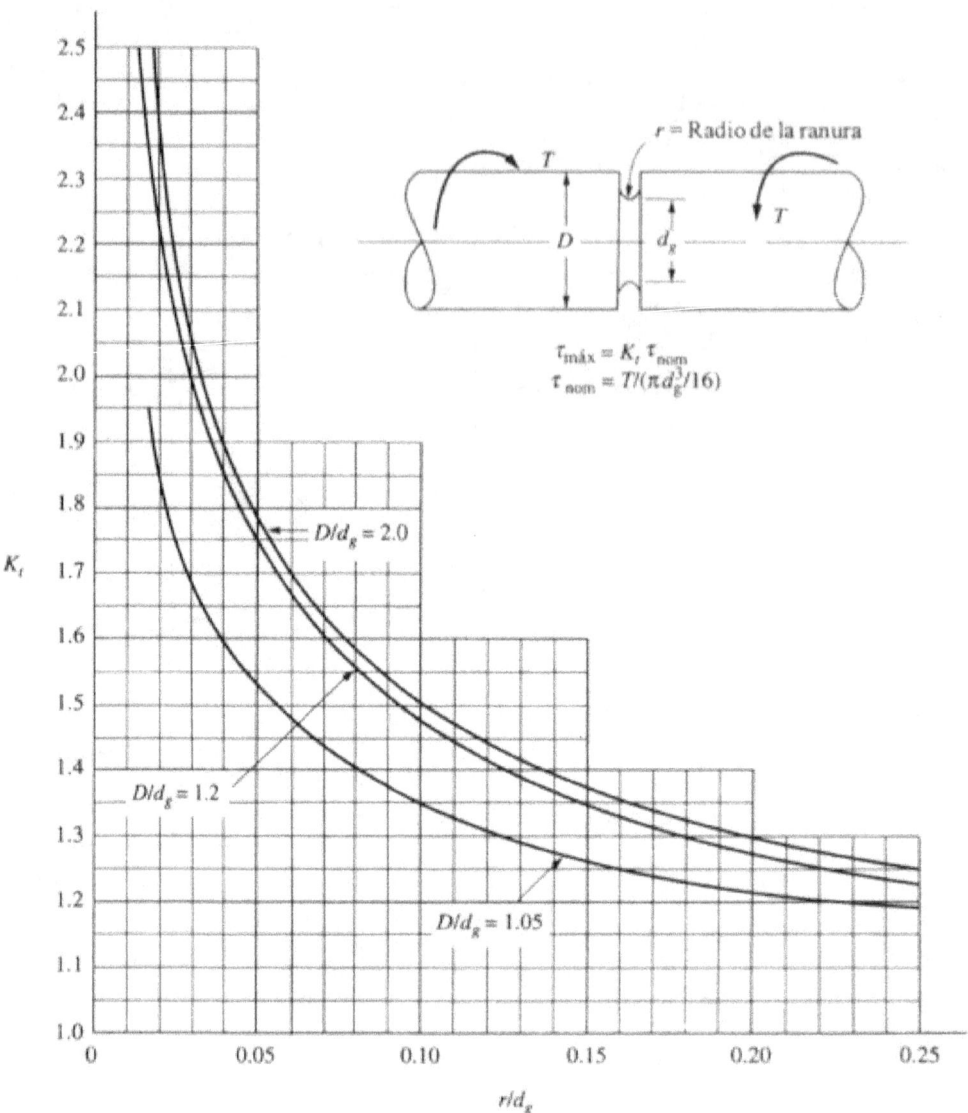

Concentradores para chaveteros:
Chavetero extemo: Kt = 1.6
Chaveetero de perfil. Kt= 2.
El valor de Kt se debe aplicar manteniendo el diámetro completo del eje.

Elementos de máquinas.

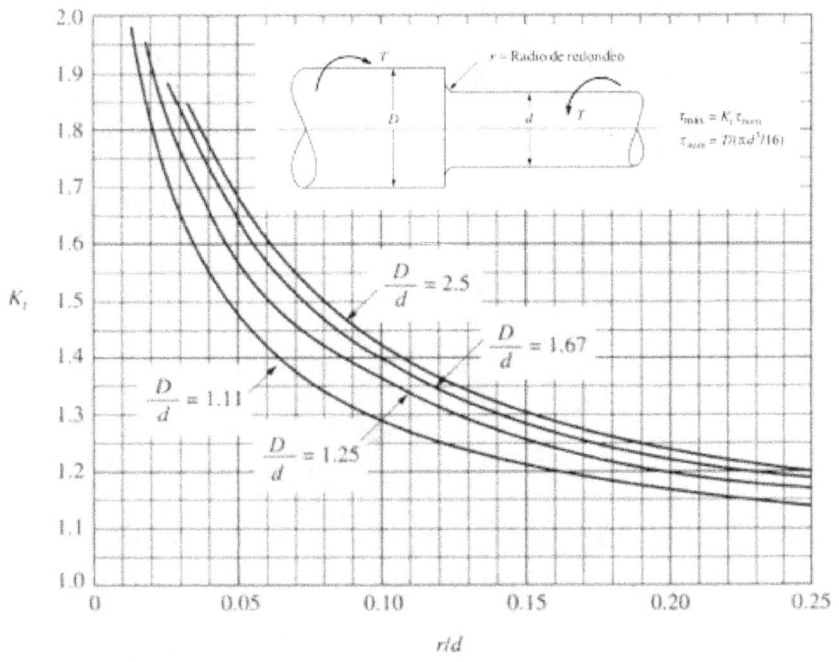

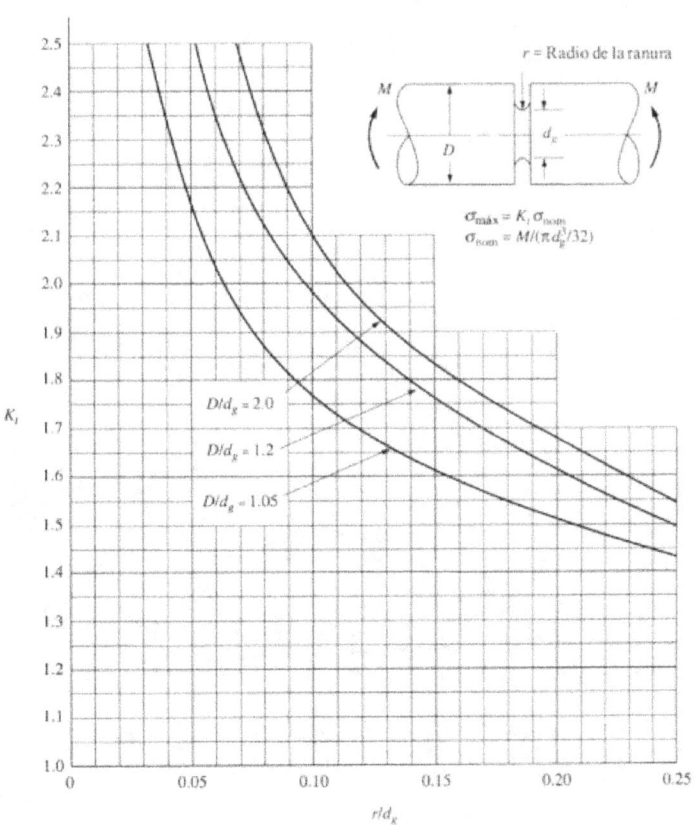

237

Anexos

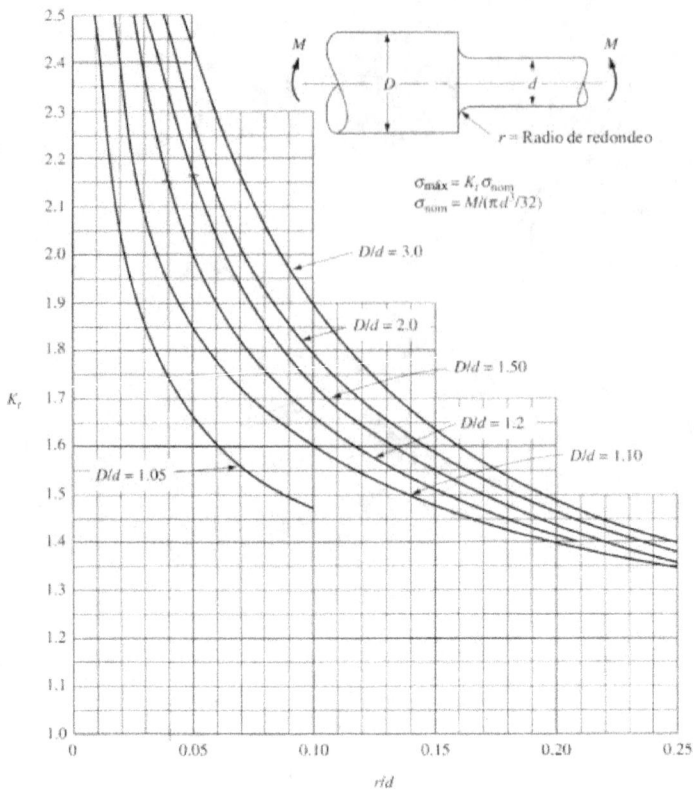

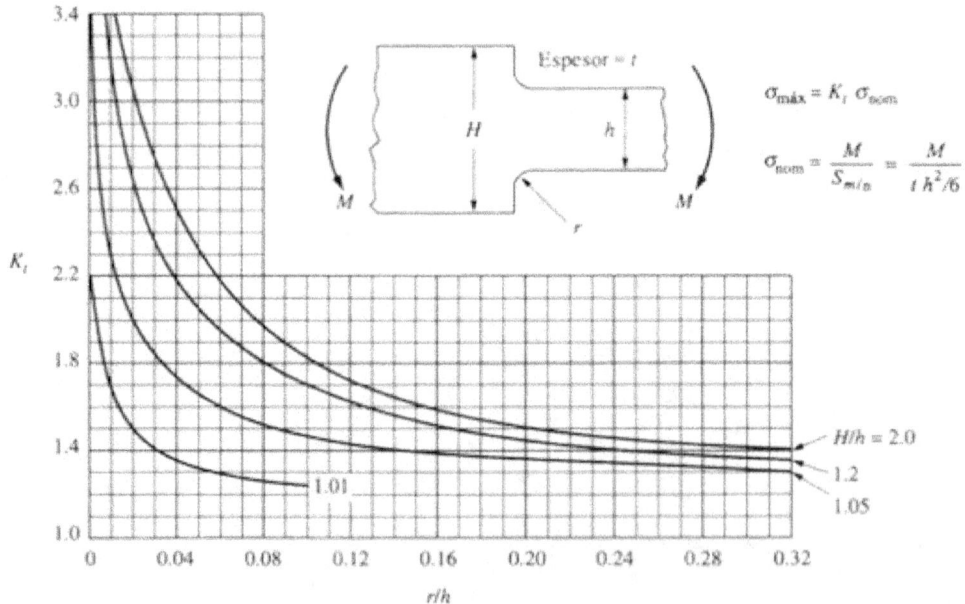

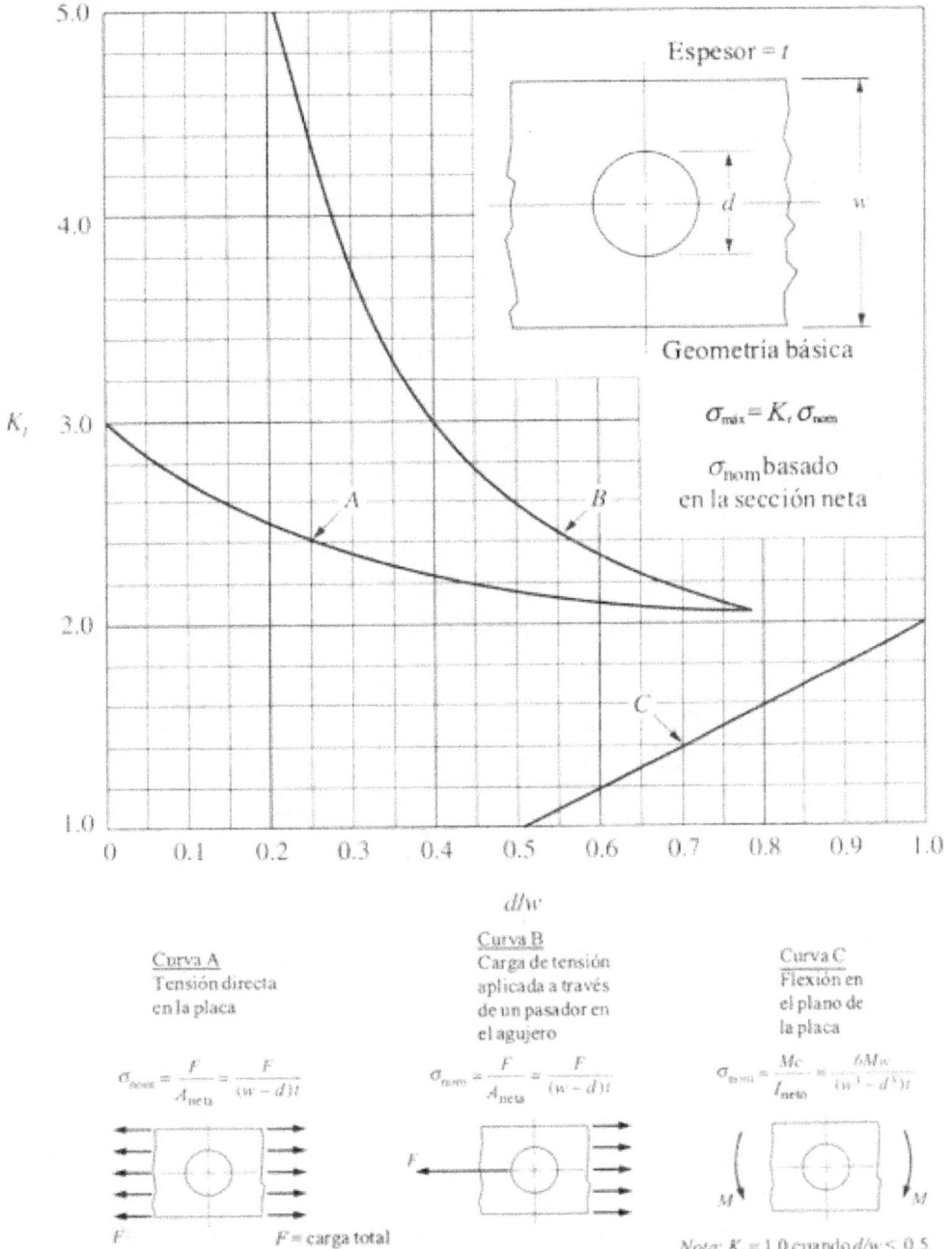

Anexos

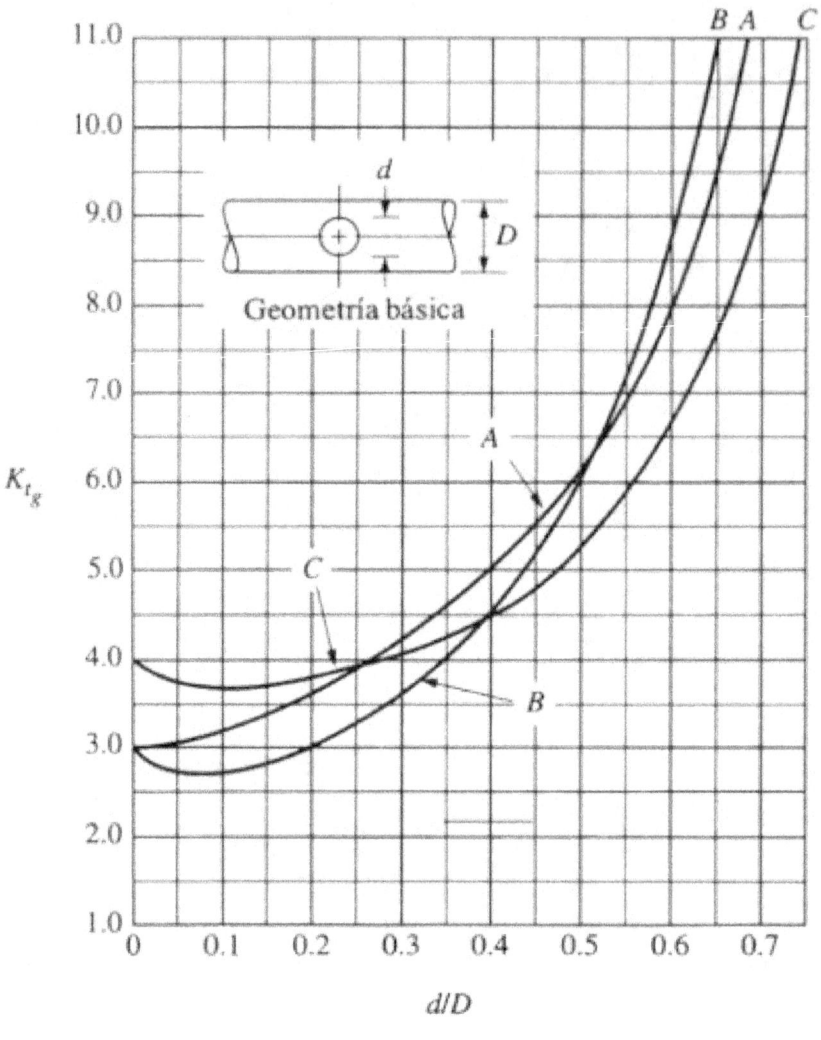

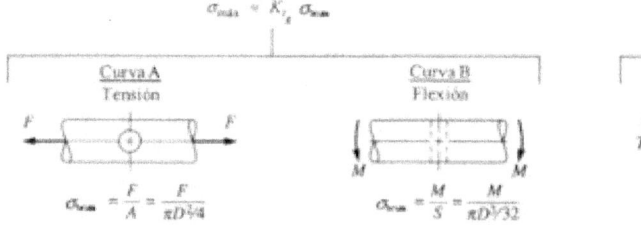

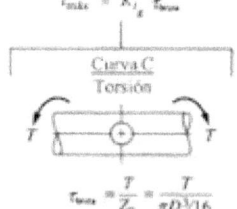

7.4 Datos de perfiles y elementos normalizados.

Tubo de acero formajeo sin costura y soldado cédula 40 estándar nacional americano.

Nominal (*)	Diámetro interno (*)	Diámetro externo (*)	Espesor pared (*)	Área (**)
1/8	0.269	0.405	0.068	0.072
¼	0.364	0.540	0.088	0.125
3/8	0.493	0.675	0.091	0.167
1/2	0.622	0.840	0.109	0.250
¾	0.824	1.050	0.113	0.333
1	1.049	1.315	0.133	0.494
1 ¼	1.380	1.660	0.140	0.669
1 ½	1.610	1.900	0.145	0.799
2	2.067	2.375	0.154	1.075
2 ½	2.469	2.875	0.203	1.704
3	3.068	3.500	0.216	2.228
3 ½	3.548	4.000	0.226	2.680
4	4.026	4.500	0.237	3.174
5	5.047	5.563	0.258	4.300
6	6.605	6.625	0.280	5.581
8	7.981	8.625	0.322	8.399

(*) Valores en pulgadas.   (**) Valores en plg^2.

Perfil angular en L de alas iguales

Designación	Area Plg^2	Inercia plg^4
2x2x1/8	0.484	0.190
2x2x1/4	0.938	0.348
2x2x3/8	1.36	0.479
3x3x1/4	1.44	1.24
3x3x1/2	2.75	2.22
4x3x1/4	1.69	2.77

La numeración de la designación indica la longitud de las alas y el espesor en pulgadas.

Medidas geométricas de roscas métricas.

Métrica	Área de esfuerzo a tensión Rosca Fina (mm^2)	Área de esfuerzo a tensión Rosca Gruesa (mm^2)
1	0.460	-
1.6	1.27	1.57
2	2.07	2.45
2.5	3.39	3.70
3	5.03	5.61
4	8.78	9.79
5	14.2	16.1
6	20.1	22
8	36.6	39.2
10	58.0	61.2
12	84.3	92.1
16	157	167
20	245	272
24	353	384
30	561	621

www.ingramcontent.com/pod-product-compliance
Lightning Source LLC
Chambersburg PA
CBHW080907170526
45158CB00008B/2030